文科高等数学

主　编　张寄洲
副主编　李昭祥　高道舟　陆新生

上海交通大学出版社
SHANGHAI JIAO TONG UNIVERSITY PRESS

内容提要

本书是为高等学校文科各专业学生编写的高等数学教材.其内容包括函数与极限、微分学及其应用、积分学及其应用、线性代数初步、概率论初步、常微分方程初步.每章后配有课外阅读材料,可帮助文科学生加深对高等数学的理解和提高学习数学的兴趣.本书可作为高等院校的文科类各专业学生学习高等数学的教材和参考书.

图书在版编目(CIP)数据

文科高等数学 / 张寄洲主编. —上海:上海交通
大学出版社,2021(2023 重印)
ISBN 978－7－313－24329－4

Ⅰ.①文… Ⅱ.①张… Ⅲ.①高等数学－高等学校－
教材 Ⅳ.①O13

中国版本图书馆 CIP 数据核字(2021)第 020072 号

文科高等数学
WENKE GAODENG SHUXUE

主　　编:张寄洲
出版发行:上海交通大学出版社　　　　　　地　　址:上海市番禺路 951 号
邮政编码:200030　　　　　　　　　　　　电　　话:021－64071208
印　　制:上海天地海设计印刷有限公司　　经　　销:全国新华书店
开　　本:710 mm×1000 mm　1/16　　　　印　　张:16.75
字　　数:263 千字
版　　次:2021 年 2 月第 1 版　　　　　　　印　　次:2023 年 7 月第 3 次印刷
书　　号:ISBN 978－7－313－24329－4
定　　价:48.00 元

前　言

　　数学作为一门研究客观物质世界的数量关系和空间形式的科学,是理论思维"辩证的辅助工具和表现方式",是科学技术不可缺少的工具,是人类理解自然和改造自然的有力武器.无论是探索广阔浩瀚的宇宙、研究细微的基本粒子、揭示生命的奥秘,还是设计宏伟的高楼大厦、生产精密的电子仪器、工厂里的经营管理和物资调配、农业生产,甚至军事战争,哪一项不用到数学? 正如著名数学家华罗庚所说:"宇宙之大,粒子之微,火箭之速,化工之巧,地球之变,生物之谜,日用之繁,无处不用数学.大哉,数学之为用."所以说,应用数学水平的高低,是衡量一个国家科学技术发展水平的标志之一.

　　如今,数学正愈来愈渗透到科学技术的各个领域和社会的各个方面,成为一种具有普遍意义的方法,各门科学的数学化和计量化已经成为当今科学技术发展的一个重要趋势.正如马克思所说:"一种科学只有当它到了运用数学的时候,它才成为科学."数学和别的科学比较起来具有高度抽象性、内在统一性以及应用广泛性等特征,它有着特殊的实用功能和潜在的文化和社会价值.

　　为什么数学会有如此大的作用呢? 因为在数学中,各种量之间关系的变化以及量之间的演算,都是以数学式子表示的,即运用一套形式化的数学语言,这种语言已成为自然科学和一切社会科学内容的重要表达方式.

　　大学文科学生面对的问题不是要不要学习高等数学,而是怎样才能学好高等数学.学好高等数学不仅仅是为了掌握一门工具,更是要学习数学的理性思维模式.同时,数学不仅仅是一门科学,也是一种文化,学好高等数学能帮助文科大学生提高个人的文化修养和综合素质.

本教材是由多名长期在一线讲授文、理科高等数学的骨干教师编写的.在编写过程中,我们既力求区别于理科版高等数学的内容,又尽量系统地保留了高等数学教材内容的严谨性和逻辑性等特点,参考了其他文科高等数学教材,吸收了这些教材的经验,努力做到内容通俗易懂和易于教学.教材中融入了一些数学概念的发展史、数学思想方法、数学方法论等方面的内容,通过教学力求使学生对数学的基本方法和思维方式有一个清晰的认识,为学生将来能利用高等数学的知识分析和解决实际问题打下基础,达到为社会培养新型复合人才的目标.

本教材适合每周3学时或4学时的教学时长.内容包括函数与极限、微分学及其应用、积分学及其应用、线性代数初步、概率论初步以及常微分方程初步.每个章节均配备了适量的习题和课后阅读材料.课后阅读材料包括与各章节内容有关的学科发展简史和数学家简介,方便读者了解学科的发展情况和有关数学家的贡献.

本教材的第1章和第2章前两节由张寄洲编写,第2章的第3节和第5章由李昭祥编写,第3章由王玮涵和袁丽霞编写,第4章由陆新生编写,第6章由高道舟编写,全书由张寄洲统稿.本教材在编写过程中得到了上海师范大学石旺舟、娄本东、郭谦、王晚生、王荣年和戴文荣等老师的大力支持和帮助,在此表示衷心的感谢.

由于编者水平有限,本书难免会有不足之处,恳请各位同行老师和读者批评指正.

编　者

2020 年 12 月于上海

目　录

第1章 函数与极限

　　大千世界,事物每时每刻都在发生变化,一种事物的变化会引起与之相关的事物随之发生变化.事实上,这些变化着的事物蕴含着量与量之间的依存关系,而这种依存关系的变化规律时常可以用数学模型来描述.函数这一概念正是从研究事物变化过程中的量与量之间的依存关系中产生的,因此它是描述客观世界变化规律的一个重要数学模型.学习函数知识对研究和掌握客观世界中事物变化的规律具有重要的现实意义,可以帮助我们了解和解决许多实际问题.

　　高等数学是以函数作为研究对象、极限作为研究工具的一门课程,因此,本章将重点介绍函数、极限和函数的连续性等基本概念和它们的有关性质.

1.1 函数

1.1.1 函数的概念

　　函数的概念是在 1673 年由德国数学家莱布尼茨(Leibniz,1646—1716)首次提出的,后来经过瑞士数学家欧拉(Euler,1707—1783)、法国数学家柯西(Cauchy,1789—1857)、德国数学家狄利克雷(Dirichlet,1805—1859)等人的不断完善才最终确定了经典函数的现代定义.特别是,德国数学家康托尔(Cantor,1845—1918)在 1874 年创立了集合论以后,美国数学家维布伦(Veblen,1880—1960)用"集合"和"对应"的概念给出了近代函数的定义,从而使变量由数拓展到数及其他对象.本书我们仍然采用传统的函数定义.

在我国,函数一词最早在 1859 年由中国清代数学家李善兰(1811—1882)在其著作《代数学》中出现,并将"function"译成"函数".

1. 函数的定义

在人们社会实践活动和科学实验过程中,为了研究事物运动的变化规律,就必须首先要舍弃事物的具体内容,而单纯地从事物的量的方面来考虑,因此就会遇到各种各样的量.最常见的一种量是在事物运动的变化过程中保持不变的量,我们称之为常量,一般用 a, b, c⋯ 表示.比如,圆周率 π 以及重力加速度 g 都是我们熟知的常量.另一种量是在事物运动的变化过程中经常变化的量,我们称之为变量,一般用 x, y, z ⋯ 表示.比如,我们熟知圆的面积 S 是随着它的半径 r 的变化而变化的,S 和 r 就是两个变量.变量与坐标的思想是法国著名数学家笛卡尔(Descartes,1596—1650)在 1637 年首次引入数学研究中的,从此,数学的研究对象从常量进入变量.这个演变的过程表明,人们对事物数量关系的认识已经从静止和孤立的观点转变到运动和联系的观点.这种思维方式的改变标志着辩证法开始进入数学.正如恩格斯所说,数学中的转折点是笛卡尔的变数,变量数学本质上就是辩证法在数学方面的具体运用.变量的引入直接导致了微积分的产生.

在事物运动的变化过程中往往有几个变量,它们之间并不是毫无关系、独自变化的,而是相互依存并遵循某种自然变化规律,这种依存关系反映在数学上就是函数关系.在给出函数概念之前,我们先来看两个例子.

例 1.1　正方形面积 S 与它的边长 x 之间的关系为

$$S = x^2$$

边长 x 为 $[0, +\infty)$ 内的任意值,当边长 x 的值取定后,面积 S 的值就能相应确定.

例 1.2　在自然落体运动中,物体下落的距离与时间的关系为

$$s = \frac{1}{2}gt^2$$

式中,g 为重力加速度;t 为时间;s 为距离.t 为 $[0, T]$ 内的任意值,当 t 的值取定后,s 的值就能相应确定.

从上面两个例子中,我们容易看到在事物的运动变化过程中,虽然它们描述的客观事实不一样,但它们有共同的特征,就是在同一个运动过程中往往有两个变量,它们之间有某种相互依存关系,其中一个变量的变化会引起另一个变量随之变化,这些变量的变化遵循着某种运动规律.我们撇开这两个例子的具体内容,从中就可以抽象出一般的数学模型,也就是下面我们要给出的函数概念.

定义 1.1 设 X 是一个非空数集,若当变量 x 取 X 内每一个确定的值时,变量 y 按照某个对应法则都有唯一确定的值与它对应,则称 y 是 x 的函数.记作

$$y = f(x), \quad x \in X$$

式中,x 称为自变量,y 称为因变量.

自变量 x 的取值范围称为函数的定义域,函数值 y 的集合 Y 称为函数的值域,可以记为

$$Y = \{y \mid y = f(x), x \in X\}$$

从函数的定义中,我们看到有两个最重要的要素:一个是定义域,另一个是对应法则.也就是说,只有当定义域和对应法则都相同时,两个函数才能相同,否则就不同.比如,函数 $y = \sqrt{x^2}$ 和 $y = x$ 就是两个不同的函数.对于用数学式表示的函数,它的定义域就是使该式有意义的自变量的集合.在实际问题中,其定义域往往由实际意义决定.例如,圆的面积公式 $S = \pi r^2$,它的定义域就是 $[0, +\infty)$.

2. 函数的表示法

函数的表示法通常有三种:解析法(或称公式法)、图像法和列表法.

解析法是用数学式来描述自变量和因变量之间对应关系的方法.例如,$y = x^2 + 1$.

图像法是通过坐标平面上的曲线(图像)来表示自变量和因变量之间对应关系的方法.

列表法是将自变量和因变量的一些对应取值用列表形式表示的方法.例如,我们在中学经常使用的三角函数表就是使用列表法来表示函数关系的.

函数的三种表示法通常可以相互转换.例如,正弦函数就有 $y = \sin x$、正弦函数表和正弦曲线三种表示法.

1.1.2 函数的几种特性

1. 有界性

设函数 $f(x)$ 在区间 I 上有定义,若存在正数 M,使得对任意给定的 $x \in I$,都有

$$| f(x) | \leqslant M$$

则称 $f(x)$ 在区间 I 上有界,否则称 $f(x)$ 在区间 I 上无界.

如果一个函数在某个区间上有界,我们也称它是一个有界函数.例如,$y = \sin x$ 在区间 $(-\infty, +\infty)$ 上就是一个有界函数,而 $y = \tan x$ 在区间 $\left(-\dfrac{\pi}{2}, +\dfrac{\pi}{2}\right)$ 上就是一个无界函数.

2. 单调性

设函数 $f(x)$ 在区间 I 上有定义,对任意的 $x_1, x_2 \in I$,若当 $x_1 < x_2$ 时,恒有

$$f(x_1) \leqslant f(x_2) \quad 或 \quad f(x_1) \geqslant f(x_2)$$

则称 $f(x)$ 在区间 I 上单调增加或单调减少.若在上面不等式中不出现等号,则称 $f(x)$ 在区间 I 上严格单调增加或严格单调减少,此时称区间 I 为函数 $f(x)$ 的单调增区间或单调减区间.

单调增加或单调减少的函数统称为单调函数.例如,对数函数 $y = \ln x$ 在区间 $(0, +\infty)$ 内是单调增加的.

3. 奇偶性

设函数 $f(x)$ 的定义域 I 关于原点对称,若对任意的 $x \in I$,都有

$$f(-x) = -f(x)$$

则称 $f(x)$ 为奇函数;若对任意的 $x \in I$,都有

$$f(-x) = f(x)$$

则称 $f(x)$ 为偶函数.

奇函数的图形是关于原点对称的,偶函数的图形是关于 y 轴对称的.例如,$y = x^3$ 在区间 $(-\infty, +\infty)$ 上就是一个奇函数,它的图形是关于原点对称

的;而 $y = x^2$ 在区间 $(-\infty, +\infty)$ 上就是一个偶函数,它的图形是关于 y 轴对称的.

4. 周期性

设函数 $f(x)$ 在区间 I 上有定义,若存在常数 $T \neq 0$,使得对任意的 $x \in I$,都有 $x \pm T \in I$,且有

$$f(x + T) = f(x)$$

则称 $f(x)$ 在区间 I 上为周期函数,并称常数 T 为它的一个周期.需要指出的是,周期函数的周期通常是指最小的正周期.例如,正弦函数 $y = \sin x$ 和余弦函数 $y = \cos x$ 都是以 2π 为周期的周期函数,而正切函数 $y = \tan x$ 和余切函数 $y = \cot x$ 都是以 π 为周期的周期函数.

1.1.3 反函数和复合函数

1. 反函数

在事物运动的变化过程中,函数中的自变量和因变量的关系并不是固定不变的,随着考虑问题的角度不同,两者的关系往往是可以变化的.例如,在例 1.1 中,正方形面积 S 与它的边长 x 之间的函数关系为 $S = x^2$,其中边长 x 是自变量,而面积 S 是因变量.我们也可以反过来将 x 作为因变量,而 S 作为自变量,这时函数关系为 $x = \sqrt{S}$,它的定义域是 $[0, +\infty)$.像这样在同一个事物运动的变化过程中,函数中的自变量和因变量互换后构成的两个函数互称为反函数.

定义 1.2 设函数 $y = f(x)$,$x \in X$,$y \in Y$.若对 Y 内的任一值 y,X 内都有唯一确定的 x 值与它对应,则称 x 是 y 的函数,记作

$$x = \varphi(y) \quad (y \in Y)$$

称为 $y = f(x)$ 的反函数.这时亦称原函数 $y = f(x)$ 为直接函数.

事实上,根据定义 1.2 可知,反函数 $x = \varphi(y)$ 与直接函数 $y = f(x)$ 的图像是同一条曲线.但按照习惯,我们往往用 x 表示自变量,y 表示因变量.因此我们可以直接将 $y = f(x)$ 的反函数 $x = \varphi(y)$ 记为 $y = f^{-1}(x)$.显然,对函数 $y = f(x)$ 与它的反函数 $y = f^{-1}(x)$ 来说,由于变量互换,所以它们的图像关

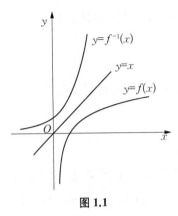

图 1.1

于直线 $y=x$ 对称(见图 1.1).

2. 复合函数

在事物运动的变化过程中,往往同时涉及几个变量,例如第一个变量依赖于第二个变量,第二个变量又取决于第三个变量,因此第一个变量的取值实际上由第三个变量确定,而第二个变量只是一个中间变量.多个变量之间的连锁关系反映在数学上就是复合函数的概念.

定义 1.3 设 y 是 u 的函数,即 $y=f(u)$, $u \in U$, u 是 x 的函数,即 $u=\varphi(x)$, $x \in X$,且当 $x \in X$ 对应的函数值 $\varphi(x)$ 在 $y=f(u)$ 的定义域内时,则称 $y=f[\varphi(x)]$ 是 $y=f(u)$ 和 $u=\varphi(x)$ 的复合函数,u 为中间变量.

例如 $y=\sqrt{x^2-1}$ 就是由函数 $y=\sqrt{u}$ 和 $u=x^2-1$ 复合而成的.必须注意的是,并不是任意两个函数都可以组成复合函数,只有当函数 $\varphi(x)$ 的值域与函数 $f(u)$ 的定义域相交时,它们才能组成一个复合函数.例如 $y=\arcsin u$ 和函数 $u=x^2+2$ 就不能组成复合函数,因为前者的定义域 $[-1, 1]$ 与后者的值域 $[2, +\infty)$ 不相交.

一个复合函数可以分解成几个不同的函数,分解的步骤是从外到里逐层分解.例如函数 $y=\sqrt[3]{\ln(x+1)}$ 就是由三个函数 $y=\sqrt[3]{u}$,$u=\ln v$ 和 $v=x+1$ 复合而成的.

1.1.4 基本初等函数和初等函数

1. 基本初等函数

基本初等函数包括幂函数、指数函数、对数函数、三角函数、反三角函数等.

1) 幂函数

函数

$$y=x^{\mu} \quad (\mu \text{ 为实数})$$

称为幂函数.其定义域视 μ 的取值而定,但它在 $(0, +\infty)$ 内总是有定义的,图像过点 $(1, 1)$. $\mu=1, 2, 3, \dfrac{1}{2}, -1$ 的 y 是最常见的幂函数(见图 1.2).

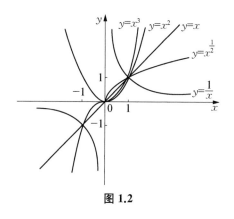

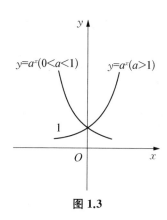

图 1.2　　　　　　　　　　　　图 1.3

2）指数函数

函数

$$y = a^x \quad (a > 0,\ a \neq 1)$$

称为指数函数.其定义域为 $(-\infty, +\infty)$，值域为 $(0, +\infty)$.图像过点 $(0, 1)$.当 $a > 1$ 时，它是单调增加的；当 $0 < a < 1$ 时，它是单调减少的（见图 1.3）.

在科学技术中，以常数 e 为底的指数函数 $y = e^x$ 是一个常用的指数函数.

3）对数函数

函数

$$y = \log_a x \quad (a > 0,\ a \neq 1)$$

称为对数函数.其定义域为 $(0, +\infty)$，值域为 $(-\infty, +\infty)$.图像过点 $(1, 0)$.当 $a > 1$ 时，它是单调增加的；当 $0 < a < 1$ 时，它是单调减少的（见图 1.4）.对数函数与指数函数互为反函数（见图 1.5，$a = 2$）

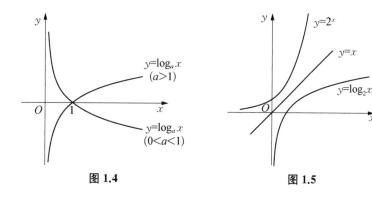

图 1.4　　　　　　　　　　　　图 1.5

在科学技术中经常会遇到常数 e,它是一个无理数,也是超越数,其值约为 2.718 281 828 459 045……以常数 e 为底的对数函数是一个很重要的对数函数,记为 $y = \ln x$,称为自然对数.

4）三角函数

常用的三角函数有正弦函数、余弦函数、正切函数和余切函数,它们的基本情况如表 1.1 所示.

表 1.1   三 角 函 数 表

函　　数	定 义 域	值 域	周 期	奇偶性
正弦函数 $y = \sin x$	$(-\infty, +\infty)$	$[-1, +1]$	2π	奇函数
余弦函数 $y = \cos x$	$(-\infty, +\infty)$	$[-1, +1]$	2π	偶函数
正切函数 $y = \tan x$	$x \neq k\pi + \dfrac{\pi}{2}, k \in \mathbf{Z}$	$(-\infty, +\infty)$	π	奇函数
余切函数 $y = \cot x$	$x \neq k\pi, k \in \mathbf{Z}$	$(-\infty, +\infty)$	π	奇函数

其中,$\mathbf{Z}$ 表示整数集合.它们的图像分别如图 1.6～图 1.9 所示.

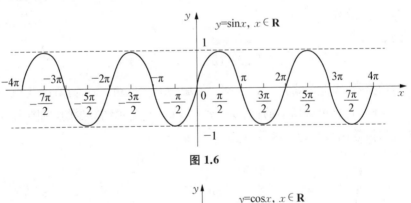

图 1.6

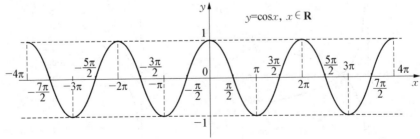

图 1.7

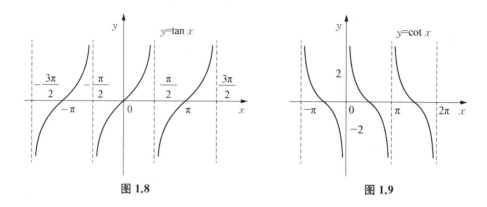

图 1.8　　　　　　　　　　　　　　　　图 1.9

5) 反三角函数

常用的反三角函数有反正弦函数、反余弦函数、反正切函数和反余切函数.它们都是三角函数的反函数,由于三角函数都是周期函数,因此它们都是多值函数,即对值域内的每一个 y 值,都有无穷多个 x 值与它对应.为了避免多值性,我们选取每个三角函数的一个严格单调区间,由此得到的反函数称为它们的主值支,简称主值.它们的基本情况如表 1.2 所示.

表 1.2　反三角函数表

函　　数	定 义 域	主 值	单调性	奇偶性
反正弦函数 $y = \arcsin x$	$[-1, +1]$	$\left[-\dfrac{\pi}{2}, \dfrac{\pi}{2}\right]$	单调增加	奇函数
反余弦函数 $y = \arccos x$	$[-1, +1]$	$[0, \pi]$	单调减少	—
反正切函数 $y = \arctan x$	$(-\infty, +\infty)$	$\left(-\dfrac{\pi}{2}, \dfrac{\pi}{2}\right)$	单调增加	奇函数
反余切函数 $y = \text{arccot}\, x$	$(-\infty, +\infty)$	$(0, \pi)$	单调减少	—

它们的图像分别如图 1.10～图 1.13 所示.

2. 初 等 函 数

由基本初等函数经过有限次四则运算和有限次复合运算而成的并可用一个表达式表示的函数称为初等函数.分段函数一般不是初等函数,但分段函数各分段上用一个解析式表示的函数却是初等函数.我们在本书中所讨论的主要对象都是初等函数.初等函数的定义域就是使得表达式有意义的一切实数的集合.

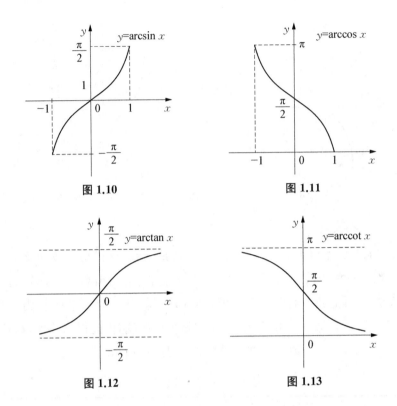

图 1.10

图 1.11

图 1.12

图 1.13

例 1.3 求函数 $y=\sqrt{x^2-1}+\ln(x-1)$ 的定义域.

解：由 $x^2-1\geqslant 0$ 和 $x-1>0$ 可知,该函数的定义域就是这两个不等式解集的公共部分,即 $x\in(1,+\infty)$.

习题 1.1

1. 下列各题中的两个函数是否相同？为什么？

(1) $y=\ln x^2$ 与 $y=2\ln x$

(2) $y=\dfrac{x^2-1}{x-1}$ 与 $y=x+1$

(3) $y=\sqrt{x^2-2x+1}$ 与 $y=x-1$

(4) $y=x$ 与 $y=\sqrt[3]{x^3}$

2. 分解下列复合函数并求它们的定义域：

(1) $y=\sqrt{x^2-3x+2}$ (2) $y=\ln(x^2-1)$

(3) $y = 3^{\arctan\sqrt{x}}$　　　　　　　(4) $y = \dfrac{1}{\sin(x-1)}$

3. 设 $f(x-1) = x + \dfrac{1}{x}$，求 $f(x)$.

4. 设 $f\left(x - \dfrac{1}{x}\right) = x^2 + \dfrac{1}{x^2}$，求 $f(x+1)$.

5. 已知 $f(x)$ 的定义域是 $[0,1]$，求 $f(1-2x)$ 的定义域.

6. 设 $f(x) = 3x + 4$，$g(x) = 4x - 5$，求 $f[g(x)]$ 和 $g[f(x)]$.

7. 求下列函数的反函数：

(1) $y = 2x - 3$　　　　　　　(2) $y = \sqrt{x-2} + 1$

(3) $y = \sqrt{9 - x^2}$　$(x \in [0,3])$　　(4) $y = \dfrac{x-1}{x+1}$

8. 设 $f(x) = \begin{cases} 2e^{x-1} & x < 2 \\ \log_3(x^2 - 1) & x \geq 2 \end{cases}$，求 $f[f(2)]$ 的值.

9. 周长为 l 的铁丝弯成下部为矩形、上部为半圆形的框架，若矩形底边长为 $2x$，此框架围成的面积为 y，求 y 与 x 的函数解析式.

10. 某种商品进货单价为 40 元，按单价每个 50 元售出，能卖出 50 个. 如果零售价在 50 元的基础上每上涨 1 元，其销售量就减少一个，问零售价上涨到多少元时，这批货物能取得最大利润？

1.2　极限

1.2.1　数列的极限

数列实际上是一个特殊的函数，其定义域是自然数集合. 我们按照函数的定义给出数列的概念.

定义 1.4　对每个 $n \in \mathbf{N}^+$，按照某个对应法则 f 都有唯一确定的实值 x_n 与它对应，记作 $x_n = f(n)$. 按照下标 n 从小到大排成的序列为

$$x_1, x_2, \cdots, x_n, \cdots$$

该序列称为数列,记为 $\{x_n\}$.

数列中的每一个数称为数列的项,第 n 项 x_n 称为数列的一般项或通项.

实际上,数列的概念在我国古代就产生了.早在战国时期,哲学家庄周所著的《庄子·天下篇》中曾说过一句话:"一尺之棰,日取其半,万世不竭."也就是说一根长为一尺的木棒,每天截去一半,这样的过程可以无限制地进行下去.该数列表示如下:

$$\frac{1}{2},\ \frac{1}{4},\ \cdots,\ \frac{1}{2^n},\ \cdots$$

另一个著名的例子就是三国时期刘徽(约 225—295)的"割圆术".刘徽形容他的"割圆术"为"割之弥细,所失弥少,割之又割,以至于不可割,则与圆合体,而无所失矣"."割圆术"就是以"圆内接正多边形的面积"无限逼近"圆面积".刘徽把圆周分成三等分、六等分、十二等分、二十四等分……这样继续分割下去,设所对应的圆内接正三边形、正六边形、正十二边形的面积分别为 A_1,A_2,A_3,以此类推.我们就可以得到圆内接正多边形面积序列为

$$A_1,\ A_2,\ \cdots,\ A_n,\ \cdots$$

数列的极限就是研究当自变量 n 无限增大时,因变量 $x_n=f(n)$ 的变化趋势.为了给出数列极限的定义,我们首先观察下面一些数列的变化趋势:

① $1,\ \dfrac{1}{2},\ \cdots,\ \dfrac{1}{n},\ \cdots$;   ② $-1,\ \dfrac{1}{2},\ \cdots,\ \dfrac{(-1)^n}{n},\ \cdots$;

③ $-1,\ 1,\ \cdots,\ (-1)^n,\ \cdots$;   ④ $1,\ 3,\ \cdots,\ 2n-1,\ \cdots$.

观察上面的几个数列,我们可以发现随着 n 的无限增大(记为 $n\to\infty$),数列①越来越小,无限地趋近于常数 0;数列②的取值正负相间,但也是无限地趋近于常数 0;数列③的取值在 -1 和 1 两个数上来回跳动;数列④的取值无限地变大.由此我们容易看到,数列极限分为两种情况:一是当 $n\to\infty$ 时,x_n 无限地趋近于某个常数,如①②;二是当 $n\to\infty$ 时,x_n 不趋近于任何确定的常数,如③④.

显然我们关心的是当 $n\to\infty$ 时,数列 x_n 无限地趋近于某个常数 A 的情况.实际上这里的常数 A 就是数列 x_n 的极限.但这种说法仅仅是数列极限的一种定性描述.我们在研究数列的极限时,只凭定性描述和观察是很难做到准

确无误的,特别在理论推导中,以直觉作为推理的依据是不可靠的,因此有必要寻求用精确的、定量化的数学语言来刻画数列的极限.

极限的思想虽然可以追溯到古希腊时期和中国战国时期,但极限概念真正意义上的首次出现是在英国数学家沃利斯(Wallis,1616—1703)于 1656 年出版的《无穷算术》中,其后英国著名数学家牛顿(Newton,1643—1727)于 1687 年在其《自然哲学的数学原理》一书中明确使用了极限这个词并做了阐述.但迟至 18 世纪下半叶,法国数学家达朗贝尔(D'Alembert,1717—1783)等人才真正认识到,只有把微积分建立在极限概念的基础之上,微积分才是完善的.法国数学家柯西于 1821 年出版的《分析教程》中,最先给出了极限的描述性定义,之后,德国数学家魏尔斯特拉斯(Weierstrass,1815—1897)等人给出了极限的严格定义.

定义 1.5　设有数列 $\{x_n\}$,A 是一个常数.若对任意给定的 $\varepsilon>0$,无论它多么小,总存在自然数 N,使得当 $n>N$ 时,恒有

$$|x_n-A|<\varepsilon$$

则称数列 $\{x_n\}$ 当 $n\to\infty$ 时收敛于极限 A,记作

$$\lim_{n\to\infty}x_n=A\quad 或\quad x_n\to A(n\to\infty)$$

如果数列没有极限,就说数列是发散的.在定义 1.5 中,我们用自然数 N 精确地刻画了自变量 n"无限变大"的趋势,而用 ε(任意小)刻画了因变量 x_n 与常数 A"无限接近"的含义.因此,我们一般称定义 1.5 为数列极限的"ε-N"语言.

为了以后论述的方便,数列极限的定义常用下面的逻辑符号来表达:

$$\lim_{n\to\infty}x_n=A\Leftrightarrow\forall\varepsilon>0,\ \exists N>0,当 n>N 时,有$$

$$|x_n-A|<\varepsilon$$

重要说明:

(1) 定义 1.5 中的 ε 任意小没有任何限制,它刻画了 x_n 与 A 无限接近的程度.

(2) N 与给定的 ε 有关,一般来说,它随 ε 的变小而变大,因此常把 N 写作 $N(\varepsilon)$,但需要注意的是这并不意味着它是由 ε 所唯一确定的.

(3) 符号 $\forall$ 表示"任意给定的",符号 $\exists$ 表示"存在".

我们以数列 $x_n=\dfrac{1}{n}$ 为例,当 $n\to\infty$ 时,该数列以常数 0 为极限.现在如果

对任意给定的 $\varepsilon=\dfrac{1}{10^2}$，要使 $|x_n-0|<\dfrac{1}{10^2}$，因为 $|x_n-0|=\dfrac{1}{n}$，即有 $n>$ 100，只要取 $N=100$，则从第 101 项起以后的一切项 x_n 都可以满足这个要求；现在如果对任意给定的 $\varepsilon=\dfrac{1}{10^4}$，我们继续要使 $|x_n-0|<\dfrac{1}{10^4}$，那么只要 $n>10\,000$，取 $N=10\,000$，也就是说，从第 10 001 项起以后的一切项 x_n 都可以满足这个要求；如此等等.

下面我们给出数列极限的一个几何解释.

将常数 A 及数列 x_1，x_2，$\cdots$，x_n，$\cdots$ 的每一项表示在数轴上，对任意给定的 $\varepsilon>0$，在数轴上取开区间 $(A-\varepsilon,A+\varepsilon)$，则存在自然数 N，当 $n>N$ 时，所有的点 x_n 都落在开区间 $(A-\varepsilon,A+\varepsilon)$ 内，只有有限个（至多只有 N 个）落在这个区间之外（见图 1.14）.

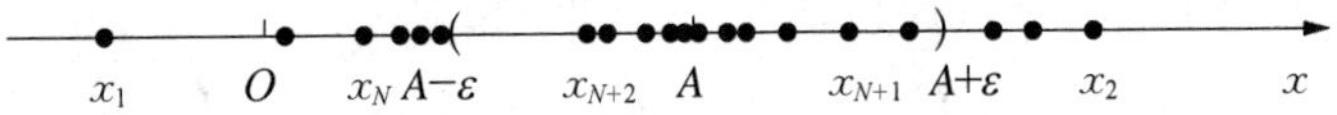

图 1.14

数列极限的定义通常可以用来验证某个常数是否为一个数列的极限，但它并没有直接提供如何去求数列极限的方法，后面我们将会讨论极限的求法.

例 1.4 证明数列

$$1,\ \frac{1}{2},\ \cdots,\ \frac{1}{n},\ \cdots$$

的极限是 0.

证明：对任意给定 $\varepsilon>0$，要使

$$\left|\frac{1}{n}-0\right|=\frac{1}{n}<\varepsilon$$

只要 $n>\dfrac{1}{\varepsilon}$，因此取 $N=\left[\dfrac{1}{\varepsilon}\right]$（$[x]$ 是取整函数，表示不超过 x 的最大整数），则当 $n>N$ 时，就有

$$\left|\frac{1}{n}-0\right|<\varepsilon$$

故由定义 1.5 可知 $\displaystyle\lim_{n\to\infty}\frac{1}{n}=0$.

下面我们给出收敛数列的两个重要性质.

定理 1.1(唯一性)　如果数列 $\{x_n\}$ 收敛,那么它的极限是唯一的.

定理 1.2(有界性)　如果数列 $\{x_n\}$ 收敛,那么它一定是有界的.

关于这两个定理的证明,读者可以根据极限定义或参考其他书籍.需要说明的是,从定理 1.2 中我们并不能断定如果一个数列有界,那么它一定收敛,例如,数列 $\{(-1)^n\}$ 有界,但显然它是发散的.当然,如果一个数列无界,那么它一定是发散的.

1.2.2　函数的极限

研究函数的极限时,首先要考虑自变量的变化情况,其分为下面两种情形.

(1) 自变量 x 无限趋于某个常数 x_0(记作 $x \to x_0$) 时,对应的函数值 $f(x)$ 的变化情形.

(2) 自变量 x 的绝对值 $|x|$ 趋于无穷大(记作 $x \to \infty$) 时,对应的函数值 $f(x)$ 的变化情形.

1. $x \to x_0$ 时函数的极限

一般来说,设函数 $f(x)$ 在点 x_0 的某一去心邻域内有定义.如果当 x 无限接近于常数 x_0 时,函数值 $f(x)$ 无限接近于常数 A,则我们就说当 $x \to x_0$ 时,函数 $f(x)$ 以常数 A 为极限.类似于数列极限定义 1.5 的"ε - N"语言,我们可以用相应的"ε-δ"语言给出这种情况下函数极限的精确定义.

定义 1.6　设函数 $f(x)$ 在点 x_0 的某一去心邻域内有定义.如果存在常数 A,若对任意给定的 $\varepsilon > 0$,无论它多么小,总存在 $\delta > 0$,使得当 $0 < |x - x_0| < \delta$ 时,恒有

$$|f(x) - A| < \varepsilon$$

则称函数 $f(x)$ 当 $x \to x_0$ 时收敛于极限 A,记作

$$\lim_{x \to x_0} f(x) = A \quad 或 \quad f(x) \to A(x \to x_0)$$

定义 1.6 也可以用下面的逻辑符号来简单表达:

$$\lim_{x \to x_0} f(x) = A \Leftrightarrow \forall \varepsilon > 0, \exists \delta > 0, 当 0 < |x - x_0| < \delta 时,有$$

$$|f(x) - A| < \varepsilon$$

重要说明:

（1）定义1.6中的 ε 任意小没有任何限制，它刻画了函数 $f(x)$ 与 A 无限接近的程度.

（2）δ 与给定的 ε 有关，一般来说，它随 ε 的变小而变小，因此常把 δ 写作 $\delta(\varepsilon)$，但需要注意的是这并不意味着它是由 ε 唯一确定的.

（3）由定义1.6中 $|x-x_0|>0$ 可知 $x \neq x_0$，这说明当 $x \to x_0$ 时，函数 $f(x)$ 有没有极限与 $f(x)$ 在点 x_0 是否有定义或者有定义时 $f(x_0)$ 为何值并无关系.

以函数 $f(x)=3x-1$ 为例，当 $x \to 1$ 时，该函数以常数2为极限.现在如果对任意给定的 $\varepsilon=\dfrac{1}{10^2}$，要使 $|f(x)-2|<\dfrac{1}{10^2}$，因为

$$|f(x)-2|=|(3x-1)-2|=3|x-1|$$

所以只要求 x 适合 $0<|x-1|<\dfrac{1}{3 \times 10^2}$（这里考虑到当 $x \to 1$ 时 $x \neq 1$）.

因此我们取 $\delta=\dfrac{1}{3 \times 10^2}$ 就能使 $f(x)$ 满足这个要求.同样地，现在如果对任意给定的 $\varepsilon=\dfrac{1}{10^4}$，我们继续要使 $|f(x)-2|<\dfrac{1}{10^4}$，那么只要 x 适合 $0<|x-1|<\dfrac{1}{3 \times 10^4}$，因此我们取 $\delta=\dfrac{1}{3 \times 10^4}$ 就能使 $f(x)$ 满足这个要求，如此等等.

下面我们给出这种情况下函数极限的一个几何解释.

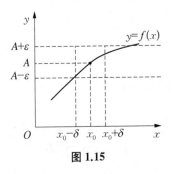

图 1.15

对任意给定的 $\varepsilon>0$，在 xOy 坐标平面上作平行于 x 轴的两条直线 $y=A+\varepsilon$ 和 $y=A-\varepsilon$，则形成一个以 $y=A$ 为中心线、宽度为 2ε 的条形区域，无论 ε 多么小，总存在 $\delta>0$，使得当自变量 x 在 x_0 的去心 δ 邻域 $(x_0-\delta, x_0) \bigcup (x_0, x_0+\delta)$ 内取值时，相应的函数 $y=f(x)$ 的图形全部位于上述条形区域内（见图1.15），即有

$$A-\varepsilon<f(x)<A+\varepsilon$$

在函数定义1.6中，实际上不等式 $0<|x-x_0|<\delta$ 可以分解为两个不等

式,分别称为 x_0 的左邻域 $0 < x_0 - x < \delta$ 和 x_0 的右邻域 $0 < x - x_0 < \delta$. 因此我们就可以给出下面单侧极限的定义.

设函数 $f(x)$ 在点 x_0 的某一左边邻域内有定义. 如果存在常数 A,若对任意给定的 $\varepsilon > 0$,无论它多么小,总存在 $\delta > 0$,使得当 $0 < x_0 - x < \delta$ 时,恒有

$$|f(x) - A| < \varepsilon$$

则称函数 $f(x)$ 当 $x \to x_0$ 时收敛于左极限 A,记作

$$f(x_0 - 0) = \lim_{x \to x_0^-} f(x) = A$$

设函数 $f(x)$ 在点 x_0 的某一右边邻域内有定义. 如果存在常数 A,若对任意给定的 $\varepsilon > 0$,无论它多么小,总存在 $\delta > 0$,使得当 $0 < x - x_0 < \delta$ 时,恒有

$$|f(x) - A| < \varepsilon$$

则称函数 $f(x)$ 当 $x \to x_0$ 时收敛于右极限 A,记作

$$f(x_0 + 0) = \lim_{x \to x_0^+} f(x) = A$$

显然,$x \to x_0$ 实际上同时包含了 $x \to x_0^-$ 和 $x \to x_0^+$ 的情形,因此我们可以得到下面的定理.

定理 1.3 极限 $\lim_{x \to x_0} f(x) = A$ 的充分必要条件是 $\lim_{x \to x_0^-} f(x) = \lim_{x \to x_0^+} f(x) = A$.

对定理 1.3 读者可以自己证明.

函数极限的定义 1.6 通常可以用来验证当 $x \to x_0$ 时某个常数是否为一个函数的极限,但它并没有直接提供如何去求函数极限的方法.后面我们将会讨论函数极限的求法.以下我们给出两个例子.

例 1.5 用极限定义证明 $\lim_{x \to 1}(3x - 1) = 2$.

证明:对任意给定的 $\varepsilon > 0$,要使

$$|(3x - 1) - 2| = 3|x - 1| < \varepsilon$$

即有 $|x - 1| < \dfrac{\varepsilon}{3}$,因此取 $\delta = \dfrac{\varepsilon}{3}$,则当 $0 < |x - 1| < \delta$ 时,就有

$$|(3x - 1) - 2| < \varepsilon$$

故由定义 1.6 可知 $\lim\limits_{x \to 1}(3x-1)=2$.

例 1.6　用极限定义证明 $\lim\limits_{x \to 1}\dfrac{x^2-1}{x-1}=2$.

证明: 对任意给定的 $\varepsilon > 0$, 要使

$$\left|\frac{x^2-1}{x-1}-2\right|=|x-1|<\varepsilon$$

只要取 $\delta=\varepsilon$, 则当 $0<|x-1|<\delta$ 时, 就有

$$\left|\frac{x^2-1}{x-1}-2\right|<\varepsilon$$

故由定义 1.6 可知 $\lim\limits_{x \to 1}\dfrac{x^2-1}{x-1}=2$.

例 1.7　有函数 $f(x)=\begin{cases} x-1 & x<0 \\ 0 & x=0 \\ x+1 & x>0 \end{cases}$, 证明当 $x \to 0$ 时的极限不存在.

证明: 仿照例 1.5 可证

$$\lim_{x \to 0^-}f(x)=\lim_{x \to 0^-}(x-1)=-1, \ \lim_{x \to 0^+}f(x)=\lim_{x \to 0^+}(x+1)=1$$

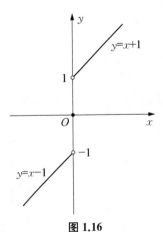

图 1.16

因此有 $\lim\limits_{x \to 0^-}f(x) \neq \lim\limits_{x \to 0^+}f(x)$. 根据定理 1.3 可知, 当 $x \to 0$ 时该函数的极限不存在(见图 1.16).

2. $x \to \infty$ 时函数的极限

一般来说, 设函数 $f(x)$ 当 $|x|$ 充分大时有定义. 如果当 $|x|$ 无限增大时(记为 $x \to \infty$), 对应的函数值 $f(x)$ 无限接近于常数 A, 则说当 $x \to \infty$ 时, 函数 $f(x)$ 以常数 A 为极限. 类似于函数极限定义 1.6 的“$\varepsilon-\delta$”语言, 我们可以用相应的“$\varepsilon-X$”语言给出这种情况下函数极限的精确定义.

定义 1.7　设函数 $f(x)$ 当 $|x|$ 大于某个正数时有定义. 如果存在常数 A, 若对任意给定的 $\varepsilon > 0$, 无论它多么小, 总存在 $X > 0$, 使得当 $|x|>X$ 时, 恒有

$$|f(x)-A|<\varepsilon$$

则称函数 $f(x)$ 当 $x \to \infty$ 时收敛于极限 A，记作

$$\lim_{x \to \infty} f(x) = A \quad 或 \quad f(x) \to A(x \to \infty)$$

定义 1.7 也可以用下面的逻辑符号来简单表达：

$$\lim_{x \to \infty} f(x) = A \Leftrightarrow \forall \varepsilon > 0, \ \exists X > 0, 当 \ |x| > X \ 时, 有 \ |f(x)-A| < \varepsilon.$$

重要说明：

（1）定义 1.7 中的 ε 任意小没有任何限制，它刻画了函数 $f(x)$ 与 A 无限接近的程度.

（2）X 与给定的 ε 有关，一般来说，它随 ε 的变小而变大，由此常把 X 写作 $X(\varepsilon)$. 但需要注意的是，这并不意味着它是由 ε 所唯一确定的.

在函数极限定义 1.7 中，如果限制 x 只取正值（或只取负值），这时不等式 $|x| > X$ 变为 $x > X$（或 $x < -X$），而 $x \to \infty$ 就相应成为 $x \to +\infty$ 和 $x \to -\infty$，即有

$$\lim_{x \to +\infty} f(x) = A \quad 或 \quad \lim_{x \to -\infty} f(x) = A$$

显然，$x \to \infty$ 实际上同时包含了 $x \to +\infty$ 和 $x \to -\infty$ 的情形，因此我们可以得到下面的定理.

定理 1.4　极限 $\lim\limits_{x \to \infty} f(x) = A$ 的充分必要条件是 $\lim\limits_{x \to +\infty} f(x) = \lim\limits_{x \to -\infty} f(x) = A$.

对定理 1.4 读者可以自己证明.

下面我们给出当 $x \to \infty$ 时函数 $f(x)$ 以 A 为极限的一个几何解释.

对任意给定的 $\varepsilon > 0$，在 xOy 坐标平面上作平行于 x 轴的两条直线 $y = A + \varepsilon$ 和 $y = A - \varepsilon$，则形成一个以 $y = A$ 为中心线、宽度为 2ε 的条形区域，无论 ε 多么小，总存在充分大的数 $X > 0$，使得当自变量 x 在区间 $(-\infty, -X) \cup (X, +\infty)$ 内取值时，相应的函数 $y = f(x)$ 的图形全部位于上述条形区域内（见图 1.17），即有

$$A - \varepsilon < f(x) < A + \varepsilon$$

函数极限的定义 1.7 通常可以用来验证当 $x \to \infty$ 时某个常数是否为一个函数的极限，但它并没有直接提供如何去求函数极限的方法，后面我们将会讨论函

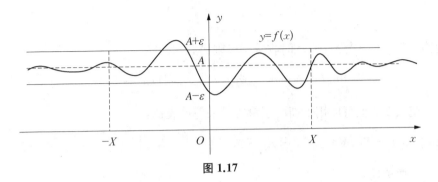

图 1.17

数极限的求法.以下给出两个例子.

例 1.8 用极限定义证明 $\lim\limits_{x\to\infty}\dfrac{1}{x}=0$.

证明： 对任意给定 $\varepsilon>0$，要使

$$\left|\frac{1}{x}-0\right|=\frac{1}{|x|}<\varepsilon$$

即有 $|x|>\dfrac{1}{\varepsilon}$，因此只要取 $X=\dfrac{1}{\varepsilon}$，则当 $|x|>X$ 时,就有

$$\left|\frac{1}{x}-0\right|<\varepsilon$$

故由定义 1.7 可知 $\lim\limits_{x\to\infty}\dfrac{1}{x}=0$.

在例 1.8 中,直线 $y=0$ 是函数 $y=\dfrac{1}{x}$ 的水平渐近线.

一般地,如果 $\lim\limits_{x\to\infty}f(x)=C$，则直线 $y=C$ 称为函数 $y=f(x)$ 的图形的水平渐近线.

类似于定理 1.1 和定理 1.2,对函数极限也有下面两个重要性质.

定理 1.5(唯一性)   如果极限 $\lim\limits_{x\to x_0}f(x)$ 存在,那么它是唯一的.

定理 1.6(有界性)   如果极限 $\lim\limits_{x\to x_0}f(x)$ 存在,那么函数 $f(x)$ 在点 x_0 的某一去心邻域内是有界的.

关于这两个定理的证明,读者可以参看其他书籍.自变量 $x\to\infty$ 时,函数的极限也有类似的性质.

1.2.3　无穷小与无穷大

1. 无穷小

定义 1.8　如果在某个极限过程中,函数 $f(x)$ 以 0 为极限,则称 $f(x)$ 为该极限过程中的无穷小,简称无穷小.

数 0 是一个特殊的无穷小,很小很小的常数只要它不是 0 就不是无穷小.简单地说,无穷小只是一个相对于自变量的某个变化过程而言以 0 为极限的特殊变量.例如,因为 $\lim\limits_{x\to\infty}\dfrac{1}{x}=0$,所以函数 $\dfrac{1}{x}$ 为当 $x\to\infty$ 时的无穷小;因为 $\lim\limits_{x\to1}(x^2-1)=0$,所以函数 x^2-1 为当 $x\to1$ 时的无穷小;因为 $\lim\limits_{n\to\infty}\dfrac{1}{n^2}=0$,所以数列 $\left\{\dfrac{1}{n^2}\right\}$ 为当 $n\to\infty$ 时的无穷小.

无穷小有下面两个主要性质.

定理 1.7　有限个无穷小的和、差、积仍为无穷小.

需要注意的是,两个无穷小的商不一定是无穷小.例如,当 $x\to0$ 时,$2x$ 和 $3x$ 都是无穷小,但 $\lim\limits_{x\to0}\dfrac{3x}{2x}=\dfrac{3}{2}$,因此当 $x\to0$ 时 $\dfrac{3x}{2x}$ 不是无穷小.详细情况我们将在 1.2.6 节中具体讨论.

定理 1.8　有界函数与无穷小的乘积仍为无穷小.

例 1.9　求极限 $\lim\limits_{x\to\infty}\dfrac{\sin x}{x}$.

解: 因为 $\sin x$ 是有界函数,$\dfrac{1}{x}$ 为当 $x\to\infty$ 时的无穷小,由定理 1.8 可知 $\dfrac{\sin x}{x}$ 为当 $x\to\infty$ 时的无穷小,故有 $\lim\limits_{x\to\infty}\dfrac{\sin x}{x}=0$.

函数极限与无穷小有下面的关系.

定理 1.9　在一个极限过程中,函数 $f(x)$ 有极限 A 的充分必要条件是 $f(x)=A+\alpha$,其中 α 是同一极限过程中的无穷小.

以 $\lim\limits_{x\to x_0}f(x)=A$ 为例,简要证明过程是:令 $\alpha=f(x)-A$,则 $|f(x)-A|=|\alpha|$.如果 $\forall\varepsilon>0,\exists\delta>0$,当 $0<|x-x_0|<\delta$ 时,有 $|f(x)-A|<$

ε,即有 $|\alpha|<\varepsilon$. 反之,如果 $\forall \varepsilon>0$, $\exists \delta>0$,当 $0<|x-x_0|<\delta$ 时,有 $|\alpha|<\varepsilon$,即有 $|f(x)-A|<\varepsilon$. 类似地可证明当 $x\to\infty$ 时的情形.

2. 无穷大

定义 1.9   如果在某个极限过程中,函数的绝对值 $|f(x)|$ 无限增大,则称函数 $f(x)$ 为该极限过程中的无穷大,简称无穷大.

需要说明的是,当 $x\to x_0$(或 $x\to\infty$)时为无穷大的函数 $f(x)$,按函数极限定义来说,极限是不存在的. 但为了便于叙述函数的这一性质,我们也说"函数的极限是无穷大",并记作

$$\lim_{x\to x_0}f(x)=\infty \quad 或 \quad \lim_{x\to\infty}f(x)=\infty$$

以当 $x\to x_0$ 时为例,定义 1.9 也可用如下逻辑符号简单表达:

$$\lim_{x\to x_0}f(x)=\infty \Leftrightarrow \forall M>0,\ \exists \delta>0,$$
$$当 0<|x-x_0|<\delta 时,有 |f(x)|>M.$$

当 $x\to\infty$ 时,逻辑符号的表述是类似的,读者可自行写出.

应该特别注意的是,无论多么大的常数都不是无穷大.例如,因为 $\lim\limits_{x\to 1}\dfrac{1}{x-1}=\infty$,所以函数 $\dfrac{1}{x-1}$ 为当 $x\to 1$ 时的无穷大;因为 $\lim\limits_{x\to-\infty}(-x^2-1)=-\infty$,所以函数 $-x^2-1$ 为当 $x\to-\infty$ 时的负无穷大;因为 $\lim\limits_{n\to\infty}\sqrt{n}=+\infty$,所以数列 $\{\sqrt{n}\}$ 为当 $n\to\infty$ 时的正无穷大.

关于无穷小与无穷大有下面简单的关系.

定理 1.10   在同一个极限过程中,如果 $f(x)$ 为无穷大,则 $\dfrac{1}{f(x)}$ 为无穷小;反之,如果 $f(x)$ 为无穷小,且 $f(x)\neq 0$,则 $\dfrac{1}{f(x)}$ 为无穷大.

以 $\lim\limits_{x\to x_0}f(x)=\infty$ 为例,简要证明如下.

如果 $\lim\limits_{x\to x_0}f(x)=\infty$,那么对于充分大的 $M>0$, $\exists \delta>0$,当 $0<|x-x_0|<\delta$ 时,有 $|f(x)|>M$,即 $\left|\dfrac{1}{f(x)}\right|<\dfrac{1}{M}$,因此只要取 $\varepsilon=\dfrac{1}{M}$,则根据定义 1.8 可知,$\dfrac{1}{f(x)}$ 为当 $x\to x_0$ 时的无穷小.

同理,如果 $\lim\limits_{x\to x_0}f(x)=0$,且 $f(x)\neq0$,那么对于 $\forall\varepsilon>0$,$\exists\delta>0$,当 $0<|x-x_0|<\delta$ 时,有 $|f(x)|<\varepsilon$,即 $\left|\dfrac{1}{f(x)}\right|>\dfrac{1}{\varepsilon}$,因此只要取 $M=\dfrac{1}{\varepsilon}$,则根据定义 1.9 可知,$\dfrac{1}{f(x)}$ 为 $x\to x_0$ 时的无穷大.

例 1.10　用定义证明 $\lim\limits_{x\to1}\dfrac{1}{x-1}=\infty$.

证明: 对任意给定 $M>0$,要使

$$\left|\frac{1}{x-1}\right|>M$$

即有 $|x-1|<\dfrac{1}{M}$,因此只要取 $\delta=\dfrac{1}{M}$,则当 $0<|x-1|<\delta$ 时,就有

$$\left|\frac{1}{x-1}\right|>M$$

故由定义 1.9 可知,$\lim\limits_{x\to1}\dfrac{1}{x-1}=\infty$.

在例 1.10 中,直线 $x=1$ 是函数 $y=\dfrac{1}{x-1}$ 的垂直渐近线(见图 1.18).

一般地,如果 $\lim\limits_{x\to x_0}f(x)=\infty$,则直线 $x=x_0$ 称为函数 $y=f(x)$ 的图形的垂直渐近线.

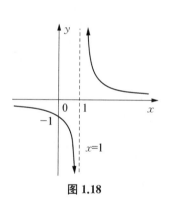

图 1.18

1.2.4　极限运算法则

在 1.2.1 节和 1.2.2 节中,我们看到用数列或函数极限的定义只能验证数列或函数以某个常数 A 为极限.为了准确地求出数列或函数的极限,我们必须建立它们的运算法则,特别是四则运算法则.有了这些法则,我们就可以很方便地求出数列或函数的极限.这里我们只给出函数极限的运算法则,对数列极限也有类似的法则.

为了讨论方便,记号"lim"下面没有标明自变量的变化过程,它表示极限号下可以是任何极限过程.

定理 1.11   如果 $\lim f(x) = A$，$\lim f(x) = B$，则

(1) $\lim[f(x) \pm g(x)] = \lim f(x) \pm \lim g(x) = A \pm B$；

(2) $\lim[f(x)g(x)] = \lim f(x)\lim g(x) = AB$；

(3) $\lim \dfrac{f(x)}{g(x)} = \dfrac{\lim f(x)}{\lim g(x)} = \dfrac{A}{B}$ $(B \neq 0)$.

证明：因为 $\lim f(x) = A$，$\lim f(x) = B$，根据函数极限与无穷小的关系，有

$$f(x) = A + \alpha, \; g(x) = B + \beta$$

式中，α 及 β 为无穷小. 于是有

(1) $f(x) \pm g(x) = (A + \alpha) \pm (B + \beta) = (A \pm B) + (\alpha \pm \beta)$，即 $f(x) \pm g(x)$ 可表示为常数 $(A \pm B)$ 与无穷小 $(\alpha \pm \beta)$ 之和. 因此根据定理 1.7 可知

$$\lim[f(x) \pm g(x)] = A \pm B = \lim f(x) \pm \lim g(x)$$

(2) 同理，$f(x) \cdot g(x) = (A + \alpha) \cdot (B + \beta) = A \cdot B + (A\beta + B\alpha + \alpha \cdot \beta)$，因此根据定理 1.7 和定理 1.8 可知

$$\lim[f(x)g(x)] = AB = \lim f(x)\lim g(x)$$

(3) 证明略，读者可以参看其他书籍.

推论 1.1   如果 $\lim f(x)$ 存在，而 C 为常数，则

$$\lim[Cf(x)] = C\lim f(x)$$

推论 1.2   如果 $\lim f(x)$ 存在，而 n 是正整数，则

$$\lim[f(x)]^n = [\lim f(x)]^n$$

例 1.11   求 $\lim\limits_{x \to 1}(3x - 1)$.

解：$\lim\limits_{x \to 1}(3x - 1) = \lim\limits_{x \to 1} 3x - \lim\limits_{x \to 1} 1 = 3\lim\limits_{x \to 1} x - 1 = 3 \times 1 - 1 = 2.$

例 1.12   求 $\lim\limits_{x \to 1}\dfrac{x - 1}{x^2 - 1}$.

解：$\lim\limits_{x \to 1}\dfrac{x - 1}{x^2 - 1} = \lim\limits_{x \to 1}\dfrac{x - 1}{(x - 1)(x + 1)} = \lim\limits_{x \to 1}\dfrac{1}{x + 1} = \dfrac{\lim\limits_{x \to 1} 1}{\lim\limits_{x \to 1}(x + 1)} = \dfrac{1}{2}.$

在例 1.12 中，当 $x \to 1$ 时，分母（分子）的极限为零，所以不能直接应用极

限的运算法则,应该先约去趋于零的因式,再应用极限的运算法则.

例 1.13　求 $\lim\limits_{n\to\infty}\dfrac{3n^2-1}{2n^2+3n+5}$.

解: 先用 n^2 去除分子及分母,然后取极限.

$$\lim_{n\to\infty}\frac{3n^2-1}{2n^2+3n+5}=\lim_{n\to\infty}\frac{3-\dfrac{1}{n^2}}{2+\dfrac{3}{n}+\dfrac{5}{n^2}}=\frac{\lim\limits_{n\to\infty}3-\lim\limits_{n\to\infty}\dfrac{1}{n^2}}{\lim\limits_{n\to\infty}2+\lim\limits_{n\to\infty}\dfrac{3}{n}+\lim\limits_{n\to\infty}\dfrac{5}{n^2}}=\frac{3}{2}$$

例 1.14　求 $\lim\limits_{x\to\infty}\dfrac{x^2-2x-3}{2x^3-3x^2+5}$.

解: 先用 x^3 去除分子及分母,然后取极限.

$$\lim_{x\to\infty}\frac{x^2-2x-3}{2x^3-3x^2+5}=\lim_{x\to\infty}\frac{\dfrac{1}{x}-\dfrac{2}{x^2}-\dfrac{3}{x^3}}{2-\dfrac{3}{x}+\dfrac{5}{x^3}}=\frac{0}{2}=0$$

一般来说,关于有理函数的极限 $\lim\limits_{x\to\infty}\dfrac{a_0x^n+a_1x^{n-1}+\cdots+a_n}{b_0x^m+b_1x^{m-1}+\cdots+b_m}$,当 $a_0\neq0$, $b_0\neq0$,m 和 n 都为非负整数时,有下面的结论:

$$\lim_{x\to\infty}\frac{a_0x^n+a_1x^{n-1}+\cdots+a_n}{b_0x^m+b_1x^{m-1}+\cdots+b_m}=\begin{cases}0 & n<m\\[2mm]\dfrac{a_0}{b_0} & n=m\\[2mm]\infty & n>m\end{cases}$$

定理 1.12(复合函数的极限运算法则)　设函数 $y=f[\varphi(x)]$ 是由函数 $y=f(u)$ 与函数 $u=\varphi(x)$ 复合而成的.若 $\lim\limits_{x\to x_0}\varphi(x)=u_0$,且在点 x_0 的某去心邻域内有 $\varphi(x)\neq u_0$,又 $\lim\limits_{u\to u_0}f(u)=A$,则 $\lim\limits_{x\to x_0}f[\varphi(x)]=\lim\limits_{u\to u_0}f(u)=A$.

证明略.

将定理 1.12 中的极限过程 $x\to x_0$ 换成 $x\to\infty$,结论仍然成立.

例 1.15　求 $\lim\limits_{x\to0}\dfrac{\sqrt{x+1}-1}{x}$.

解：$\lim\limits_{x \to 0} \dfrac{\sqrt{x+1}-1}{x} = \lim\limits_{x \to 0} \dfrac{(\sqrt{x+1}-1)(\sqrt{x+1}+1)}{x(\sqrt{x+1}+1)}$

$$= \lim\limits_{x \to 0} \frac{1}{\sqrt{x+1}+1} = \frac{1}{2}.$$

在例 1.15 中，当 $x \to 0$ 时，分母（分子）的极限为零，所以不能直接应用极限的运算法则，应该先对其进行恒等变形，将函数"有理化"后，通过约分再求极限.

1.2.5 极限存在准则及两个重要极限

准则 I   如果函数 $f(x)$、$g(x)$ 及 $h(x)$ 满足下列条件：

(1) $g(x) \leqslant f(x) \leqslant h(x)$;

(2) $\lim g(x) = A$，$\lim h(x) = A$.

那么 $\lim f(x)$ 存在，且 $\lim f(x) = A$.

注：如果上述极限过程是 $x \to x_0$，则要求函数在 x_0 的某一去心邻域内有定义；如果上述极限过程是 $x \to \infty$，则要求函数当 $|x| > X$ 时有定义.

准则 I 称为夹逼准则，可以推广到数列的极限.

下面根据准则 I 证明第一个重要极限：$\lim\limits_{x \to 0} \dfrac{\sin x}{x} = 1$.

证明： 首先注意到，函数 $\dfrac{\sin x}{x}$ 对于一切 $x \neq 0$ 都有定义. 在图 1.19 所示的

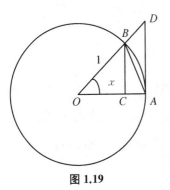

图 1.19

单位圆中，设圆心角 $\angle AOB = x \left(0 < x < \dfrac{\pi}{2}\right)$，作 $BC \perp OA$，$DA \perp OA$，则有

$$\sin x = BC, \quad \tan x = DA$$

因为

$$S_{\triangle AOB} < S_{扇形 AOB} < S_{\triangle AOD}$$

所以

$$\frac{1}{2}\sin x < \frac{1}{2}x < \frac{1}{2}\tan x$$

即 $\sin x < x < \tan x$. 不等号各边都除以 $\sin x$，就有

$$1 < \frac{x}{\sin x} < \frac{1}{\cos x}$$

或 $$\cos x < \frac{\sin x}{x} < 1 \tag{1.1}$$

注意到此不等式当 $-\frac{\pi}{2} < x < 0$ 时也成立. 故当 $0 < |x| < \frac{\pi}{2}$ 时,有

$$0 < |\cos x - 1| = 1 - \cos x = 2\sin^2 \frac{x}{2} < 2\left(\frac{x}{2}\right)^2 = \frac{x^2}{2}$$

根据准则 I 可知 $\lim\limits_{x \to 0} \cos x = 1$,再由式(1.1)和准则 I 得到 $\lim\limits_{x \to 0} \frac{\sin x}{x} = 1$.

例 1.16 求极限 $\lim\limits_{x \to 0} \frac{\tan x}{x}$.

解: $\lim\limits_{x \to 0} \frac{\tan x}{x} = \lim\limits_{x \to 0} \frac{\sin x}{x} \cdot \frac{1}{\cos x} = \lim\limits_{x \to 0} \frac{\sin x}{x} \cdot \lim\limits_{x \to 0} \frac{1}{\cos x} = 1$.

例 1.17 求极限 $\lim\limits_{x \to 0} \frac{1 - \cos x}{x^2}$.

解: $\lim\limits_{x \to 0} \frac{1 - \cos x}{x^2} = \lim\limits_{x \to 0} \frac{2\sin^2 \frac{x}{2}}{x^2} = \frac{1}{2} \lim\limits_{x \to 0} \frac{\sin^2 \frac{x}{2}}{\left(\frac{x}{2}\right)^2} = \frac{1}{2} \lim\limits_{x \to 0} \left(\frac{\sin \frac{x}{2}}{\frac{x}{2}}\right)^2$

$$= \frac{1}{2} \times 1^2 = \frac{1}{2}.$$

准则 II 单调有界数列必有极限.

如果数列 $\{x_n\}$ 满足条件

$$x_1 \leqslant x_2 \leqslant \cdots \leqslant x_n \leqslant x_{n+1} \leqslant \cdots$$

则称数列 $\{x_n\}$ 是单调增加的;如果数列 $\{x_n\}$ 满足条件

$$x_1 \geqslant x_2 \geqslant \cdots \geqslant x_n \geqslant x_{n+1} \geqslant \cdots$$

则称数列 $\{x_n\}$ 是单调减少的.单调增加和单调减少数列统称为单调数列.

根据定理 1.2 可知,收敛的数列一定有界. 但当时也指出:有界的数列不一定收敛. 现在根据准则 II,如果数列不仅有界,并且是单调的,那么这数列的极限必定存在,也就是说这个数列是一定收敛的.

准则 Ⅱ 的几何解释：单调增加（减少）数列的点只可能向右（左）一个方向移动，或者无限向右（左）移动，或者无限趋近于某一定点 A，而有界数列只可能发生后者的情况，也就是说，有界数列一定以某个定点 A 为极限.

根据准则 Ⅱ 和二项式定理，可以证明另一个重要极限

$$\lim_{n\to\infty}\left(1+\frac{1}{n}\right)^n=\mathrm{e}$$

进一步，由于对任意实数 x 有 $n\leqslant x<n+1$，根据准则 Ⅰ 可以证明

$$\lim_{x\to\infty}\left(1+\frac{1}{x}\right)^x=\mathrm{e} \quad 或者 \quad \lim_{z\to0}(1+z)^{\frac{1}{z}}=\mathrm{e}$$

实际上，在求形式为 $\lim[1+\alpha(x)]^{\frac{1}{\alpha(x)}}$ 的极限中，只要 $\alpha(x)$ 是无穷小，就有

$$\lim[1+\alpha(x)]^{\frac{1}{\alpha(x)}}=\mathrm{e}$$

这是因为，令 $u=\dfrac{1}{\alpha(x)}$，则 $u\to\infty$，于是 $\lim[1+\alpha(x)]^{\frac{1}{\alpha(x)}}=\lim\limits_{u\to\infty}\left(1+\dfrac{1}{u}\right)^u=\mathrm{e}$.

例 1.18   求 $\lim\limits_{x\to\infty}\left(1-\dfrac{1}{x}\right)^x$.

解：令 $t=-x$，则当 $x\to\infty$ 时，有 $t\to\infty$. 于是

$$\lim_{x\to\infty}\left(1-\frac{1}{x}\right)^x=\lim_{t\to\infty}\left(1+\frac{1}{t}\right)^{-t}=\lim_{t\to\infty}\frac{1}{\left(1+\dfrac{1}{t}\right)^t}=\frac{1}{\mathrm{e}}$$

例 1.19   设某人欲将本金为 p 的现金存入银行，如果以年为单位计算复利，年利率为 r，那么 t 年后，现金总额将变为 $p(1+r)^t$；如果以月为单位计算复利，那么 t 年后，现金总额将变为 $p\left(1+\dfrac{r}{12}\right)^{12t}$；同理，如果以天为单位计算复利（一年为 365 天），那么 t 年后，现金总额将变为 $p\left(1+\dfrac{r}{365}\right)^{365t}$；以此类推，如果以一年分 n 期为单位计算复利，那么 t 年后，现金总额将变为 $p\left(1+\dfrac{r}{n}\right)^{nt}$. 现在令 $n\to\infty$，即每时每刻计算复利（称为连续复利），那么 t 年后，现金总额将变为

$$\lim_{n \to \infty} p \left(1 + \frac{r}{n}\right)^{nt} = \lim_{n \to \infty} p \left[\left(1 + \frac{r}{n}\right)^{\frac{n}{r}}\right]^{rt} = p \, e^{rt}$$

e^{-rt} 在经济学中通常称为贴现因子,这时利率 r 也称为贴现率.

1.2.6　无穷小的比较

在 1.2.3 节中,我们已经知道两个无穷小的商不一定是无穷小.例如,当 $x \to 0$ 时,x,$2x$,x^2,$\sin x$ 都是无穷小,但它们的商 $\dfrac{x^2}{x}$,$\dfrac{x}{x^2}$,$\dfrac{x}{2x}$,$\dfrac{\sin x}{x}$ 的极限分别是 0,∞,$\dfrac{1}{2}$ 和 1.它们实际上反映了不同的无穷小趋于零的"快慢"程度.于是就有了下面关于无穷小的比较定义.

定义 1.10　设在自变量的同一个变化过程中,有 $\lim \alpha = 0$ 和 $\lim \beta = 0$.

(1) 如果 $\lim \dfrac{\beta}{\alpha} = 0$,就说 β 是比 α 高阶的无穷小,记作 $\beta = o(\alpha)$;

(2) 如果 $\lim \dfrac{\beta}{\alpha} = \infty$,就说 β 是比 α 低阶的无穷小;

(3) 如果 $\lim \dfrac{\beta}{\alpha} = C \neq 0$,就说 β 是与 α 同阶的无穷小;

(4) 如果 $\lim \dfrac{\beta}{\alpha^k} = C \neq 0$,$k > 0$,就说 β 是关于 α 的 k 阶的无穷小;

(5) 如果 $\lim \dfrac{\beta}{\alpha} = 1$,就说 β 与 α 是等价的无穷小,记作 $\alpha \sim \beta$.

例 1.20　证明当 $x \to 0$ 时,$\sqrt[n]{1+x} \sim 1 + \dfrac{1}{n}x$.

证明:$\displaystyle\lim_{x \to 0} \dfrac{\sqrt[n]{1+x} - 1}{x}$

$$= \lim_{x \to 0} \dfrac{(\sqrt[n]{1+x} - 1)\left[(\sqrt[n]{1+x})^{n-1} + (\sqrt[n]{1+x})^{n-2} + \cdots + 1\right]}{x\left[(\sqrt[n]{1+x})^{n-1} + (\sqrt[n]{1+x})^{n-2} + \cdots + 1\right]}$$

$$= \lim_{x \to 0} \dfrac{(1 + x - 1)}{x\left[(\sqrt[n]{1+x})^{n-1} + (\sqrt[n]{1+x})^{n-2} + \cdots + 1\right]} = \dfrac{1}{n}$$

故当 $x \to 0$ 时,$\sqrt[n]{1+x} \sim 1 + \dfrac{1}{n}x$.

定理 1.13 β 与 α 是等价无穷小的充分必要条件为 $\beta = \alpha + o(\alpha)$.

证明：必要性，设 $\alpha \sim \beta$，则有

$$\lim \frac{\beta - \alpha}{\alpha} = \lim \left(\frac{\beta}{\alpha} - 1 \right) = \lim \frac{\beta}{\alpha} - 1 = 0$$

因此 $\beta - \alpha = o(\alpha)$，即 $\beta = \alpha + o(\alpha)$.

充分性，设 $\beta = \alpha + o(\alpha)$，则有

$$\lim \frac{\beta}{\alpha} = \lim \frac{\alpha + o(\alpha)}{\alpha} = \lim \left[1 + \frac{o(\alpha)}{\alpha} \right] = 1$$

因此 $\alpha \sim \beta$.

例 1.21 因为当 $x \to 0$ 时，$\sin x \sim x$，$\tan x \sim x$，$1 - \cos x \sim \dfrac{1}{2} x^2$，所以当 $x \to 0$ 时，有

$$\sin x = x + o(x), \ \tan x = x + o(x), \ 1 - \cos x = \frac{1}{2} x^2 + o(x^2)$$

定理 1.14 设 $\alpha \sim \alpha'$，$\beta \sim \beta'$，且 $\lim \dfrac{\beta'}{\alpha'}$ 存在，则

$$\lim \frac{\beta}{\alpha} = \lim \frac{\beta'}{\alpha'}$$

证明：$\lim \dfrac{\beta}{\alpha} = \lim \left(\dfrac{\beta}{\beta'} \cdot \dfrac{\beta'}{\alpha'} \cdot \dfrac{\alpha'}{\alpha} \right) = \lim \dfrac{\beta}{\beta'} \cdot \lim \dfrac{\beta'}{\alpha'} \cdot \lim \dfrac{\alpha'}{\alpha} = \lim \dfrac{\beta'}{\alpha'}$.

利用定理 1.14 关于等价无穷小的结论，在求极限过程中往往能带来许多方便.

例 1.22 求 $\lim\limits_{x \to 0} \dfrac{\sin 2x}{\tan 3x}$.

解：当 $x \to 0$ 时，$\sin 2x \sim 2x$，$\tan 3x \sim 3x$，所以

$$\lim_{x \to 0} \frac{\sin 2x}{\tan 3x} = \lim_{x \to 0} \frac{2x}{3x} = \frac{2}{3}$$

例 1.23 求 $\lim\limits_{x \to 0} \dfrac{(1 + x^2)^{\frac{1}{3}} - 1}{1 - \cos x}$.

解： 当 $x \to 0$ 时，$(1+x^2)^{\frac{1}{3}} - 1 \sim \frac{1}{3}x^2$，$1 - \cos x \sim \frac{1}{2}x^2$，所以

$$\lim_{x \to 0} \frac{(1+x^2)^{\frac{1}{3}} - 1}{1 - \cos x} = \lim_{x \to 0} \frac{\frac{1}{3}x^2}{\frac{1}{2}x^2} = \frac{2}{3}$$

习题 1.2

1. 观察并判断下列各数列是否收敛？如果收敛，极限是什么？

(1) $x_n = (-1)^n \dfrac{1}{n}$

(2) $x_n = 1 + \dfrac{1}{n^2}$

(3) $x_n = (-1)^n 2$

(4) $x_n = n^2$

2. 用定义证明下列极限：

(1) $\lim\limits_{n \to \infty} \dfrac{n-1}{n} = 1$

(2) $\lim\limits_{n \to \infty} 0.\underbrace{999 \cdots 9}_{n\text{个}} = 1$

(3) $\lim\limits_{x \to 2}(3x - 1) = 5$

(4) $\lim\limits_{x \to \infty} \dfrac{1}{2x} = 0$

3. 求下列极限：

(1) $\lim\limits_{n \to \infty} \dfrac{n(n+1)}{n^2 + 2}$

(2) $\lim\limits_{n \to \infty} \sqrt{n}\left(\sqrt{n+1} - \sqrt{n}\right)$

(3) $\lim\limits_{n \to \infty}\left(1 + \dfrac{1}{n+1}\right)^n$

(4) $\lim\limits_{n \to \infty}\left(1 + \dfrac{1}{2} + \dfrac{1}{2^2} + \cdots + \dfrac{1}{2^n}\right)$

4. 求下列极限：

(1) $\lim\limits_{x \to \infty} \dfrac{x^2 + 3x + 2}{2x^2 + 2x + 5}$

(2) $\lim\limits_{x \to 3} \dfrac{\sqrt{x+1} - 2}{x - 3}$

(3) $\lim\limits_{x \to 2} \dfrac{x^2 - 4}{x^2 - x - 2}$

(4) $\lim\limits_{x \to 1} \dfrac{x^2 + 1}{x - 1}$

(5) $\lim\limits_{x \to \infty} \dfrac{2x^2 - x + 1}{3x^3 + x + 6}$

(6) $\lim\limits_{x \to \sqrt{2}} \dfrac{x^2 - 2}{x^4 + 3}$

5. 求下列极限：

(1) $\lim\limits_{x \to 0} \dfrac{\sin x^2}{\sin^2 x}$

(2) $\lim\limits_{x \to 0} x \sin \dfrac{3}{x}$

(3) $\lim\limits_{x \to 0} \dfrac{\arcsin x}{x}$

(4) $\lim\limits_{x \to 0} \dfrac{\sin 2x - \tan x}{x}$

(5) $\lim\limits_{x \to 0} (1 + x)^{\frac{2}{x}}$

(6) $\lim\limits_{x \to \infty} \left(1 - \dfrac{3}{x}\right)^{2x}$

(7) $\lim\limits_{x \to \infty} \left(\dfrac{x - 2}{x + 2}\right)^x$

(8) $\lim\limits_{x \to \frac{\pi}{2}} (1 + \cot x)^{3\tan x}$

(9) $\lim\limits_{x \to 0} \dfrac{\arctan x}{x}$

(10) $\lim\limits_{x \to 0} \dfrac{\sqrt[3]{x^2 + 1} - 1}{x^2}$

6. 当 $x \to 1$ 时,无穷小 $\dfrac{1}{2}(x^2 - 1)$ 和 $x^3 - 1$ 与无穷小 $x - 1$ 是否同阶? 是否等价?

1.3   函数的连续性

自然界中许多现象的变化规律往往呈现两种不同的特点:一种是量的变化是连续不断的,如气温的变化、植物的生长、飞机的飞行路线等都是连续变化着的,这种现象反映在函数关系上就是函数的连续性;另一种是量的变化是间断的,如火山爆发、股市崩盘等,这种现象反映在函数关系上就是函数的间断点.

1.3.1   函数的连续性定义

定义 1.11   设函数 $f(x)$ 在点 x_0 的某一个邻域内有定义,如果

$$\lim_{x \to x_0} f(x) = f(x_0)$$

那么就称函数 $f(x)$ 在点 x_0 处连续.

定义 1.11 也可以用下面的逻辑符号来简单表达:

$$\lim_{x \to x_0} f(x) = f(x_0) \Leftrightarrow \forall \varepsilon > 0, \ \exists \delta > 0, \text{当} \ |x - x_0| < \delta \ \text{时,有}$$

$$|f(x) - f(x_0)| < \varepsilon$$

根据左右极限我们同样可以给出左右连续的定义.

如果 $\lim\limits_{x \to x_0^-} f(x) = f(x_0)$，则称函数 $f(x)$ 在点 x_0 处左连续；如果 $\lim\limits_{x \to x_0^+} f(x) = f(x_0)$，则称函数 $f(x)$ 在点 x_0 处右连续.

因此，类似于定理 1.3，我们可以得到下面的结论.

定理 1.15　函数 $f(x)$ 在点 x_0 处连续的充分必要条件是函数 $f(x)$ 在点 x_0 处左右连续且相等，即 $\lim\limits_{x \to x_0^-} f(x) = \lim\limits_{x \to x_0^+} f(x) = f(x_0)$.

对定理 1.15 读者可以自己证明.

在区间 (a, b) 内每一点都连续的函数，叫作在该区间 (a, b) 内的连续函数，或者说函数在该区间 (a, b) 内连续. 如果区间包括端点 a 和 b，那么函数在右端点 b 连续是指左连续，在左端点 a 连续是指右连续，这时我们称函数 $f(x)$ 在闭区间 $[a, b]$ 上连续. 例如，对一切多项式函数 $P(x)$，它在区间 $(-\infty, +\infty)$ 内是连续的，而函数 $f(x) = \sqrt{x}$ 在区间 $[0, +\infty)$ 内是连续的.

1.3.2　函数的间断点

根据函数连续性的定义，可以看出，如果函数 $f(x)$ 在点 x_0 的某去心邻域内有定义，且有下列三种情形之一：

(1) $f(x)$ 在 x_0 没有定义；

(2) 虽然 $f(x)$ 在 x_0 有定义，但 $\lim\limits_{x \to x_0} f(x)$ 不存在；

(3) 虽然 $f(x)$ 在 x_0 有定义且 $\lim\limits_{x \to x_0} f(x)$ 存在，但 $\lim\limits_{x \to x_0} f(x) \neq f(x_0)$.

则函数 $f(x)$ 在点 x_0 不连续，而点 x_0 称为函数 $f(x)$ 的不连续点或间断点.

例 1.24　函数 $f(x) = \dfrac{x^2 - 1}{x - 1}$ 在 $x = 1$ 处没有定义，所以点 $x = 1$ 是函数的间断点.

因为 $\lim\limits_{x \to 1} \dfrac{x^2 - 1}{x - 1} = \lim\limits_{x \to 1} (x + 1) = 2$，如果补充定义：令 $x = 1$ 时 $f(1) = 2$，则所给函数在 $x = 1$ 就是连续的，所以 $x = 1$ 称为该函数的可去间断点.

例 1.25　设函数 $f(x) = \begin{cases} x & x \neq 1 \\ \dfrac{1}{2} & x = 1 \end{cases}$.

因为 $\lim\limits_{x \to 1} f(x) = \lim\limits_{x \to 1} x = 1$，$f(1) = \dfrac{1}{2}$，$\lim\limits_{x \to 1} f(x) \neq f(1)$，所以 $x = 1$ 是函

数 $f(x)$ 的间断点.

如果改变函数 $f(x)$ 在 $x=1$ 处的定义：令 $f(1)=1$，则函数 $f(x)$ 在 $x=1$ 处是连续的，所以 $x=1$ 也称为该函数的可去间断点.

在例 1.7 中，对于函数 $f(x)=\begin{cases} x-1 & x<0 \\ 0 & x=0 \\ x+1 & x>0 \end{cases}$，因为 $\lim\limits_{x\to 0^-}f(x)=\lim\limits_{x\to 0^-}(x-1)=-1$，$\lim\limits_{x\to 0^+}f(x)=\lim\limits_{x\to 0^+}(x+1)=1$，$\lim\limits_{x\to 0^-}f(x)\neq\lim\limits_{x\to 0^+}f(x)$，所以极限 $\lim\limits_{x\to 0}f(x)$ 不存在，$x=0$ 是该函数 $f(x)$ 的间断点. 因函数 $f(x)$ 的图形在 $x=0$ 处产生跳跃现象，我们称 $x=0$ 为函数 $f(x)$ 的跳跃间断点（见图 1.16）.

例 1.26 正切函数 $y=\tan x$ 在 $x=\dfrac{\pi}{2}$ 处没有定义，所以点 $x=\dfrac{\pi}{2}$ 是函数 $\tan x$ 的间断点.

因为 $\lim\limits_{x\to\frac{\pi}{2}}\tan x=\infty$，故称 $x=\dfrac{\pi}{2}$ 为函数 $\tan x$ 的无穷间断点.

例 1.27 函数 $y=\sin\dfrac{1}{x}$ 在点 $x=0$ 处没有定义，所以点 $x=0$ 是函数 $\sin\dfrac{1}{x}$ 的间断点.

当 $x\to 0$ 时，函数值在 -1 与 $+1$ 之间变动无限多次，所以点 $x=0$ 称为函数 $\sin\dfrac{1}{x}$ 的振荡间断点.

一般地，间断点可以分成两类：如果 x_0 是函数 $f(x)$ 的间断点，但左极限 $f(x_0-0)$ 及右极限 $f(x_0+0)$ 都存在，那么 x_0 称为函数 $f(x)$ 的第一类间断点. 不是第一类间断点的任何间断点，都称为第二类间断点. 在第一类间断点中，左、右极限相等者称为可去间断点，不相等者称为跳跃间断点. 无穷间断点和振荡间断点显然是第二类间断点.

1.3.3　连续函数的运算法则与初等函数的连续性

定理 1.16(四则运算的连续性)　设函数 $f(x)$ 和 $g(x)$ 在点 x_0 处连续，则函数 $f(x)\pm g(x)$，$f(x)\cdot g(x)$，$\dfrac{f(x)}{g(x)}$ [当 $g(x_0)\neq 0$ 时]在点 x_0 处也连续.

根据连续性的定义和极限运算法则就可以证明定理 1.16.

定理 1.17(复合函数的连续性)　设函数 $y=f(u)$ 在点 u_0 处连续,函数 $u=\varphi(x)$ 在点 x_0 处连续,且 $u_0=\varphi(x_0)$,则复合函数 $y=f[\varphi(x)]$ 在点 x_0 处连续,即

$$\lim_{x \to x_0} f[\varphi(x)]=f[\varphi(x_0)]$$

定理 1.17 的结论也可写成 $\lim\limits_{x \to x_0} f[\varphi(x)]=f[\lim\limits_{x \to x_0}\varphi(x)]$. 这样在求复合函数 $f[\varphi(x)]$ 的极限时,函数符号 f 与极限号就可以交换次序.若把定理 1.17 中的 $x \to x_0$ 换成 $x \to \infty$,结论仍然成立.

例 1.28　求 $\lim\limits_{x \to 3}\sqrt{\dfrac{x-3}{x^2-9}}$.

解: $\lim\limits_{x \to 3}\sqrt{\dfrac{x-3}{x^2-9}}=\sqrt{\lim\limits_{x \to 3}\dfrac{x-3}{x^2-9}}=\sqrt{\lim\limits_{x \to 3}\dfrac{1}{x+3}}=\dfrac{\sqrt{6}}{6}$.

在基本初等函数中,我们知道正弦函数 $\sin x$ 和余弦函数 $\cos x$ 在其定义域 $(-\infty,+\infty)$ 内是连续的;指数函数 $a^x(a>0,a \neq 1)$ 在其定义域 $(-\infty,+\infty)$ 内是单调且连续的,它的值域为 $(0,+\infty)$;而对数函数 $\log_a x(a>0,a \neq 1)$ 作为指数函数 a^x 的反函数在区间 $(0,+\infty)$ 内单调且连续;幂函数 $y=x^\mu$ 的定义域随 μ 的值而异,但无论 μ 为何值,在区间 $(0,+\infty)$ 内幂函数总是连续的,总之,幂函数在它的定义域内是连续的.

因此,结合初等函数的定义,我们可以得到下面的结论.

定理 1.18　基本初等函数在其定义域内是连续的,初等函数在其定义区间内是连续的.

初等函数的连续性在求函数极限中往往会带来很大的方便.即如果 $f(x)$ 是初等函数,且 x_0 是 $f(x)$ 的定义区间内的点,则 $\lim\limits_{x \to x_0} f(x)=f(x_0)$.

例 1.29　求 $\lim\limits_{x \to 0}\dfrac{\sqrt{4+x}-2}{x}$.

解: $\lim\limits_{x \to 0}\dfrac{\sqrt{4+x}-2}{x}=\lim\limits_{x \to 0}\dfrac{(\sqrt{4+x}-2)(\sqrt{4+x}+2)}{x(\sqrt{4+x}+2)}$

$=\lim\limits_{x \to 0}\dfrac{1}{\sqrt{4+x}+2}=\dfrac{1}{4}$.

例 1.30 求 $\lim\limits_{x\to 0}\dfrac{\log_a(1+x)}{x}$.

解: $\lim\limits_{x\to 0}\dfrac{\log_a(1+x)}{x}=\lim\limits_{x\to 0}\log_a(1+x)^{\frac{1}{x}}=\log_a\mathrm{e}=\dfrac{1}{\ln a}$.

例 1.31 求 $\lim\limits_{x\to 0}\dfrac{a^x-1}{x}$.

解: 令 $a^x-1=t$, 则 $x=\log_a(1+t)$, 当 $x\to 0$ 时 $t\to 0$, 于是

$$\lim_{x\to 0}\frac{a^x-1}{x}=\lim_{t\to 0}\frac{t}{\log_a(1+t)}=\frac{1}{\log_a\mathrm{e}}=\ln a.$$

1.3.4 闭区间内连续函数的性质

闭区间内连续函数的性质主要包括最大值和最小值定理、有界性定理、零点定理和介值定理.

1. 最值定理和有界性定理

定义 1.12 对于在某个区间 I 内有定义的函数 $f(x)$, 如果对某个 $x_0\in I$, 使得对于任一 $x\in I$ 都有

$$f(x)\leqslant f(x_0)\big[f(x)\geqslant f(x_0)\big]$$

则称 $f(x_0)$ 是函数 $f(x)$ 在区间 I 内的最大值(最小值).

例如, 函数 $f(x)=1+\cos x$ 在区间 $[0,2\pi]$ 内有最大值 2 和最小值 0.又如, 符号函数 $f(x)=\mathrm{sgn}\,x$ 在区间 $(-\infty,+\infty)$ 内有最大值 1 和最小值 -1.而在开区间 $(0,+\infty)$ 内, $\mathrm{sgn}\,x$ 的最大值和最小值都是 1.

定理 1.19(最大值和最小值定理) 在闭区间内连续的函数在该区间内一定能取得它的最大值和最小值.

值得注意的是, 如果函数在开区间内连续, 或函数在闭区间内有间断点, 那么函数在该区间内就不一定有最大值或最小值. 比如, 在开区间 (a,b) 内, 函数 $f(x)=x$ 就没有最大值和最小值; 函数 $f(x)=\begin{cases}x^2 & 0\leqslant x<1\\ \dfrac{x-1}{3} & 1\leqslant x\leqslant 3\end{cases}$ 在闭区间 $[0,3]$ 内无最大值.

由最大值和最小值定理容易得到有界性定理.

定理 1.20(有界性定理) 在闭区间内连续的函数一定在该区间内有界.

2. 零点定理和介值定理

定义 1.13 如果存在 x_0 使 $f(x_0)=0$,则称 x_0 为函数 $f(x)$ 的零点.

定理 1.21(零点定理) 设函数 $f(x)$ 在闭区间 $[a,b]$ 内连续,且 $f(a)$ 与 $f(b)$ 异号,那么在开区间 (a,b) 内至少有一点 ξ,使得 $f(\xi)=0$.

定理 1.22(介值定理) 设函数 $f(x)$ 在闭区间 $[a,b]$ 内连续,且在这区间的端点取不同的函数值 $f(a)=A$ 及 $f(b)=B$,那么,对于 A 与 B 之间的任意一个数 C,在开区间 (a,b) 内至少有一点 ξ,使得 $f(\xi)=C$.

证明: 设 $\varphi(x)=f(x)-C$,则 $\varphi(x)$ 在闭区间 $[a,b]$ 内连续,且 $\varphi(a)=A-C$ 与 $\varphi(b)=B-C$ 异号. 根据零点定理,在开区间 (a,b) 内至少有一点 ξ,使得 $\varphi(\xi)=0$ $(0<\xi<b)$. 但 $\varphi(\xi)=f(\xi)-C$,因此得 $f(\xi)=C$ $(a<\xi<b)$.

定理 1.22 说明连续曲线 $y=f(x)$ 与水平直线 $y=C$ 至少交于一点.

推论 1.3 在闭区间内连续的函数必取得介于最大值 M 与最小值 m 之间的任何值.

例 1.32 证明方程 $x^5-3x^2+1=0$ 在区间 $(0,1)$ 内至少有一个根.

证明: 设函数 $f(x)=x^5-3x^2+1$,则该函数在闭区间 $[0,1]$ 内连续,又 $f(0)=1>0$, $f(1)=-1<0$. 因此根据零点定理可知,在 $(0,1)$ 内至少有一点 ξ,使得 $f(\xi)=0$,即 $\xi^5-3\xi^2+1=0$ $(0<\xi<1)$. 故方程 $x^5-3x^2+1=0$ 在区间 $(0,1)$ 内至少有一个实根为 ξ.

习题 1.3

1. 指出下列函数的间断点是什么间断点? 如果是可去间断点,则补充或改变定义使它连续.

(1) $f(x)=\dfrac{x^2-1}{x^2+2x-3}$, $x=1$, $x=-3$

(2) $f(x)=\dfrac{x}{\tan x}$, $x=0$, $x=\dfrac{\pi}{2}$

(3) $f(x)=\begin{cases} x+2 & x\geqslant 0 \\ x-2 & x<0 \end{cases}$, $x=0$

2. 求下列极限：

(1) $\lim\limits_{x \to 0} \sqrt{3x^2 - 2x + 1}$

(2) $\lim\limits_{x \to 0} \ln \dfrac{\sin 2x}{x}$

(3) $\lim\limits_{x \to 2} \dfrac{\sqrt{x-1} - 1}{\sqrt[3]{x-1} - 1}$

(4) $\lim\limits_{x \to +\infty} (\sqrt{x^2 + x} - \sqrt{x^2 - 1})$

(5) $\lim\limits_{x \to \infty} \left(1 - \dfrac{2}{x}\right)^x$

(6) $\lim\limits_{x \to 0} \dfrac{\tan x - \sin x}{x^3}$

3. 选取适当的 a 值，使 $f(x) = \begin{cases} x + a & x \geqslant 0 \\ (1 + x)^{\frac{2}{x}} & x < 0 \end{cases}$ 在 $x = 0$ 处连续．

4. 证明方程 $x^3 - 4x + 1 = 0$ 在区间 $(1, 2)$ 内至少有一个根．

阅读材料 A   函数和极限的发展简史

高等数学的研究对象是函数，研究的方法是极限．极限是从有限到无限、从近似到精确的桥梁，从辩证法的角度体现了量变到质变的过程．连续函数是最重要的一类函数．可以说，高等数学主要就是研究连续函数的各种性质，包括导数、微分和积分等．了解函数和极限的发展简史对我们学好高等数学有极大帮助．

1. 函数概念的发展简史

函数概念随着数学的发展而发展，在发展过程中不断地从具体到抽象、从特殊到一般，最终也不断得到严谨化和精确化的表达．从大的方面来说函数概念分为经典函数概念和现代函数概念，这两种函数概念本质上是相同的，只是考虑问题的出发点不同．经典函数概念是从运动变化的观点出发，而近代函数概念是从集合和映射的观点出发．具体来说，经典函数概念又大致分为 3 个阶段：早期的函数概念（几何函数）、18 世纪的函数概念（代数函数）和 19 世纪的函数概念（变量函数）．

早期的函数概念来源于人们对了解日月星辰的运动规律的迫切需要，特别是，自哥白尼（Kopernik，1473—1543）根据多年来对日、月、行星运动的观察和推算，在 1514 年 5 月完成了《天体运行论》以后，运动就成了那个时期科学家们共同感兴趣的问题.人们开始思索:地球上下降的物体为什么最终要垂直下落到地球上? 行星运行的轨道为什么是椭圆的? 另外,由于军事上的需求,人们需要研究炮弹抛射的路线、射程和所能达到的高度等问题.这种对运动的研究就是函数概念的最初几何来源.到了 17 世纪,伽利略(Galileo,1564—1642)在《两门新科学》一书中提出了函数或称为变量关系的概念,但他当时是用文字和比例的语言来表达函数的关系,离真正提出函数的概念还相差很远.直到 1673 年前后,笛卡尔在研究解析几何时注意到一个变量对另一个变量的依赖关系,但他此时也尚未意识到要提炼函数的概念.因此直到 17 世纪后期,牛顿和莱布尼茨建立微积分时还没有人明确给出函数的一般意义,那时函数是被当作几何曲线来研究的.

真正明确给出函数概念的是莱布尼茨在 1673 年首次使用"function"(函数)表示"幂",后来他用该词表示曲线上点的横坐标、纵坐标、切线长等曲线上点的有关几何量.由此可见,函数一词最初的数学含义是相当模糊的,与此同时,牛顿在研究微积分的过程中,使用"流量"来表示变量间的关系.

到了 18 世纪,函数概念进入代数函数阶段,当时占主导地位的观点是,把函数理解为一个解析表达式.瑞士数学家约翰·伯努利(Johann Bernoulli,1667—1748)在 1718 年对莱布尼茨的函数概念从代数角度重新给出了定义:由变量 x 和常量用任何方式构成的量都可以称为 x 的函数.这里任何方式包括代数式子和超越式子,这也是首次强调函数要用式子来表示.

函数符号 $f(x)$ 由著名的瑞士数学家欧拉在 1724 年首次提出.其后,1748 年,欧拉在其《无穷分析引论》一书中把函数定义为由一个变量与一些常量通过任何方式形成的解析表达式.这就把变量与常量,以及由它们的加、减、乘、除、乘方、开方、三角、指数、对数等运算构成的式子,统称为函数.不难看出,欧拉给出的函数定义比约翰·伯努利的定义更普遍和更具有广泛意义.

进一步,在 1755 年,欧拉又给出了另一个定义:如果某些变量以某一种方式依赖于另一些变量,即当后面这些变量变化时,前面这些变量也随着变化,我们把前面的变量称为后面变量的函数.

到 19 世纪时,函数概念的发展已经渐渐完善,进入变量函数阶段.1821 年,法国数学家柯西从变量角度给出了函数的定义:在某些变数间存在着一定的关系,当给定其中某一变数的值,其他变数的值可随之而确定时,则将最初的变数叫作自变量,其他各变数就叫作函数.值得注意的是,在柯西的函数定义中,首次出现了自变量一词,但同时他又认为函数不一定要有解析表达式,或者可以用多个解析式来表示,这显然是一个很大的局限性.

1822年,法国数学家傅里叶(Fourier,1768—1830)发现某些函数既可以用曲线表示,也可以用一个式子表示,或用多个式子表示,从而结束了函数概念是否以唯一一个式子表示的争论,他把对函数的认识又推进到了一个新的层次.

1837年,德国数学家狄利克雷打破了这个局限,认为怎样去建立 x 与 y 之间的关系无关紧要,他给出了函数概念的精确化表述:对于在某区间上的每一个 x 值,y 都有一个或多个确定的值,那么 y 叫作 x 的函数.这个定义避免了函数定义中对依赖关系的描述,特别强调和突出函数概念的本质——对应思想,使之具有更加丰富的内涵,从而被所有数学家所接受.这就是人们常说的经典函数定义.

进入20世纪以后,在德国数学家康托尔创立的集合论基础上,人们对函数概念的认识又有了进一步的深化.1930年,美国数学家维布伦用"集合"和"对应"的概念给出了现代函数的定义,通过集合概念把函数的对应关系、定义域和值域进一步具体化了,且打破了"变量是数"的极限,变量可以是数,也可以是其他任何对象.

2. 极限概念的发展简史

极限思想中蕴含了非常丰富的辩证法思想,为人类认识无限提供了强有力的工具.了解极限概念发展的历程,对于培养人的思维方法和提高分析问题、解决问题的能力无疑是有极大帮助的.数学家拉夫纶捷夫(Lavrentiev,1900—1980)曾说:"数学极限法的创造是对那些不能够用算术、代数和初等几何的简单方法来求解的问题进行了许多世纪的顽强探索的结果."

极限思想的产生和发展是人们社会实践的产物.人们对极限概念的形成经历了漫长的认识过程,大体可以分为三个阶段:远古的萌芽阶段、中世纪后随着微积分的建立极限思想进一步发展阶段、18世纪后微积分的严格化促使极限思想达到完善阶段.

两千多年前可以称作是极限思想的萌芽阶段,其突出特点是人们已经开始意识到极限的存在,并且会运用极限思想解决一些实际问题,但是还不能够系统而清晰地利用极限思想解释现实问题,更不能提出一个抽象和精准的极限概念.极限思想的萌芽阶段以希腊的芝诺(Zeno,前 334—前 262)、中国古代的惠施(约前 370—前 310)、刘徽(约 225—295)、祖冲之(429—500)等为代表人物.

我国春秋战国时期的哲学名著《庄子》记载着惠施的一句名言:"一尺之锤,日取其半,万世不竭."这是说,一尺长的竿子,每天从其中截取前一天剩下的一半,竿子的长度越来越接近零,但又永远不会等于零.这个过程从直观上体现了极限思想.公元 3 世纪,我国魏晋著名数学家刘徽计算圆周率时所创立的"割圆术"则是一种原始的极限思想的应用.刘徽形容他的"割圆术":割之弥细,所失弥少,割之又割,以至于不可割,则与圆合体,而无所失矣.割圆术就是不断倍增圆内接正多边形的边数求出圆周率的方法.后来我国南北朝时期杰出的数学家祖冲之(429—500)再次用这个方法把圆周率的值计算到小数点后七位.这种无限接近某个值的思想,为后来建立极限概念奠定了基础.

在国外,古希腊的著名哲学家芝诺最先提出了著名的阿基里斯悖论:阿基里斯(希腊的神学太保,以跑步快而闻名)永远也追不上一只先逃跑的乌龟.因为乌龟先行了一段距离到达了 A 点,阿基里斯为了赶上乌龟,必须要先到达 A 点;但当阿基里斯到达 A 点时,乌龟已经向前进到了 B 点;而当阿基里斯到达 B 点时,乌龟又已经到了 B 前面的 C 点……依此类推,两者虽越来越接近,但阿基里斯永远落在乌龟的后面而追不上乌龟.阿基里斯悖论困扰了世人十几个世纪,直至 17 世纪,随着微积分的发展,极限的概念得到进一步的完善,人们对阿基里斯悖论的困惑才得以解除.

古希腊智人学派的安蒂丰(Antiphon,约前 480—前 410)在讨论化圆为方的问题时也想到用边数不断增加的内接正多边形来接近圆面积,而内接正多边形与圆周之间存在的空隙在多边形的边数不断加倍时被逐渐"穷竭".这与刘徽的极限思想不谋而合.后来,希腊数学家欧多克索斯(Eudoxus,约前 400—前 347)提出了"穷竭法",著名希腊数学家阿基米德(Archimedes,约前 287—前 212)成功地将"穷竭法"发展到一个高峰,把这个方法应用于许多面积和体积的计算."穷竭法"所蕴含的思想就是近代极限概念的雏形.

总之,无论是中国古代还是古希腊数学家们对极限的理解都是比较初步和肤浅的,形成的极限观念也是十分朴素和直观的.无论是割圆术还是穷竭法,都没有摆脱几何形式的束缚.

极限思想的发展阶段大致在 16 世纪和 17 世纪.14 世纪末,欧洲产生了资本主义的萌芽,到 15 世纪中期,欧洲开始了文艺复兴.由于生产力的发展,当时的人们在力学、天文学、物理学等方面都提出了大量的新问题,对这些问题的探究最终推动了科学技术的进步.一批杰出的科学家也随之涌现,如哥白尼、伽利略和开普勒(Kepler,1571—1630)等,他们在研究天体问题时需要大量数学方面的知识,这就为微积分的提出提供了客观实际的动力,也为极限概念的形成和发展带来了机遇.16 世纪以后,欧洲生产力得到了极大的发展,科学技术中产生了大量的变量问题,如曲线切线问题、最值问题、力学中的速度问题、变力做功问题等,这些变量问题用初等数学方法是无法解决的,迫切需要数学家们突破传统的常量研究范围,希望他们能够提出新的数学思想和方法,提供用以描述和研究运动变化过程的新工具.正是因为这样的社会背景和需求,极大地促进了极限概念的发展.

进入 17 世纪后,由于还没有建立极限的准确概念,所以牛顿在研究物体的运动时,首创了用 o 表示 x 的无穷小且最终趋于零的增量,并且把无穷小增量作为《分析学》的基本概念,从而创立了微积分.但当时牛顿却无法给出无穷小的确切定义,在利用无穷小进行运算时,无穷小到底是零还是非零呢? 这个问题困扰着牛顿和他同时期的数学家们.数学家们用旧的概念说不清"零"与"非零"的问题,故而极限的本质也没有被触及.为了克服这个问题,牛顿创建了一种新方法,称为"首末比方法",用现代的话说,就是求自变量与因变量变化之比的极限.牛顿在他的名著《自然哲学的数学原理》中也有类似的表述:量以及量之比,若在很小的时间间隔内相互接近且其差可小于任意给定的正量,则最终相等.这可以说是给出的最早的极限定义.同时莱布尼茨在对曲线的切线、面积和体积等问题的研究过程中,从几何角度提出曲线的切线是纵坐标之差与横坐标之差变成无穷小时的比.但是由于两者都对无穷小认识不够深刻,导致他们独自创立的微积分理论是不严格的.尽管如此,当时人们还是用微积分解决了很多现实问题,开创了很多新的数学分支.

18 世纪时,为了克服无穷小带来的困难,英国数学家罗宾斯(Robbins,1707—1751)和法国数学家达朗贝尔等人都明确地表示必须将极限作为微积分的基础,并且都对极限做出了定义,其中达朗贝尔给的定义是:一个变量趋于一个固定量,趋于程度小于任何给定量,且变量永远达不到固定量.这已经非常接近现代极限的概念.可惜的是达朗贝尔没有把它关于极限的定义公式化,这就使得他的极限概念仍然是描述性的.但是他所定义的极限已初步摆脱了几何和力学的直观原型,因此,达朗贝尔的极限概念被看作是现代严格极限理论的先导.

19 世纪是极限概念的完善阶段.伟大的法国数学家柯西在《分析教程》中比较完整地揭示了极限概念和极限理论.他认为当一个变量逐次所取的值无限趋于一个定值时,最终使该变量的值和该定值之差越来越小,这个差值小到一定程度时,这个定值就是所有其他值的极限.同时,柯西还指出零是无穷小的极限.他的这个思想第一次使极限概念摆脱了与物理运动和数学几何的任何直观牵连,给出了建立在实数范畴内、用数学语言能准确地表达极限的清楚的定义,同时也已经摆脱了常量数学的束缚,走向了变量数学.但是,柯西的极限概念也还只是停留在直观的、定性的描述上面,并没有严格的数学定义.

直到 19 世纪 50 年代,魏尔斯特拉斯在"分析严密化"方面的工作改进了柯西等人的工作,他力求避免直观,运用数学语言,给出了极限概念的精确定义,从而完成了极限概念的严密化工作.从此,极限理论才得以完善,这也同时为微积分提供了严格的理论基础.极限思想的进一步发展为微积分的发展和应用开辟了新的道路.

数学家介绍

刘徽

刘徽是我国魏晋时期的著名数学家,也是中国乃至世界数学史上最杰出的数学家之一.吴文俊先生曾说过:"从对数学贡献的角度来衡量,刘徽应该与欧几里得、阿基米德等相提并论."他的杰作《九章算术注》和《海岛算经》是我国数学史上宝贵的遗产,也是他留给我们中华民族的宝贵财富.刘徽是中国最早明确主张用逻辑推理的方式来论证数学命题的人,也是世界上最早提出十进小数概念的人,并用十进小数来表示无理数的立方根.他提出的相消法改进了线性方程组的解法,与现今解法基本一致.在几何方面,他提出了"割圆术",

即将圆周用内接或外切正多边形穷竭的一种求圆面积和圆周长的方法.他利用割圆术从直径为 2 尺(1 尺≈0.333 米)的圆内接正六边形开始割圆,依次得正 12 边形、正 24 边形……直到正 3 072 边形,通过计算这些正多边形的面积科学地求出了圆周率(π=3.141 6)的结果.刘徽提出的计算圆周率的科学方法奠定了此后千余年来中国圆周率计算在世界上的领先地位.同时,他在割圆术中提出的"割之弥细,所失弥少,割之又割以至于不可割,则与圆合体而无所失矣"的思想可视为中国古代极限观念的佳作.

刘徽之所以能在数学上取得卓越成就,是与他先进的学术思想分不开的.概括起来,他的学术思想有如下特点:① 富于批判精神.刘徽在数学研究中不迷信权威,也不盲目地踩着前人的脚印走,而是有自己的主见.② 注意寻求数学内部的联系.刘徽在《九章算术注》的序言中说:"事类相推,各有攸归,故枝条虽分而同本干者,知发其一端而已."不难看出,这一思想贯穿了他的整个数学研究.③ 注意把数学的逻辑性和直观性结合起来.刘徽主张"析理以辞,解体用图",就是说问题的理论分析要用明确的语言表达,空间图形的分解要用图形显示,也就是理论和直观并用,他认为只有这样才能使数学既简单又明确.

正是利用刘徽的"割圆术",我国南北朝时期杰出的数学家和天文学家祖冲之(429—500)首次将圆周率精确到小数后第七位,即在 3.141 592 6 和 3.141 592 7 之间,祖冲之提出的"祖率"领先西方 1 000 多年.

笛卡尔

笛卡尔是法国哲学家、物理学家和数学家.他创立了著名的平面直角坐标系,因将几何坐标体系公式化而被认为是解析几何之父.笛卡尔堪称 17 世纪的欧洲哲学界和科学界最有影响的巨匠之一,被誉为"近代科学的始祖",他的哲学思想深深影响了之后的几代欧洲人,开拓了所谓"欧陆理性主义"哲学.

笛卡尔的父亲是布列塔尼议会的议员,同时也是地方法院的法官.笛卡尔 1 岁多时母亲患肺结核去世,而他也受到传染,因此体弱多病.他的父亲希望笛卡尔将来能够成为一名神学家,于是在笛卡尔 8 岁时将其送入欧洲最有名的贵族学校——位于拉弗莱什的耶稣会的皇家大亨利学院学习.他在该校学习了 8 年,接受了传统的文化教育,学习了古典文学、历史、神学、哲学、法学、医学、数学及其他自然科学.1616 年 12 月毕业后,他遵从父亲希望他成为律师的愿望,进入普瓦捷大学学习法律与医学并获得学士学位.由于对数学知识的特别兴趣,笛卡尔在大学毕业后一直对自己将要从事的职业犹豫不定,因此他决心游历欧洲各地,专心寻求"世界这本大书"中的智慧.1618 年,笛卡尔加入了荷兰的军队,但是当时荷兰和西班牙之间签订了停战协定,于是笛卡尔利用这段空闲时间学习数学.

1621 年,笛卡尔退伍回国,时值法国内乱,于是在 1622 年,时年 26 岁的笛卡尔变卖掉父亲留下的资产,用 4 年时间游历欧洲,在此期间在意大利居住了 2 年,随后于 1625 年迁住巴黎.由于当时的法国教会势力庞大,不能自由讨论宗教问题,因此 1628 年笛卡尔移居荷兰,在那里住了 20 多年.在此期间,笛卡尔对哲学、数学、天文学、物理学、化学和生理学等领域进行了深入的研究并发表了多部重要的哲学文集,同时通过数学家梅森神父与欧洲主要学者保持密切联系.他的主要著作几乎都是在荷兰完成的.1628 年,笛卡尔写出了《指导哲理之原则》;1634 年,他完成了以哥白尼学说为基础的《论世界》,书中总结了他在哲学、数学和许多自然科学问题上的一些看法;1637 年,他用法文写成三篇论文《屈光学》《气象学》和《几何学》,并为此写了一篇序言《科学中正确运用理性和追求真理的方法论》,哲学史上简称为《方法论》;1641 年,他完成《形而上学的沉思》;1644 年,他发表《哲学原理》.正是这些著作使笛卡尔成为 17 世纪及以后对欧洲哲学界和科学界最有影响的巨匠之一.

笛卡尔在哲学、方法论、物理学、天文学和数学等领域都有重大的贡献.这里我们仅仅介绍他在数学方面的主要贡献.笛卡尔对数学最重要的贡献是创立了解析几何.在笛卡尔时代,代数还是一个比较新的学科,几何学的思维还在数学家的头脑中占有统治地位.笛卡尔致力于将代数和几何联系起来研究,并成功地将当时完全分开的代数和几何学联系到了一起.在创立了坐标系后,他于 1637 年成功地创立了解析几何学,由此标志着变数进入了数学,使数学在思想方法上产生了伟大的转折——由常量数学进入变量数学的时期,从此辩证法进入了数学.笛卡尔的这些成就为后来牛顿和莱布尼茨发现微积分奠定了基础,解析几何直到现在仍是重要的数学方法之一.

笛卡尔不仅提出了解析几何学的主要思想方法,还指明了其发展方向.在他的著作《几何》中,笛卡尔将逻辑、几何、代数方法结合起来,通过讨论作图问题,勾勒出解析几何的新方法.从此,数和形就走到了一起,数轴是数和形的第一次接触.他向世人证明,几何问题可以归结成代数问题,也可以通过代数转换来发现、证明几何性质.笛卡尔引入了坐标系以及线段的运算概念,创新性地将几何图形"转译"为代数方程式,从而以代数方法求解几何问题,这就是今日的"解析几何",或称"坐标几何".解析几何的创立是数学史上一次划时代的转折,而平面直角坐标系的建立正是解析几何得以创立的基础.直角坐标系的创建在代数和几何间架起了一座桥梁,它使几何概念可以用代数形式来表示,几何图形也可以用代数形式来表示,于是代数和几何就这样合为一家人了.此外,现在使用的许多数学符号都是笛卡尔最先使用的,这包括了已知数 a,b,c 以及未知数 x,y,z 等,还有指数的表示方法.他还发现了凸多面体边、顶点、面之间的关系,后人称为欧拉-笛卡尔公式.微积分中常见的笛卡尔叶形线也是他发现的.

笛卡尔于 1650 年 2 月去世,享年 54 岁.1789 年法国大革命后,笛卡尔的骨灰和遗物被送进法国历史博物馆.1819 年,其骨灰被移入圣日耳曼德佩教堂中.他的哲学与数学思想对历史的影响是深远的.人们在他的墓碑上刻下了这样一句话:"笛卡尔,欧洲文艺复兴以来,第一个为人类争取并保证理性权利的人."

第 2 章　微分学及其应用

　　微分学是微积分的重要内容之一,主要研究函数的导数与微分及其在函数研究中的应用.本章我们首先给出导数和微分的概念,包括求导数和微分的公式及其法则,然后利用导数来研究函数以及曲线的某些性质.

2.1　导数与微分

　　导数的思想最初是由法国数学家费马(Fermat,1601—1665)在研究极值问题时引入的,但与导数概念直接相关的通常是以下两个问题:① 已知物体运动轨迹,求它的速度;② 已知一条曲线,求它的切线.这是由英国数学家牛顿和德国数学家莱布尼茨分别在研究力学和几何学的过程中发现的.微分作为分析方法已经渗透到自然科学与技术科学等众多领域,它的基本思想在于考虑函数在小范围内是否可能用线性函数或多项式函数来任意近似表示.正是这种近似,使得对复杂函数的研究在局部上得以简化.

　　下面我们以直线运动的速度和切线这两个问题为背景引入导数的概念.

2.1.1　导数的概念与公式

　　1. 引例

　　1) 变速直线运动的速度

　　设一质点做变速直线运动,路程 s 是时间 t 的函数 $s=s(t)$,则该质点在时间区间 $[t_0,t]$ 上的平均速度为

$$\bar{v} = \frac{s(t) - s(t_0)}{t - t_0} = \frac{s(t_0 + \Delta t) - s(t_0)}{\Delta t}$$

式中,$\Delta t = t - t_0 > 0$. 如果时间间隔 Δt 很短,这个比值可以说非常接近质点在时刻 t_0 的瞬时速度 $v(t_0)$. 因此,为了求出质点在时刻 t_0 的瞬时速度 $v(t_0)$ 的精确值,我们令 $t \to t_0 (\Delta t \to 0)$,如果比值 $\dfrac{s(t) - s(t_0)}{t - t_0}$ 的极限存在,记为 $v(t_0)$,即

$$v(t_0) = \lim_{t \to t_0} \frac{s(t) - s(t_0)}{t - t_0} = \lim_{\Delta t \to 0} \frac{s(t_0 + \Delta t) - s(t_0)}{\Delta t} = \lim_{\Delta t \to 0} \frac{\Delta s}{\Delta t}$$

式中,$\Delta s = s(t_0 + \Delta t) - s(t_0)$. 这时就把这个极限值 $v(t_0)$ 称为质点在时刻 t_0 的瞬时速度.

2) 切线问题

如果 M 为曲线 C 上的一点,N 为曲线 C 上的另一点,连接 MN. 当点 N 沿曲线 C 趋于点 M 时,割线 MN 的极限位置 MT 就称为曲线 C 在点 M 处的切线.

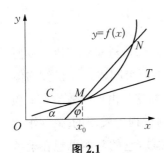

图 2.1

现设曲线 C 为函数 $y = f(x)$ 的图形. 现在要求曲线 C 在点 $M(x_0, y_0)$ 处的切线方程,必须首先确定出切线的斜率. 为此,在曲线 C 上取另一点 $N(x, y)$,于是割线 MN 的斜率为

$$\tan \varphi = \frac{y - y_0}{x - x_0} = \frac{f(x) - f(x_0)}{x - x_0}$$

式中,φ 为割线 MN 的倾角(见图 2.1).

如果当点 N 沿曲线 C 趋于点 M 时,即自变量 $x \to x_0$ 时,上式的极限存在,记这个极限值为 k,则 k 就是所求的切线 MT 的斜率,即

$$k = \lim_{x \to x_0} \frac{f(x) - f(x_0)}{x - x_0} = \lim_{\Delta x \to 0} \frac{f(x_0 + \Delta x) - f(x_0)}{\Delta x} = \lim_{\Delta x \to 0} \frac{\Delta y}{\Delta x}$$

式中,$\Delta x = x - x_0$;$\Delta y = f(x) - f(x_0) = f(x_0 + \Delta x) - f(x_0)$. $x \to x_0$ 相当于 $\Delta x \to 0$.

从上面两个例子我们看到,虽然它们的实际意义完全不同,但它们却有共同的数学结构,即它们的数学模型完全一致,都是归结为函数增量与自变量增

量比值的极限问题.这种比值的极限问题正是下面我们要讨论的导数概念.

2. 导数的定义

定义 2.1　设函数 $y = f(x)$ 在点 x_0 的某个邻域内有定义,当自变量 x 在 x_0 处取得增量 Δx(点 $x_0 + \Delta x$ 仍在该邻域内)时,函数 y 也相应地取得增量 $\Delta y = f(x_0 + \Delta x) - f(x_0)$;如果当 $\Delta x \to 0$ 时增量 Δy 与 Δx 之比的极限存在,则称函数 $y = f(x)$ 在点 x_0 处可导,并称这个极限为函数 $y = f(x)$ 在点 x_0 处的导数,记为 $f'(x_0)$,即

$$f'(x_0) = \lim_{\Delta x \to 0} \frac{\Delta y}{\Delta x} = \lim_{\Delta x \to 0} \frac{f(x_0 + \Delta x) - f(x_0)}{\Delta x}$$

也可记为 $y'|_{x=x_0}$,$\left.\dfrac{\mathrm{d}y}{\mathrm{d}x}\right|_{x=x_0}$ 或 $\left.\dfrac{\mathrm{d}f(x)}{\mathrm{d}x}\right|_{x=x_0}$.如果这个极限不存在,就说函数 $y = f(x)$ 在点 x_0 处不可导.

导数的定义表达式有时为了方便也可取不同的形式,常见的形式有

$$f'(x_0) = \lim_{h \to 0} \frac{f(x_0 + h) - f(x_0)}{h} \quad \text{或者} \quad f'(x_0) = \lim_{x \to x_0} \frac{f(x) - f(x_0)}{x - x_0}$$

在实际问题中,经常需要讨论各种具有不同意义的变量的变化"快慢"问题,在数学上就是所谓函数的变化率问题. 导数概念正是函数变化率这一概念的精确描述.

如果函数 $y = f(x)$ 在开区间 I 内的每点处都可导,就称函数 $y = f(x)$ 在开区间 I 内可导.这时,对于任一个 $x \in I$,都对应着 $f(x)$ 的一个确定的导数值,于是根据函数的定义可知,这样就构成了一个新的函数,这个新函数就叫作原函数 $y = f(x)$ 的导函数,记作 y',$f'(x)$,$\dfrac{\mathrm{d}y}{\mathrm{d}x}$ 或 $\dfrac{\mathrm{d}f(x)}{\mathrm{d}x}$.

因此,导函数的定义可以写为

$$f'(x) = \lim_{\Delta x \to 0} \frac{f(x + \Delta x) - f(x)}{\Delta x} \quad \text{或者} \quad f'(x) = \lim_{h \to 0} \frac{f(x + h) - f(x)}{h}$$

值得注意的是,函数 $f(x)$ 在点 x_0 处的导数 $f'(x_0)$ 是导函数 $f'(x)$ 在点 $x = x_0$ 处的函数值,即

$$f'(x_0) = f'(x)|_{x=x_0}$$

而导函数 $f'(x)$ 仍然是自变量 x 的函数,但以后为了方便,仍简称为导数.

对应于左右极限的概念,自然就有左右导数的概念,即:如果 $f'_-(x_0) = \lim\limits_{h \to 0^-} \dfrac{f(x_0+h)-f(x_0)}{h}$ 存在,则 $f'_-(x_0)$ 就称为 $f(x)$ 在 x_0 处的左导数;如果 $f'_+(x_0) = \lim\limits_{h \to 0+} \dfrac{f(x_0+h)-f(x_0)}{h}$ 存在,则 $f'_+(x_0)$ 就称为 $f(x)$ 在 x_0 处的右导数.

类似于定理 1.3 中函数在 x_0 点的极限与左右极限关系的结论,我们同样可以得到函数 $f(x)$ 在 x_0 处可导的充分必要条件是左导数 $f'_-(x_0)$ 和右导数 $f'_+(x_0)$ 都存在且相等,即有

$$f'(x_0) = A \Leftrightarrow f'_-(x_0) = f'_+(x_0) = A$$

如果函数 $f(x)$ 在开区间 (a, b) 内可导,且右导数 $f'_+(a)$ 和左导数 $f'_-(b)$ 都存在,就说 $f(x)$ 在闭区间 $[a, b]$ 上可导.

3. 导数的几何意义

由引例中切线问题可知,函数 $y = f(x)$ 在点 x_0 处的导数 $f'(x_0)$ 在几何上表示曲线 $y = f(x)$ 在点 $(x_0, f(x_0))$ 处的切线的斜率 k,即

$$k = f'(x_0)$$

因此,曲线 $y = f(x)$ 在点 (x_0, y_0) 的切线方程为

$$y - y_0 = f'(x_0)(x - x_0)$$

而与该切线垂直的法线方程为

$$y - y_0 = -\frac{1}{f'(x_0)}(x - x_0) \qquad [f'(x_0) \neq 0]$$

例 2.1   求曲线 $y = x^2$ 在点 $(1, 1)$ 处的切线方程和法线方程.

解:由导数的定义容易求得 $y' = 2x$,在 $x = 1$ 处的导数为 $y'|_{x=1} = 2$. 因此,所求的切线方程为

$$y - 1 = 2(x - 1)$$

即
$$2x - y - 1 = 0$$

所求的法线方程为

$$y - 1 = -\frac{1}{2}(x - 1)$$

即

$$x + 2y - 3 = 0$$

4. 函数的可导性与连续性的关系

如果函数 $y = f(x)$ 在点 x_0 处可导，即 $\lim\limits_{\Delta x \to 0} \dfrac{\Delta y}{\Delta x} = f'(x_0)$ 存在. 则

$$\lim_{\Delta x \to 0} \Delta y = \lim_{x \to x_0} [f(x) - f(x_0)] = \lim_{x \to x_0} \left[\frac{f(x) - f(x_0)}{x - x_0} \cdot (x - x_0) \right]$$

$$= \lim_{x \to x_0} \frac{f(x) - f(x_0)}{x - x_0} \cdot \lim_{x \to x_0} (x - x_0) = f'(x_0) \cdot 0 = 0$$

即 $\lim\limits_{x \to x_0} f(x) = f(x_0)$，这就是说，函数 $y = f(x)$ 在点 x_0 处连续. 因此，如果函数 $y = f(x)$ 在点 x_0 处可导，则该函数 $y = f(x)$ 在点 x_0 处必连续.

但是，另一方面，一个函数在某点连续却不一定在该点处可导.

例 2.2　讨论连续函数 $f(x) = |x|$ 在 $x = 0$ 处的可导性.

解：由于

$$f'_-(0) = \lim_{h \to 0^-} \frac{f(0+h) - f(0)}{h} = \lim_{h \to 0^-} \frac{|h|}{h} = -\lim_{h \to 0^-} \frac{h}{h} = -1$$

$$f'_+(0) = \lim_{h \to 0^+} \frac{f(0+h) - f(0)}{h} = \lim_{h \to 0^+} \frac{|h|}{h} = \lim_{h \to 0^+} \frac{h}{h} = 1$$

所以 $f'_-(0) \neq f'_+(0)$，故 $f(x) = |x|$ 在 $x = 0$ 处不可导.

5. 导数的基本公式和运算法则

一般来说，根据定义 2.1 可知，求函数 $y = f(x)$ 的导数可分为以下 3 个步骤：① 求函数增量 Δy；② 求比值 $\dfrac{\Delta y}{\Delta x}$；③ 求极限 $\lim\limits_{\Delta x \to 0} \dfrac{\Delta y}{\Delta x}$.

下面我们就根据这 3 个步骤分别求出几个基本初等函数的导数并推导出导数的运算法则.

1）几个基本初等函数的导数

下面利用导数的定义来求出几个基本初等函数的导数公式.

例 2.3 求函数 $f(x)=C$ (C 为常数)的导数.

解: $f'(x)=\lim\limits_{h\to 0}\dfrac{f(x+h)-f(x)}{h}=\lim\limits_{h\to 0}\dfrac{C-C}{h}=0$

即 $(C)'=0$.

例 2.4 求函数 $y=x^n$ (n 为正整数)的导数.

解: $y'=\lim\limits_{h\to 0}\dfrac{(x+h)^n-x^n}{h}$

$=\lim\limits_{h\to 0}\left[nx^{n-1}+\dfrac{n(n-1)}{2}x^{n-1}h+\cdots+h^{n-1}\right]=nx^{n-1}$

即 $(x^n)'=nx^{n-1}$.

一般地,当 n 不是正整数而是任意实数 μ 时,上式仍然成立,即有

$$(x^\mu)'=\mu x^{\mu-1}(x>0)$$

特别地,取 $\mu=-1,\dfrac{1}{2}$ 时,有

$$\left(\dfrac{1}{x}\right)'=-\dfrac{1}{x^2},\ (\sqrt{x})'=\dfrac{1}{2\sqrt{x}}$$

例 2.5 求函数 $y=\sin x$ 的导数.

解: $y'=\lim\limits_{h\to 0}\dfrac{\sin(x+h)-\sin x}{h}=\lim\limits_{h\to 0}\dfrac{1}{h}\cdot 2\cos\left(x+\dfrac{h}{2}\right)\sin\dfrac{h}{2}$

$=\lim\limits_{h\to 0}\cos\left(x+\dfrac{h}{2}\right)\cdot\dfrac{\sin\dfrac{h}{2}}{\dfrac{h}{2}}=\cos x$

即 $(\sin x)'=\cos x$.

用类似的方法,可求得 $(\cos x)'=-\sin x$.

例 2.6 求函数 $y=a^x$ ($a>0,a\neq 1$) 的导数.

解: $y'=\lim\limits_{h\to 0}\dfrac{a^{x+h}-a^x}{h}=a^x\lim\limits_{h\to 0}\dfrac{a^h-1}{h}$

$\xrightarrow{\text{令}\,a^h-1=t}a^x\lim\limits_{t\to 0}\dfrac{t}{\log_a(1+t)}=a^x\dfrac{1}{\log_a e}=a^x\ln a$

即 $(a^x)' = a^x \ln a$. 特别地有 $(e^x)' = e^x$.

2) 求导法则

根据导数的定义,可以推导出导数的求导法则——导数的四则运算法则、反函数的求导法则和复合函数的求导法则.借助这些法则就可以求出其他基本初等函数的导数.

a) 导数的四则运算法则

定理 2.1 设函数 $u = u(x)$ 与 $v = v(x)$ 都在点 x 处可导,则它们的和、差、积、商(分母不为零)仍在点 x 处可导,并且

(1) $(u \pm v)' = u' \pm v'$;

(2) $(uv)' = u'v + uv'$;

(3) $\left(\dfrac{u}{v}\right)' = \dfrac{u'v - uv'}{v^2}$.

证明: 仅对(1)和(2)进行证明.

(1) $[u(x) \pm v(x)]' = \lim\limits_{h \to 0} \dfrac{[u(x+h) \pm v(x+h)] - [u(x) \pm v(x)]}{h}$

$\qquad = \lim\limits_{h \to 0} \left[\dfrac{u(x+h) - u(x)}{h} \pm \dfrac{v(x+h) - v(x)}{h} \right]$

$\qquad = u'(x) \pm v'(x)$

(2) $[u(x) \cdot v(x)]' = \lim\limits_{h \to 0} \dfrac{u(x+h)v(x+h) - u(x)v(x)}{h}$

$\qquad = \lim\limits_{h \to 0} \dfrac{1}{h} \big[u(x+h)v(x+h) - u(x)v(x+h) +$

$\qquad\qquad u(x)v(x+h) - u(x)v(x) \big]$

$\qquad = \lim\limits_{h \to 0} \left[\dfrac{u(x+h) - u(x)}{h} v(x+h) + \right.$

$\qquad\qquad \left. u(x) \dfrac{v(x+h) - v(x)}{h} \right]$

$\qquad = \lim\limits_{h \to 0} \dfrac{u(x+h) - u(x)}{h} \cdot \lim\limits_{h \to 0} v(x+h) + u(x) \cdot$

$\qquad\qquad \lim\limits_{h \to 0} \dfrac{v(x+h) - v(x)}{h}$

$\qquad = u'(x)v(x) + u(x)v'(x)$

式中，$\lim\limits_{h \to 0} v(x+h) = v(x)$ 是由于 $v'(x)$ 存在，故 $v(x)$ 在点 x 连续.

定理 2.1 中的法则 (3) 读者可以自己推导. 特别地，在法则 (2) 中，如果取 $v = C$（C 为常数），则有

$$(Cu)' = Cu'$$

定理 2.1 中的法则 (1)、(2) 可推广到有限个可导函数的情形. 例如，设 $u = u(x)$、$v = v(x)$、$w = w(x)$ 均在点 x 处可导，则有

$$(u \pm v \pm w)' = u' \pm v' \pm w'$$

$$(uvw)' = u'vw + uv'w + uvw'$$

在定理 2.1 的法则 (3) 中，令 $u = 1$，则有

$$\left(\frac{1}{v} \right)' = -\frac{v'}{v^2}$$

例 2.7 求函数 $y = \tan x$ 的导数.

解：$y' = \left(\dfrac{\sin x}{\cos x} \right)' = \dfrac{(\sin x)' \cos x - \sin x (\cos x)'}{\cos^2 x}$

$\qquad = \dfrac{\cos^2 x + \sin^2 x}{\cos^2 x} = \dfrac{1}{\cos^2 x} = \sec^2 x$

即 $(\tan x)' = \sec^2 x$.

同理，可求得余切函数的导数公式为

$$(\cot x)' = -\csc^2 x$$

例 2.8 求函数 $y = \sec x$ 的导数.

解：$y' = (\sec x)' = \left(\dfrac{1}{\cos x} \right)' = \dfrac{(1)' \cos x - 1 \cdot (\cos x)'}{\cos^2 x}$

$\qquad = \dfrac{\sin x}{\cos^2 x} = \sec x \tan x$

即 $(\sec x)' = \sec x \tan x$.

同理，可求得余割函数的导数公式为

$$(\csc x)' = -\csc x \cot x$$

例 2.9 求下列函数的导数.

(1) $y = 2e^x + 3\sin x + \arctan 2$;

(2) $y = \dfrac{x-1}{x+1}$.

解:(1) $y' = (2e^x)' + (3\sin x)' + (\arctan 2)'$

$\qquad = 2(e^x)' + 3(\sin x)' = 2e^x + 3\cos x$

$\quad$ (2) $y' = \dfrac{(x-1)'(x+1) - (x-1)(x+1)'}{(x+1)^2}$

$\qquad = \dfrac{(x+1) - (x-1)}{(x+1)^2} = \dfrac{2}{(x+1)^2}$

b) 反函数的求导法则

定理 2.2 设函数 $y = f(x)$ 为 $x = \varphi(y)$ 的反函数.如果 $x = \varphi(y)$ 在某区间 I_y 内单调、可导且 $\varphi'(y) \neq 0$,那么它的反函数 $y = f(x)$ 在对应区间 $I_x = \{x \mid x = \varphi(y), y \in I_y\}$ 内也可导,并且

$$f'(x) = \frac{1}{\varphi'(y)} \quad \text{或} \quad \frac{\mathrm{d}y}{\mathrm{d}x} = \frac{1}{\dfrac{\mathrm{d}x}{\mathrm{d}y}}$$

证明:任取 $x \in I_x$ 及 Δx ($\Delta x \neq 0$, $x + \Delta x \in I_x$),由 $y = f(x)$ 的单调性可知

$$\Delta y = f(x + \Delta x) - f(x) \neq 0$$

又由 $y = f(x)$ 在 x 点连续,故当 $\Delta x \to 0$ 时 $\Delta y \to 0$,于是根据假设可得

$$f'(x) = \lim_{\Delta x \to 0} \frac{\Delta y}{\Delta x} = \frac{1}{\lim\limits_{\Delta y \to 0} \dfrac{\Delta x}{\Delta y}} = \frac{1}{\varphi'(y)}$$

定理 2.2 中的结论可简单地说成:反函数的导数等于直接函数导数的倒数.

例 2.10 求函数 $y = \arcsin x$ 的导数.

解:因为 $y = \arcsin x$,$x \in (-1, 1)$ 的反函数为 $x = \sin y$,$y \in \left(-\dfrac{\pi}{2}, \dfrac{\pi}{2}\right)$,而 $x = \sin y$ 在开区间 $\left(-\dfrac{\pi}{2}, \dfrac{\pi}{2}\right)$ 内单调、可导,且 $(\sin y)' = \cos y > 0$,

故由反函数的求导法则可知,在对应区间 $I_x = (-1, 1)$ 内有

$$(\arcsin x)' = \frac{1}{(\sin y)'} = \frac{1}{\cos y} = \frac{1}{\sqrt{1 - \sin^2 y}} = \frac{1}{\sqrt{1 - x^2}}$$

类似地有 $(\arccos x)' = -\dfrac{1}{\sqrt{1 - x^2}}$.

例 2.11   求函数 $y = \arctan x$ 的导数.

解：因为 $y = \arctan x$ 的反函数为 $x = \tan y$, $y \in \left(-\dfrac{\pi}{2}, \dfrac{\pi}{2}\right)$, 而 $x = \tan y$ 在开区间 $\left(-\dfrac{\pi}{2}, \dfrac{\pi}{2}\right)$ 内单调、可导,且 $(\tan y)' = \sec^2 y \neq 0$, 故由反函数的求导法则可知,在对应区间 $I_x = (-\infty, \infty)$ 内有

$$(\arctan x)' = \frac{1}{(\tan y)'} = \frac{1}{\sec^2 y} = \frac{1}{1 + \tan^2 y} = \frac{1}{1 + x^2}$$

类似地有 $(\text{arccot}\, x)' = -\dfrac{1}{1 + x^2}$.

例 2.12   求函数 $y = \log_a x$ $(a > 0, a \neq 1)$ 的导数.

解：因为 $y = \log_a x$ $(a > 0, a \neq 1)$ 的反函数为 $x = a^y$ $(a > 0, a \neq 1)$, 而 $x = a^y$ 在区间 $I_y = (-\infty, +\infty)$ 内单调、可导,且 $(a^y)' = a^y \ln a \neq 0$, 故由反函数的求导法则可知,在对应区间 $I_x = (0, +\infty)$ 内有

$$(\log_a x)' = \frac{1}{(a^y)'} = \frac{1}{a^y \ln a} = \frac{1}{x \ln a}$$

即 $(\log_a x)' = \dfrac{1}{x \ln a}$. 特别地有 $(\ln x)' = \dfrac{1}{x}$.

到目前为止,所有基本初等函数的导数公式我们都求出来了,那么如何求出由基本初等函数构成的较复杂的初等函数的导数呢? 比如 $\ln \sin x$、e^{x^2} 等复合函数的导数怎样求? 因此,我们需要给出复合函数的求导法则.

c) 复合函数的求导法则

定理 2.3   如果 $u = \varphi(x)$ 在点 x 处可导,函数 $y = f(u)$ 在点 u 可导,则复合函数 $y = f[\varphi(x)]$ 在点 x 处可导,且其导数为

$$\frac{dy}{dx} = f'(u) \cdot \varphi'(x) \quad \text{或} \quad \frac{dy}{dx} = \frac{dy}{du} \cdot \frac{du}{dx}$$

证明： 如果 $u = \varphi(x)$ 在点 x 的某邻域内为常数时，$y = f[\varphi(x)]$ 也是常数，此时导数为零，结论显然成立.

当 $u = \varphi(x)$ 在点 x 的某邻域内不等于常数时，$\Delta u \neq 0$，注意到 $u = \varphi(x)$ 是 x 的连续函数，当 $\Delta x \to 0$ 时，必有 $\Delta u \to 0$，故有

$$\begin{aligned}
\frac{\Delta y}{\Delta x} &= \frac{f[\varphi(x + \Delta x)] - f[\varphi(x)]}{\Delta x} \\
&= \frac{f[\varphi(x + \Delta x)] - f[\varphi(x)]}{\varphi(x + \Delta x) - \varphi(x)} \cdot \frac{\varphi(x + \Delta x) - \varphi(x)}{\Delta x} \\
&= \frac{f(u + \Delta u) - f(u)}{\Delta u} \cdot \frac{\varphi(x + \Delta x) - \varphi(x)}{\Delta x}
\end{aligned}$$

$$\begin{aligned}
\frac{dy}{dx} &= \lim_{\Delta x \to 0} \frac{\Delta y}{\Delta x} \\
&= \lim_{\Delta u \to 0} \frac{f(u + \Delta u) - f(u)}{\Delta u} \cdot \lim_{\Delta x \to 0} \frac{\varphi(x + \Delta x) - \varphi(x)}{\Delta x} \\
&= \lim_{\Delta u \to 0} \frac{\Delta y}{\Delta u} \cdot \lim_{\Delta x \to 0} \frac{\Delta u}{\Delta x} = f'(u)\varphi'(x)
\end{aligned}$$

例 2.13　已知函数 $y = e^{x^2}$，求 $\dfrac{dy}{dx}$.

解： 函数 $y = e^{x^2}$ 可看作是由 $y = e^u$ 和 $u = x^2$ 复合而成的，因此

$$\frac{dy}{dx} = \frac{dy}{du} \cdot \frac{du}{dx} = e^u \cdot 2x = 2x\,e^{x^2}$$

例 2.14　已知函数 $y = \sin \dfrac{x}{1 + x^2}$，求 $\dfrac{dy}{dx}$.

解： 函数 $y = \sin \dfrac{x}{1 + x^2}$ 是由 $y = \sin u$ 和 $u = \dfrac{x}{1 + x^2}$ 复合而成的，因此

$$\frac{dy}{dx} = \frac{dy}{du} \cdot \frac{du}{dx} = \cos u \cdot \frac{(1 + x^2) - 2x^2}{(1 + x^2)^2} = \frac{1 - x^2}{(1 + x^2)^2} \cdot \cos \frac{x}{1 + x^2}$$

在求复合函数的导数过程中，如果对公式比较熟悉，就不必再写出中间变

量,而可以直接写出结果.

例 2.15 已知函数 $y = \sqrt[3]{1-x^2}$,求 $\dfrac{\mathrm{d}y}{\mathrm{d}x}$.

解: $\dfrac{\mathrm{d}y}{\mathrm{d}x} = \left[(1-x^2)^{\frac{1}{3}}\right]' = \dfrac{1}{3}(1-x^2)^{-\frac{2}{3}} \cdot (1-x^2)' = \dfrac{-2x}{3\sqrt[3]{(1-x^2)^2}}$

例 2.16 求幂函数 $y = x^\mu$($x > 0$,μ 为任意实数)的导数.

解: 因为 $y = x^\mu = \mathrm{e}^{\mu \ln x}$ 可看作是由 $y = \mathrm{e}^u$ 和 $u = \mu \ln x$ 复合而成的,因此

$$y' = \mathrm{e}^u \cdot \mu \cdot \frac{1}{x} = \mu \mathrm{e}^{\mu \ln x} \cdot \frac{1}{x} = \mu x^{\mu-1}$$

即 $(x^\mu)' = \mu x^{\mu-1}$.

复合函数的求导法则可以推广到多个中间变量的情形. 例如,设 $y = f(u)$,$u = \varphi(v)$,$v = \psi(x)$,则

$$\frac{\mathrm{d}y}{\mathrm{d}x} = f'(u) \cdot \varphi'(v) \cdot w'(x) \quad \text{或} \quad \frac{\mathrm{d}y}{\mathrm{d}x} = \frac{\mathrm{d}y}{\mathrm{d}u} \cdot \frac{\mathrm{d}u}{\mathrm{d}v} \cdot \frac{\mathrm{d}v}{\mathrm{d}x}$$

例 2.17 已知函数 $y = \mathrm{e}^{\tan \frac{1}{x}}$,求 $\dfrac{\mathrm{d}y}{\mathrm{d}x}$.

解: $\dfrac{\mathrm{d}y}{\mathrm{d}x} = (\mathrm{e}^{\tan \frac{1}{x}})' = \mathrm{e}^{\tan \frac{1}{x}} \cdot \left(\tan \frac{1}{x}\right)' = \mathrm{e}^{\tan \frac{1}{x}} \cdot \sec^2 \frac{1}{x} \cdot \left(\frac{1}{x}\right)'$

$$= -\frac{1}{x^2} \cdot \mathrm{e}^{\tan \frac{1}{x}} \cdot \sec^2 \frac{1}{x}$$

d) 隐函数的求导法则

形如 $y = f(x)$ 的函数称为显函数,比如函数 $y = \sin x$,$y = \ln \sqrt{x}$. 而对于由方程 $F(x,y) = 0$ 所确定的函数则称为隐函数,比如,方程 $x^2 + y^2 = 1$ 确定的隐函数为 $y = \pm\sqrt{1-x^2}$. 一般来说,由方程 $F(x,y) = 0$ 所确定的隐函数往往很难化成显函数.

如果在方程 $F(x,y) = 0$ 中,当 x 在某区间内任取一值时,总存在满足该方程的唯一的 y 值与之对应,那么就说方程 $F(x,y) = 0$ 在该区间内确定了一个隐函数.

现在我们需要求出由方程 $F(x,y) = 0$ 所确定的隐函数 $y = y(x)$ 的导数

y'. 方法是直接对方程 $F(x,y)=0$ 的两边关于 x 求导,求导时始终把 y 看成是 x 的函数即可.

例 2.18 求由方程 $x^2+y^2=1$ 所确定的隐函数 $y=y(x)$ 的导数 y'.

解: 对方程两边关于 x 求导得

$$2x+2yy'=0$$

即 $y'=-\dfrac{x}{y}$.

例 2.19 求由方程 $\mathrm{e}^y+xy-1=0$ 所确定的隐函数 $y=y(x)$ 在 $x=0$ 处的导数 $y'|_{x=0}$.

解: 对方程两边关于 x 求导得

$$\mathrm{e}^y y'+y+xy'=0$$

即得 $y'=-\dfrac{y}{x+\mathrm{e}^y}$ $(x+\mathrm{e}^y\neq 0)$. 因为当 $x=0$ 时,从原方程得 $y=0$,故得 $y'|_{x=0}=0$.

下面介绍一种对数求导法,它适用于求幂指函数 $y=[u(x)]^{v(x)}$ 的导数及多因子之积和商的导数.这种方法应先对 $y=[u(x)]^{v(x)}$ 的两边取对数,即

$$\ln y=v(x)\ln u(x)$$

再对两边的 x 求导,得

$$\frac{1}{y}y'=v'(x)\ln u(x)+v(x)\,\frac{u'(x)}{u(x)}$$

$$y=[u(x)]^{v(x)}\left[v'(x)\ln u(x)+v(x)\,\frac{u'(x)}{u(x)}\right]$$

例 2.20 求 $y=x^{\sin x}$ $(x>0)$ 的导数.

解: 两边取对数,得

$$\ln y=\sin x\cdot\ln x$$

对上式两边 x 求导,得

$$\frac{1}{y}y'=\cos x\cdot\ln x+\sin x\cdot\frac{1}{x}$$

从而 $y' = y\left(\cos x \cdot \ln x + \sin x \cdot \dfrac{1}{x}\right) = x^{\sin x}\left(\cos x \cdot \ln x + \dfrac{\sin x}{x}\right)$.

这种幂指函数的导数也可以利用对数恒等式按下面的方法求得：因为 $u^v = \mathrm{e}^{v \cdot \ln u}$，故有

$$(u^v)' = (\mathrm{e}^{v \cdot \ln u})' = \mathrm{e}^{v \cdot \ln u}(v \cdot \ln u)' = u^v\left(v' \cdot \ln u + v \cdot \dfrac{u'}{u}\right)$$

例 2.21　求函数 $y = \dfrac{\sqrt{x+1} \cdot (2-x)^3}{(x-1)^2}$ 的导数.

解：先对等式两边取对数，得

$$\ln y = \dfrac{1}{2}\ln(x+1) + 3\ln(2-x) - 2\ln(x-1)$$

对上式两边 x 求导，得

$$\dfrac{1}{y} \cdot y' = \dfrac{1}{2} \cdot \dfrac{1}{x+1} - \dfrac{3}{2-x} - \dfrac{2}{x-1}$$

于是

$$y' = y\left(\dfrac{1}{2(x+1)} - \dfrac{3}{2-x} - \dfrac{2}{x-1}\right)$$

$$= \dfrac{\sqrt{x+1} \cdot (2-x)^3}{(x-1)^2}\left[\dfrac{1}{2(x+1)} - \dfrac{3}{2-x} - \dfrac{2}{x-1}\right]$$

3）高阶导数

从前面的求导例题中，我们看到函数 $y = f(x)$ 的导数 $y' = f'(x)$ 仍然是 x 的函数.如果 $f'(x)$ 的导数存在，则称之为函数 $y = f(x)$ 的二阶导数，记作 y''、$f''(x)$ 或 $\dfrac{\mathrm{d}^2 y}{\mathrm{d}x^2}$，即

$$y'' = (y')',\quad f''(x) = [f'(x)]'\quad \text{或}\quad \dfrac{\mathrm{d}^2 y}{\mathrm{d}x^2} = \dfrac{\mathrm{d}}{\mathrm{d}x}\left(\dfrac{\mathrm{d}y}{\mathrm{d}x}\right)$$

因此，函数 $y = f(x)$ 的导数 $f'(x)$ 则相应地称为函数 $y = f(x)$ 的一阶导数. 类似地，二阶导数的导数称为三阶导数，三阶导数的导数称为四阶导数……$(n-1)$ 阶导数的导数称为 n 阶导数，分别记作 y'''，$y^{(4)}$，$\cdots$，$y^{(n)}$ 或

$f'''(x), f^{(4)}(x), \cdots, f^{(n)}(x)$ 或 $\dfrac{\mathrm{d}^3 y}{\mathrm{d}x^3}, \dfrac{\mathrm{d}^4 y}{\mathrm{d}x^4}, \cdots, \dfrac{\mathrm{d}^n y}{\mathrm{d}x^n}$.

函数 $y = f(x)$ 具有 n 阶导数,也常说成函数 $y = f(x)$ 为 n 阶可导.二阶及二阶以上的导数统称为高阶导数.

例 2.22 求正弦函数 $y = \sin x$ 的 n 阶导数.

解: $y' = \cos x = \sin\left(x + \dfrac{\pi}{2}\right)$

$$y'' = \cos\left(x + \dfrac{\pi}{2}\right) = \sin\left(x + \dfrac{\pi}{2} + \dfrac{\pi}{2}\right) = \sin\left(x + 2 \cdot \dfrac{\pi}{2}\right)$$

$$y''' = \cos\left(x + 2 \cdot \dfrac{\pi}{2}\right) = \sin\left(x + 2 \cdot \dfrac{\pi}{2} + \dfrac{\pi}{2}\right) = \sin\left(x + 3 \cdot \dfrac{\pi}{2}\right)$$

$$y^{(4)} = \cos\left(x + 3 \cdot \dfrac{\pi}{2}\right) = \sin\left(x + 3 \cdot \dfrac{\pi}{2} + \dfrac{\pi}{2}\right) = \sin\left(x + 4 \cdot \dfrac{\pi}{2}\right)$$

一般地,可得

$$y^{(n)} = \sin\left(x + n \cdot \dfrac{\pi}{2}\right), \text{ 即 } (\sin x)^{(n)} = \sin\left(x + n \cdot \dfrac{\pi}{2}\right)$$

用类似方法,可得

$$(\cos x)^{(n)} = \cos\left(x + n \cdot \dfrac{\pi}{2}\right)$$

例 2.23 求对数函数 $y = \ln(1+x)$ 的 n 阶导数.

解: $\qquad y' = \dfrac{1}{1+x} = (1+x)^{-1}$

$$y'' = (-1)(1+x)^{-2}$$

$$y''' = (-1)(-2)(1+x)^{-3} = (-1)^2 2! \ (1+x)^{-2}$$

一般地,可得

$$y^{(n)} = (-1)(-2)\cdots(-n+1)(1+x)^{-n} = (-1)^{n-1} \dfrac{(n-1)!}{(1+x)^n}$$

即 $\left[\ln(1+x)\right]^{(n)} = (-1)^{n-1} \dfrac{(n-1)!}{(1+x)^n}$.

例 2.24 求幂函数 $y = x^\mu$（μ 是任意常数）的 n 阶导数公式.

解：
$$y' = \mu x^{\mu-1}$$
$$y'' = \mu(\mu-1)x^{\mu-2}$$
$$y''' = \mu(\mu-1)(\mu-2)x^{\mu-3}$$

一般地，可得
$$y^{(n)} = \mu(\mu-1)(\mu-2)\cdots(\mu-n+1)x^{\mu-n}$$

即 $(x^\mu)^{(n)} = \mu(\mu-1)(\mu-2)\cdots(\mu-n+1)x^{\mu-n}$.

当 $\mu = n$ 时，得到
$$(x^n)^{(n)} = n!$$

而 $(x^n)^{(n+1)} = 0$.

例 2.25 求由方程 $x - y + \dfrac{1}{2}\sin y = 0$ 所确定的隐函数 y 的二阶导数 $\dfrac{\mathrm{d}^2 y}{\mathrm{d}x^2}$.

解： 方程两边对 x 求导，得
$$1 - \frac{\mathrm{d}y}{\mathrm{d}x} + \frac{1}{2}\cos y \cdot \frac{\mathrm{d}y}{\mathrm{d}x} = 0$$

于是 $\dfrac{\mathrm{d}y}{\mathrm{d}x} = \dfrac{2}{2-\cos y}$.

上式两边再对 x 求导，得

$$\frac{\mathrm{d}^2 y}{\mathrm{d}x^2} = \frac{-2\sin y \cdot \dfrac{\mathrm{d}y}{\mathrm{d}x}}{(2-\cos y)^2} = \frac{-4\sin y}{(2-\cos y)^3}$$

如果函数 $u = u(x)$ 及 $v = v(x)$ 都在点 x 处具有 n 阶导数，那么在求它们的和与积的高阶导数时，经常用到下面两个公式：

(1) $(u \pm v)^{(n)} = u^{(n)} \pm v^{(n)}$；

(2) $(uv)^{(n)} = \displaystyle\sum_{k=0}^{n} C_n^k u^{(n-k)} v^{(k)}$.　　　　　　　　　　(2.1)

式（2.1）称为莱布尼茨公式，组合数 $C_n^k = \dfrac{n!}{k!\,(n-k)!} = \dfrac{n(n-1)\cdots(n-k+1)}{k!}$.

例 2.26 已知 $y = x^2 e^{2x}$，求 $y^{(20)}$.

解：设 $u = e^{2x}$，$v = x^2$，则

$$u^{(k)} = 2^k e^{2x} \ (k = 1, 2, \cdots, 20)$$

$$v' = 2x, \ v'' = 2, \ v^{(k)} = 0 \ (k = 3, 4, \cdots, 20)$$

代入式(2.1)，得

$$y^{(20)} = (uv)^{(20)} = u^{(20)} \cdot v + C_{20}^1 u^{(19)} \cdot v' + C_{20}^2 u^{(18)} \cdot v''$$

$$= 2^{20} e^{2x} \cdot x^2 + 20 \cdot 2^{19} e^{2x} \cdot 2x + \frac{20 \cdot 19}{2} \cdot 2^{18} e^{2x} \cdot 2$$

$$= 2^{20} e^{2x} (x^2 + 20x + 95)$$

2.1.2　微分的概念与公式

1. 微分的定义

在实际问题中，经常会遇到当自变量有一个微小的改变量时，需要知道函数相应改变量的大小的情况.但直接计算函数的改变量往往是比较困难的，这时找到一个相对简单的近似计算公式对于可导函数来说是可行的.先看看下面的实际例子.

设一块边长为 x 正方形金属薄片受温度变化的影响，其边长由 x_0 变到 $x_0 + \Delta x$，问此薄片的面积 S 改变了多少？

金属薄片的面积 $S = x^2$，其改变量为

$$\Delta S = (x_0 + \Delta x)^2 - (x_0)^2 = 2x_0 \Delta x + (\Delta x)^2$$

如图 2.2 所示，ΔS 由两部分组成，第一部分 $2x_0 \Delta x$ 表示两个长为 x_0 宽为 Δx 的长方形面积，它是 Δx 的线性函数，是 ΔS 的主要部分；第二部分 $(\Delta x)^2$ 表示边长为 Δx 的正方形的面积.当 $\Delta x \to 0$ 时，$(\Delta x)^2$ 是比 Δx 高阶的无穷小，因此，当 $|\Delta x|$ 很小时，第二部分可以忽略不计，而用第一部分 $2x_0 \Delta x$ 来近似地代替，即 $\Delta S \approx 2x_0 \Delta x$.

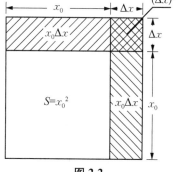

图 2.2

定义 2.2 设函数 $y = f(x)$ 在某区间内有定义，如果 x_0 及 $x_0 + \Delta x$ 都在该区间内，相应的函数的增量为

$$\Delta y = f(x_0 + \Delta x) - f(x_0)$$

可表示为

$$\Delta y = A \Delta x + o(\Delta x)$$

式中，A 是不依赖于 Δx 的常数，那么称函数 $y = f(x)$ 在点 x_0 是可微的，而 $A \Delta x$ 称为函数 $y = f(x)$ 在点 x_0 的微分，记作

$$dy = A \Delta x$$

由微分的定义 2.2 可知，微分 $A \Delta x$ 是自变量增量 Δx 的线性函数，当 $A \neq 0$ 时，

$$\lim_{\Delta x \to 0} \frac{\Delta y}{dy} = \lim_{\Delta x \to 0} \frac{A \Delta x + o(x)}{A \Delta x} = 1 + \frac{1}{A} \lim_{\Delta x \to 0} \frac{o(x)}{\Delta x} = 1$$

即当 $\Delta x \to 0$ 时，Δy 与 dy 是等价无穷小.因此，通常将微分 $A \Delta x$ 称为函数增量 Δy 的线性主部.

下面讨论函数可微的条件.

函数 $f(x)$ 在点 x_0 可微的充分必要条件是函数 $f(x)$ 在点 x_0 可导，且当函数 $f(x)$ 在点 x_0 可微时，其微分为

$$dy = f'(x_0) \Delta x$$

事实上，设函数 $f(x)$ 在点 x_0 可微，则按定义 2.2 有

$$\Delta y = A \Delta x + o(\Delta x)$$

上式两边分别除以 Δx，得

$$\frac{\Delta y}{\Delta x} = A + \frac{o(\Delta x)}{\Delta x}$$

因此，当 $\Delta x \to 0$ 时，由上式得

$$A = \lim_{\Delta x \to 0} \frac{\Delta y}{\Delta x} = f'(x_0)$$

从而说明 $f(x)$ 在点 x_0 可导，且 $A = f'(x_0)$.

反之，如果 $f(x)$ 在点 x_0 可导，即 $\lim_{\Delta x \to 0} \frac{\Delta y}{\Delta x} = f'(x_0)$ 存在，根据极限与无

穷小的关系,上式可写成

$$\frac{\Delta y}{\Delta x} = f'(x_0) + \alpha$$

式中,$\alpha \rightarrow 0$(当 $\Delta x \rightarrow 0$). 因此,由上式得到

$$\Delta y = f'(x_0)\Delta x + \alpha \Delta x$$

注意到 $A = f'(x_0)$ 不依赖于 Δx,且 $\alpha \Delta x = o(\Delta x)$,故上式相当于

$$\Delta y = A \Delta x + o(\Delta x)$$

所以 $f(x)$ 在点 x_0 是可微的.

因为当 $y = x$ 时,$\mathrm{d}y = \mathrm{d}x = x' \Delta x = \Delta x$,所以自变量 x 的微分等于它的增量,即 $\mathrm{d}x = \Delta x$. 于是函数 $y = f(x)$ 在点 x_0 的微分又可记作

$$\mathrm{d}y = f'(x_0)\mathrm{d}x$$

如果函数 $y = f(x)$ 在某区间任意点 x 可微,则它的微分记作

$$\mathrm{d}y = f'(x)\mathrm{d}x$$

从而有 $\dfrac{\mathrm{d}y}{\mathrm{d}x} = f'(x)$. 这就是说,函数的微分 $\mathrm{d}y$ 与自变量的微分 $\mathrm{d}x$ 之商等于该函数的导数.因此,导数也叫作"微商".

由前面讨论可知,当 $\Delta x \rightarrow 0$ 时,Δy 与 $\mathrm{d}y$ 是等价无穷小.因此,当 $|\Delta x|$ 很小时,有近似式 $\Delta y \approx \mathrm{d}y$.

例 2.27 求函数 $y = x^2 + x$ 当 x 从 1 变到 1.01 时的增量 Δy 和微分 $\mathrm{d}y$.

解: 因为 $\mathrm{d}y = (2x + 1)\Delta x$,所以当 $x = 1$ 和 $\Delta x = 0.01$ 时有

$$\Delta y \Big|_{\substack{x = 1 \\ \Delta x = 0.01}} = (1.01^2 + 1.01) - (1^2 + 1) = 0.030\ 1$$

$$\mathrm{d}y \Big|_{\substack{x = 1 \\ \Delta x = 0.01}} = (2 \times 1 + 1) \times 0.01 = 0.03$$

2. 基本微分公式与微分运算法则

从函数微分的表达式 $\mathrm{d}y = f'(x)\mathrm{d}x$ 可知,要计算函数的微分,只要计算函数的导数,再乘以自变量的微分.因此,可得如下的微分公式和微分运算法则.

1) 基本微分公式

为了方便对照,表 2.1 列出了对应的导数公式和微分公式.

表 2.1   函数的导数公式和微分公式对照表

导 数 公 式	微 分 公 式
$C' = 0$，C 为常数	$\mathrm{d}C = 0$，C 为常数
$(x^\mu)' = \mu x^{\mu-1}$	$\mathrm{d}(x^\mu) = \mu x^{\mu-1}\,\mathrm{d}x$
$(a^x)' = a^x \ln a\ (a > 0,\ a \neq 1)$	$\mathrm{d}(a^x) = a^x \ln a\,\mathrm{d}x\ (a > 0,\ a \neq 1)$
$(\mathrm{e}^x)' = \mathrm{e}^x$	$\mathrm{d}(\mathrm{e}^x) = \mathrm{e}^x\,\mathrm{d}x$
$(\log_a x)' = \dfrac{1}{x\ln a}$	$\mathrm{d}(\log_a x) = \dfrac{1}{x\ln a}\,\mathrm{d}x$
$(\ln x)' = \dfrac{1}{x}$	$\mathrm{d}(\ln x) = \dfrac{1}{x}\,\mathrm{d}x$
$(\sin x)' = \cos x$	$\mathrm{d}\sin x = \cos x\,\mathrm{d}x$
$(\cos x)' = -\sin x$	$\mathrm{d}\cos x = -\sin x\,\mathrm{d}x$
$(\tan x)' = \sec^2 x$	$\mathrm{d}\tan x = \sec^2 x\,\mathrm{d}x$
$(\cot x)' = -\csc^2 x$	$\mathrm{d}\cot x = -\csc^2 x\,\mathrm{d}x$
$(\sec x)' = \sec x \tan x$	$\mathrm{d}\sec x = \sec x \tan x\,\mathrm{d}x$
$(\csc x)' = -\csc x \cot x$	$\mathrm{d}\csc x = -\csc x \cot x\,\mathrm{d}x$
$(\arcsin x)' = \dfrac{1}{\sqrt{1-x^2}}$	$\mathrm{d}(\arcsin x) = \dfrac{1}{\sqrt{1-x^2}}\,\mathrm{d}x$
$(\arccos x)' = -\dfrac{1}{\sqrt{1-x^2}}$	$\mathrm{d}(\arccos x) = -\dfrac{1}{\sqrt{1-x^2}}\,\mathrm{d}x$
$(\arctan x)' = \dfrac{1}{1+x^2}$	$\mathrm{d}(\arctan x) = \dfrac{1}{1+x^2}\,\mathrm{d}x$
$(\operatorname{arccot} x)' = -\dfrac{1}{1+x^2}$	$\mathrm{d}(\operatorname{arccot} x) = -\dfrac{1}{1+x^2}\,\mathrm{d}x$

2) 微分的四则运算

设 $u = u(x)$，$v = v(x)$ 在 x 点可导，则其导数和微分的四则运算法则如表 2.2 所示.

表 2.2   函数的导数和微分四则运算法则对照表

导数的四则运算	微分的四则运算
$(u \pm v)' = u' \pm v'$	$\mathrm{d}(u \pm v) = \mathrm{d}u \pm \mathrm{d}v$
$(uv)' = u'v \pm uv'$	$\mathrm{d}(uv) = v\mathrm{d}u + u\mathrm{d}v$

（续表）

导数的四则运算	微分的四则运算
$(Cu)' = Cu'$，C 为常数	$\mathrm{d}(Cu) = C\mathrm{d}u$，$C$ 为常数
$\left(\dfrac{u}{v}\right)' = \dfrac{u'v - uv'}{v^2}$ $(v \neq 0)$	$\mathrm{d}\left(\dfrac{u}{v}\right) = \dfrac{v\mathrm{d}u - u\mathrm{d}v}{v^2}$ $(v \neq 0)$

3）复合函数的微分法则与微分形式不变性

设 $y = f(u)$ 及 $u = \varphi(x)$ 都可导，则复合函数 $y = f[\varphi(x)]$ 在点 x 处的微分为

$$\mathrm{d}y = \frac{\mathrm{d}y}{\mathrm{d}u} \cdot \frac{\mathrm{d}u}{\mathrm{d}x}\mathrm{d}x = f'[\varphi(x)] \cdot \varphi'(x)\mathrm{d}x$$

由于 $\mathrm{d}u = \varphi'(x)\mathrm{d}x$，所以，复合函数 $y = f[\varphi(x)]$ 的微分公式也可以写成

$$\mathrm{d}y = f'(u)\mathrm{d}u$$

由此可见，无论 u 是自变量还是中间变量，微分形式 $\mathrm{d}y = f'(u)\mathrm{d}u$ 都保持不变.这一性质称为微分形式不变性.利用微分形式不变性求复合函数的微分就比较方便.

例 2.28　设 $y = \ln(1 + \mathrm{e}^{x^2})$，求 $\mathrm{d}y$.

解： $\mathrm{d}y = \mathrm{d}\ln(1 + \mathrm{e}^{x^2}) = \dfrac{1}{1 + \mathrm{e}^{x^2}}\mathrm{d}(1 + \mathrm{e}^{x^2})$

$$= \frac{1}{1 + \mathrm{e}^{x^2}} \cdot \mathrm{e}^{x^2}\mathrm{d}(x^2) = \frac{1}{1 + \mathrm{e}^{x^2}} \cdot \mathrm{e}^{x^2} \cdot 2x\mathrm{d}x = \frac{2x\mathrm{e}^{x^2}}{1 + \mathrm{e}^{x^2}}\mathrm{d}x$$

例 2.29　设 $y = \mathrm{e}^{\alpha x}\cos\beta x$，其中 α 及 β 均为常数，求 $\mathrm{d}y$.

解： 应用积的微分法则，得

$$\mathrm{d}y = \mathrm{d}(\mathrm{e}^{\alpha x}\cos\beta x) = \cos\beta x\,\mathrm{d}(\mathrm{e}^{\alpha x}) + \mathrm{e}^{\alpha x}\mathrm{d}(\cos\beta x)$$

$$= \cos\beta x\,\mathrm{e}^{\alpha x}\mathrm{d}(\alpha x) - \mathrm{e}^{\alpha x}\sin\beta x\,\mathrm{d}(\beta x)$$

$$= \mathrm{e}^{\alpha x}(\alpha\cos\beta x - \beta\sin\beta x)\mathrm{d}x$$

3. 微分在近似计算中的应用

在实际问题中，经常会遇到一些复杂的计算表达式，如果直接进行计算是很费力的. 前面我们已经讨论过当 $\Delta x \to 0$ 时，Δy 与 $\mathrm{d}y$ 是等价无穷小，因此，

当 $|\Delta x|$ 很小时,利用微分往往可以把一些复杂的计算公式改用简单的近似公式来代替.

设函数 $y=f(x)$ 在点 x_0 处可导,且 $f'(x_0)\neq 0$,因此,当 $|\Delta x|$ 很小时,我们有

$$\Delta y\approx \mathrm{d}y=f'(x_0)\Delta x \tag{2.2}$$

即

$$\Delta y=f(x_0+\Delta x)-f(x_0)\approx f'(x_0)\Delta x$$

故有

$$f(x_0+\Delta x)\approx f(x_0)+f'(x_0)\Delta x \tag{2.3}$$

在上式中令 $x=x_0+\Delta x$,即 $\Delta x=x-x_0$,则有

$$f(x)\approx f(x_0)+f'(x_0)(x-x_0)$$

特别当 $x_0=0$ 时,有

$$f(x)\approx f(0)+f'(0)x \tag{2.4}$$

有了这些近似计算公式,我们就可以计算函数增量 Δy 的近似值以及函数在某点 x_0 附近和原点附近的近似值.利用式(2.4),当 $|x|$ 很小时,可以得到下面几个近似公式:

(1) $\sin x\approx x$;　　(2) $\tan x\approx x$;　　(3) $\sqrt[n]{1+x}\approx 1+\dfrac{1}{n}x$;

(4) $\mathrm{e}^x\approx 1+x$;　　(5) $\ln(1+x)\approx x$.

证明:以下证明公式(1)和(3).

(1) 令 $f(x)=\sin x$,那么 $f(0)=0$,$f'(0)=\cos x\,|_{x=0}=1$,代入到式(2.4)中便得

$$\sin x\approx x$$

(3) 令 $f(x)=\sqrt[n]{1+x}$,那么 $f(0)=1$,$f'(0)=\dfrac{1}{n}(1+x)^{\frac{1}{n}-1}\Big|_{x=0}=\dfrac{1}{n}$,代入到式(2.4)中,便得

$$\sqrt[n]{1+x}\approx 1+\dfrac{1}{n}x$$

用类似方法可以证明其他几个近似公式,此处略去证明,留作读者练习.

例 2.30　计算 $\tan 30°30'$ 的近似值.

解: 已知 $30°30' = \dfrac{\pi}{6} + \dfrac{\pi}{360}$,$x_0 = \dfrac{\pi}{6}$,$\Delta x = \dfrac{\pi}{360}$. 利用式(2.3)可得

$$\tan 30°30' \approx \tan \frac{\pi}{6} + \sec^2\left(\frac{\pi}{6}\right) \cdot \frac{\pi}{360}$$

$$= \frac{\sqrt{3}}{3} + \frac{4}{3} \cdot \frac{\pi}{360} \approx 0.589\,0$$

例 2.31　计算 $\sqrt[3]{998}$ 的近似值.

解: 已知 $\sqrt[n]{1+x} \approx 1 + \dfrac{1}{n}x$,故

$$\sqrt[3]{998} = \sqrt[3]{1\,000 - 2} = 10 \cdot \sqrt[3]{1 - \frac{2}{1\,000}}$$

$$\approx 10 \cdot \left\{1 + \frac{1}{3}\left(-\frac{2}{1\,000}\right)\right\} = 10 - \frac{2}{300}$$

$$\approx 9.993\,3$$

例 2.32　有一个半径为 10 cm 的金属圆片,加热后半径伸长了 0.05 cm,问面积增大了多少?

解: 已知金属圆片的面积为 $S = \pi r^2$,$r = 10$ cm,$\Delta r = 0.05$ cm. 则增大的加热面积约为

$$\Delta S \approx \mathrm{d}S = 2\pi r \mid_{r=10} \Delta r = 2\pi \times 10 \times 0.05 = \pi\,(\mathrm{cm}^2)$$

习题 2.1

1. 根据导数的定义,求下列函数的导数:

(1) $f(x) = \sqrt{x}$　　　　　　　(2) $f(x) = \cos x$

(3) $f(x) = \dfrac{1}{x}$

2. 求函数 $y = \cos x$ 在点 $\left(\dfrac{\pi}{3}, \dfrac{1}{2}\right)$ 处的切线方程和法线方程.

3. 讨论函数 $f(x)=\begin{cases} x\sin\dfrac{1}{x} & x\neq 0 \\ 0 & x=0 \end{cases}$ 在 $x=0$ 处的连续性和可导性.

4. 设函数 $f(x)=\begin{cases} x^2 & x\leqslant 1 \\ ax+b & x>1 \end{cases}$,为了使函数 $f(x)$ 在 $x=1$ 处连续且可导,a、b 应取什么值?

5. 如果 $f(x)$ 为偶函数,且 $f'(0)$ 存在,证明 $f'(0)=0$.

6. 求下列函数的导数:

 (1) $y=2x^2+\sqrt[3]{x}-6$ (2) $y=3\arcsin x+5\tan x-2^x$

 (3) $y=\sqrt{x\sqrt{x}}$ (4) $y=x^5+5^x-5^5$

 (5) $y=(x-2)(x-3)$ (6) $y=\dfrac{\ln x}{x^2}+\ln 2$

7. 求下列函数在给定点的导数值:

 (1) $y=2\sin x-\tan x+3$,求 $y'\big|_{x=\frac{\pi}{4}}$

 (2) $f(x)=\dfrac{2}{x-1}+\arctan x$,求 $f'(0)$

 (3) $\rho=a(1-\cos x)$,求 $\rho'\big|_{x=\frac{\pi}{3}}$

8. 求下列函数的导数:

 (1) $y=\sin(2-3x)$ (2) $y=e^{-x^2}$

 (3) $y=\ln(1+2x)$ (4) $y=\arctan(e^{2x})$

 (5) $y=\sin(x^3)$ (6) $y=(3x+1)^4$

 (7) $y=\ln(x+\sqrt{1+x^2})$ (8) $y=\dfrac{1}{\sqrt{1-x}}$

 (9) $y=e^{\arctan\sqrt{x}}$ (10) $y=\sin^2 x\cos(x^2)$

 (11) $y=\arctan\dfrac{2x-1}{x+1}$ (12) $y=\ln\ln x$

9. 求由下列方程所确定的隐函数的导数 $\dfrac{dy}{dx}$:

 (1) $x^2y-e^{2x}=\sin y$ (2) $e^{xy}+y^2-5x=0$

 (3) $y^2=x+e^{x+y}$

10. 利用对数求导法求下列函数的导数:

(1) $y = \sin x^{\cos x}$

(2) $y = \dfrac{\sqrt{x+1}\,(2-x)^3}{(2x-1)^4}$

(3) $y = \left(\dfrac{x}{x-1}\right)^x$

11. 求下列函数的二阶导数：

(1) $y = 3x^2 + e^{2x}$

(2) $y = e^{-x^2+1}$

(3) $y = e^x \sin x$

(4) $y = \arctan x$

(5) $y = \sqrt{1 - x^2}$

(6) $y = \ln(x + \sqrt{1 + x^2})$

12. 求下列函数所指定的阶的导数：

(1) $y = e^{2x+1}$，求 $y^{(6)}$

(2) $y = x^2 \sin x$，求 $y^{(20)}$

13. 求下列函数的 n 阶导数：

(1) $y = (3 - 2x)^\alpha$

(2) $y = \ln(1 + 2x)$

14. 求下列函数的微分：

(1) $y = x^2 \tan 2x$

(2) $y = x \ln(1 + x)$

(3) $y = e^{-x} \cos x$

(4) $y = \arctan \sqrt{x}$

(5) $y = \arctan \sqrt{1 - x^2}$

(6) $y = \ln \dfrac{1+x}{1-x}$

15. 计算下列函数值的近似值：

(1) $y = \tan 31°$

(2) $y = \arcsin 0.500\,2$

(3) $y = \cos 29°$

(4) $y = \sqrt[3]{997}$

2.2　微分中值定理

　　微分中值定理揭示了函数在某区间的整体性质与该区间内部某一点的导数之间的关系,因而称为中值定理.中值定理的应用十分广泛,它是研究函数的有力工具,例如判断函数的单调性和凹凸性,求函数的极限、极值、最大(小)值等等都要用中值定理作为理论基础,同时它又是解决微分学自身发展的一种理论性模型.

1. 罗尔定理

罗尔定理   如果函数 $f(x)$ 满足以下三个条件：

(1) 在闭区间 $[a,b]$ 上连续；

(2) 在开区间 (a,b) 内可导；

(3) $f(a)=f(b)$.

则在区间 (a,b) 上至少存在一点 ξ $(a<\xi<b)$，使得 $f(x)$ 在该点的导数等于零，即 $f'(\xi)=0$.

证明： 由于 $f(x)$ 在 $[a,b]$ 上连续，故在 $[a,b]$ 上 $f(x)$ 有最大值 M 和最小值 m. 下面分两种情况来讨论.

(1) 当 $M=m$ 时，则 $x\in[a,b]$ 时，$f(x)=m=M$，这说明 $f(x)$ 在 $[a,b]$ 上恒为常数. 故有 $f'(x)=0$，$x\in(a,b)$，即 (a,b) 内任一点均可作为 ξ，使得 $f'(\xi)=0$.

(2) 当 $M>m$ 时，因为 $f(a)=f(b)$，故不妨设 $f(a)=f(b)\neq M$ [或设 $f(a)=f(b)\neq m$]，这样在区间 (a,b) 内至少存在一点 ξ，使 $f(\xi)=M$. 下证 $f'(\xi)=0$.

由于 M 是 $f(x)$ 在 $[a,b]$ 上的最大值，因此无论 Δx 为正或负，都有 $f(\xi+\Delta x)\leqslant f(\xi)=M$. 又因为 $f(x)$ 在 (a,b) 内可导，所以

$$f'_-(\xi)=\lim_{\Delta x\to 0^-}\frac{f(\xi+\Delta x)-f(\xi)}{\Delta x}\geqslant 0$$

$$f'_+(\xi)=\lim_{\Delta x\to 0^+}\frac{f(\xi+\Delta x)-f(\xi)}{\Delta x}\leqslant 0$$

即 $f'_-(\xi)\geqslant 0$，$f'_+(\xi)\leqslant 0$，所以 $f'(\xi)=f'_-(\xi)=f'_+(\xi)=0$.

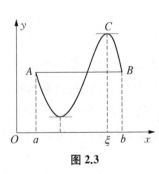

图 2.3

罗尔定理的几何意义：如果函数 $y=f(x)$ 在区间 (a,b) 内每一点存在切线，且在区间的两个端点的函数值相等，则在该区间 (a,b) 内至少有一点处的切线平行于 x 轴 (见图 2.3).

值得注意的是罗尔定理中的三个条件是十分重要的，如果有一个不满足，定理的结论就可能不成立. 下面分别举例说明.

例如：函数 $f(x)=\begin{cases}x & -1\leqslant x<1\\ 0 & x=1\end{cases}$ 在 $[-1,1]$ 内不连续；$f(x)=$ $|x|$ 在 $[-1,1]$ 内不可导；对 $f(x)=x$，$x\in[-1,1]$，有 $f(-1)\neq f(1)$. 这三个函数都在区间 $(0,1)$ 内不存在一点 ξ，使得 $f'(\xi)=0$，因为它们都在区间 $[-1,1]$ 中分别不满足罗尔定理中的某个条件.

另外，罗尔定理虽然指出在区间 (a,b) 内至少存在一点 ξ，使得 $f'(\xi)=0$，但 ξ 在 (a,b) 中的具体位置并不知道.而且,定理中的条件是充分而非必要的.

例 2.33　不求导数,判断函数 $f(x)=(x-1)(x-2)(x-3)$ 的导数有几个零点及这些零点所在的范围.

解： 因为 $f(1)=f(2)=f(3)=0$，所以 $f(x)$ 在 $[1,2]$ 和 $[2,3]$ 上满足罗尔定理的三个条件,所以在 $(1,2)$ 内至少存在一点 ξ_1，使 $f'(\xi_1)=0$，即 ξ_1 是 $f'(x)$ 的一个零点；又在 $(2,3)$ 内至少存在一点 ξ_2，使 $f'(\xi_2)=0$，即 ξ_2 是 $f'(x)$ 的一个零点.因为 $f'(x)$ 为二次多项式,最多只能有两个零点,故 $f'(x)$ 恰好有两个零点分别在区间 $(1,2)$ 和 $(2,3)$ 内.

罗尔定理中条件 $f(a)=f(b)$ 是相当特殊的,它使罗尔定理的应用受到了限制.法国数学家拉格朗日(Lagrange,1736—1813)于 1797 年在其著作《解析函数论》中进一步研究了罗尔定理,取消了罗尔定理中这个条件的限制,但仍保留了其余两个条件,得到了在微分学中具有重要地位的拉格朗日中值定理.

2. 拉格朗日中值定理

拉格朗日中值定理　如果函数 $f(x)$ 满足以下两个条件：

(1) 在闭区间 $[a,b]$ 上连续；

(2) 在开区间 (a,b) 内可导.

则在区间 (a,b) 上至少存在一点 $\xi\in(a,b)$，使得

$$f(b)-f(a)=f'(\xi)(b-a) \tag{2.5}$$

分析： 式(2.5)可以写为

$$f'(\xi)-\frac{f(b)-f(a)}{b-a}=0$$

它是函数 $f(x)-\dfrac{f(b)-f(a)}{b-a}x=0$ 的导数在 ξ 处的值.因此利用罗尔定理

可以证明拉格朗日中值定理.

证明: 构造辅助函数

$$\varphi(x) = f(x) - \frac{f(b)-f(a)}{b-a} \cdot x$$

则 $\varphi(x)$ 在 $[a,b]$ 上连续,在 (a,b) 内可导,且 $\varphi(a) = \varphi(b) = \dfrac{bf(a)-af(b)}{b-a}$.

于是根据罗尔定理可知至少存在一点 $\xi \in (a,b)$,使 $\varphi'(\xi) = 0$,即

$$\varphi'(\xi) = f'(\xi) - \frac{f(b)-f(a)}{b-a} = 0$$

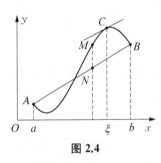

图 2.4

故 $f(b) - f(a) = f'(\xi)(b-a)$.

显然当 $b < a$ 时,式 (2.5) 仍然成立,此公式称为拉格朗日中值公式.

拉格朗日中值定理的几何意义:如果连续曲线 $y = f(x)$ 在弧 AB 上除端点外处处具有不垂直于 x 轴的切线,那么这弧 AB 上至少有一点 C,使曲线在 C 点处切线平行于弦 AB(见图 2.4).

在拉格朗日中值定理中,当 $f(a) = f(b)$ 时,即为罗尔定理,故罗尔定理是拉格朗日中值定理的特殊情形.与罗尔定理一样,拉格朗日中值定理虽然指出在区间 (a,b) 上至少存在一点 ξ,使得 $f(b) - f(a) = f'(\xi)(b-a)$,但 ξ 在 (a,b) 中的具体位置并不知道.而且,定理中的条件是充分而非必要的.拉格朗日中值公式反映了可导函数在 $[a,b]$ 上整体平均变化率与在 (a,b) 内某点 ξ 处函数的局部变化率的关系,因此它是联结局部与整体的纽带,在微分学中具有十分重要的地位,也称为微分中值定理.

在应用中,为了方便,经常将拉格朗日中值公式改为其他形式.

设 $x \in [a,b]$,$x + \Delta x \in [a,b]$,则在 $[x, x+\Delta x]$($\Delta x > 0$)或 $[x + \Delta x, x]$($\Delta x < 0$)上有

$$f(x + \Delta x) - f(x) = f'(x + \theta \Delta x)\Delta x \quad (0 < \theta < 1)$$

或记为

$$\Delta y = f'(x + \theta \Delta x)\Delta x \quad (0 < \theta < 1) \tag{2.6}$$

式(2.6)是有限增量的精确表达式,因此它也称为有限增量定理.根据式(2.6)也有

$$f(b) - f(a) = f'[a + \theta(b-a)](b-a) \quad (0 < \theta < 1)$$

由式(2.6)可知,对于微分 $\mathrm{d}y = f'(x)\Delta x$,当 Δx 不是很小,而且有限时,$\mathrm{d}y \neq \Delta y$.

应用拉格朗日中值定理可以推出下面两个重要的推论.

推论 2.1　如果函数 $f(x)$ 在区间 I 内可导,则在 I 内 $f(x) \equiv C$(C 为常数)的充要条件是 $f'(x) \equiv 0$.

证明: 显然如果在 I 内 $f(x) \equiv C$,则在 I 内必有 $f'(x) \equiv 0$.

充分性: 对 $\forall x_1, x_1 \in I$(设 $x_1 < x_2$),则由拉格朗日中值公式有

$$f(x_2) - f(x_1) = f'(\xi)(x_2 - x_1) \quad (x_1 < \xi < x_2)$$

由 $f'(\xi) = 0$,有 $f(x_2) \equiv f(x_1)$,所以 $f(x) \equiv C$,$x \in I$.

推论 2.2　如果函数 $f(x)$,$g(x)$ 在区间 I 内可导,且 $f'(x) = g'(x)$,则在 I 内 $f(x) = g(x) + C$(C 为常数).

证明: 对 $\forall x \in I$,设 $F(x) = f(x) - g(x)$,则 $F'(x) = f'(x) - g'(x) = 0$,所以由推理 2.1 可知在 I 内 $F(x) = C$,即 $f(x) = g(x) + C$.

作为应用,拉格朗日中值公式经常用于证明恒等式和不等式.特别地,在证明不等式的时候,经常用到下面两个重要的结论.

(1) 如果在 $[a, b]$ 上,$|f'(x)| \leqslant M$,则有

$$|f(b) - f(a)| \leqslant M(b-a)$$

(2) 如果在 $[a, b]$ 上,$m \leqslant f'(x) \leqslant M$,则有

$$m(b-a) \leqslant f(b) - f(a) \leqslant M(b-a)$$

例 2.34　证明 $\arcsin x + \arccos x = \dfrac{\pi}{2}$ $(-1 \leqslant x \leqslant 1)$.

证明: 设 $f(x) = \arcsin x + \arccos x$,则在 $(-1, 1)$ 上 $f'(x) \equiv 0$.故由推论 2.1 可知

$$f(x) = \arcsin x + \arccos x = C$$

令 $x = 0$,得 $C = \dfrac{\pi}{2}$.又因为 $f(\pm 1) = \dfrac{\pi}{2}$,故所证等式在定义域 $[-1, 1]$ 上成立.

例 2.35   证明当 $x > 0$ 时, $\dfrac{x}{1+x} < \ln(1+x) < x$.

证明： 设 $f(x) = \ln(1+x)$, 则 $f(x)$ 在 $[0, x]$ 上连续, 在 $(0, x)$ 内可导, 所以至少存在一点 $\xi \in (0, x)$, 使 $f(x) - f(0) = f'(\xi)(x-0)$, 即 $\ln(1+x) = f'(\xi) \cdot x$. 因 $f'(x) = \dfrac{1}{1+x}$, 故当 $\xi \in (0, x)$ 时, 有

$$\frac{1}{1+x} < f'(\xi) < 1$$

所以 $\dfrac{x}{1+x} < \ln(1+x) < 1 \cdot x = x$.

3. 柯西中值定理

柯西中值定理   如果函数 $f(x)$ 及 $F(x)$ 满足下面三个条件：

(1) 在闭区间 $[a, b]$ 上连续；

(2) 在开区间 (a, b) 内可导；

(3) 在 (a, b) 内, $F'(x) \neq 0$.

则在区间 (a, b) 至少存在一点 $\xi \in (a, b)$, 使得

$$\frac{f(b) - f(a)}{F(b) - F(a)} = \frac{f'(\xi)}{F'(\xi)} \tag{2.7}$$

分析： 式 (2.7) 可以写为

$$f'(\xi) - \frac{f(b) - f(a)}{F(b) - F(a)} F'(\xi) = 0$$

它是函数 $f(x) - \dfrac{f(b) - f(a)}{b - a} F(x) = 0$ 的导数在 ξ 处的值. 因此利用罗尔定理可以证明柯西中值定理.

证明： 构造辅助函数

$$\varphi(x) = f(x) - \frac{f(b) - f(a)}{F(b) - F(a)} F(x)$$

则 $\varphi(x)$ 在 $[a, b]$ 上连续, 在 (a, b) 内可导, 且 $\varphi(a) = \varphi(b) = \dfrac{f(a)F(b) - f(b)F(a)}{F(b) - F(a)}$, 于是根据罗尔定理可知至少存在一点 $\xi \in (a, b)$, 使 $\varphi'(\xi) = 0$. 即

$$f'(\xi) - \frac{f(b) - f(a)}{F(b) - F(a)} F'(\xi) = 0$$

故由条件(3)得到 $\dfrac{f'(\xi)}{F'(\xi)} = \dfrac{f(b) - f(a)}{F(b) - F(a)}$.

在柯西中值定理中,如果取 $F(x) = x$,则柯西中值定理就变成拉格朗日中值定理.可见,柯西中值定理是拉格朗日中值定理的推广,而拉格朗日中值定理是柯西中值定理的特殊情形.

例 2.36　设函数 $f(x)$ 在 $[0,1]$ 上连续,在 $(0,1)$ 内可导.试证明至少存在一点 $\xi \in (0,1)$,使 $f'(\xi) = 2\xi[f(1) - f(0)]$.

证明: 问题转化为证 $\dfrac{f(1) - f(0)}{1 - 0} = \dfrac{f'(\xi)}{2\xi} = \dfrac{f'(x)}{(x^2)'}\bigg|_{x = \xi}$.

设 $F(x) = x^2$ 则 $f(x)$,$F(x)$ 在 $[0,1]$ 上满足柯西中值定理的条件.因此在 $(0,1)$ 内至少存在一点 ξ,使 $\dfrac{f(1) - f(0)}{1 - 0} = \dfrac{f'(\xi)}{2\xi}$,即

$$f'(\xi) = 2\xi[f(1) - f(0)]$$

习题 2.2

1. 对函数 $y = \ln\sin x$,验证罗尔定理在 $\left[\dfrac{\pi}{6}, \dfrac{5\pi}{6}\right]$ 上的正确性.

2. 设函数 $f(x) = \arctan x$,求出该函数在 $[0,1]$ 上使拉格朗日中值定理成立的 ξ.

3. 利用拉格朗日中值定理证明恒等式 $\arctan x + \operatorname{arccot} x = \dfrac{\pi}{2}$ $(-\infty < x < +\infty)$.

4. 利用拉格朗日中值定理证明以下不等式:

(1) 当 $0 < x < \pi$ 时,$\dfrac{\sin x}{x} > \cos x$;

(2) 当 $0 < a < b$ 时,$\dfrac{b - a}{b} < \ln\dfrac{b}{a} < \dfrac{b - a}{a}$.

5. 设函数 $f(x)$ 在 $[a, b]$ 上连续,在 (a, b) 内可导,$0 < a < b$,试证明在 (a, b) 内必存在一点 ξ,使得 $f(b) - f(a) = \xi f'(\xi) \ln\dfrac{b}{a}$.

2.3 导数的应用

2.3.1 洛必达法则

在第 1 章介绍两个重要极限时,曾计算过简单的两个无穷小(无穷大)之比的极限,该方法属于特定的办法,而无一般规律可循.本节将以导数为工具,给出计算不定式极限的一般方法,该方法称为洛必达法则.

1. 两个基本类型不定式

如果当 $x \to a$ 或 $(x \to \infty)$ 时,两个函数 $f(x)$ 与 $g(x)$ 都趋向于 0 或者趋向于 ∞, 那么极限 $\lim\limits_{\substack{x \to a \\ (x \to \infty)}} \dfrac{f(x)}{g(x)}$ 可能存在,也可能不存在.通常将这种极限叫不定式,分别记为 $\dfrac{0}{0}$, $\dfrac{\infty}{\infty}$ 型不定式.

1) $\dfrac{0}{0}$ 型不定式

定理 2.4(洛必达法则 I)   如果函数 $f(x)$ 与 $g(x)$ 满足:

(1) 当 $x \to a$ 或 $(x \to \infty)$ 时, $f(x) \to 0$, $g(x) \to 0$;

(2) $f'(x)$ 与 $g'(x)$ 在点 a 的某去心邻域内(或 $|x|$ 充分大)存在,且 $g'(x) \neq 0$;

(3) $\lim \dfrac{f'(x)}{g'(x)}$ 存在 (或为无穷大).

那么 $\lim \dfrac{f(x)}{g(x)} = \lim \dfrac{f'(x)}{g'(x)}$.

上述定理的意义是,当满足定理的条件时, $\dfrac{0}{0}$ 型不定式 $\dfrac{f(x)}{g(x)}$ 的极限可以转化为导数之比 $\dfrac{f'(x)}{g'(x)}$ 的极限,从而可以化繁为简,化难为易.如果 $x \to a$ 或 $(x \to \infty)$ 时, $\dfrac{f'(x)}{g'(x)}$ 的极限仍为 $\dfrac{0}{0}$ 型不定式,并且 $f'(x)$ 与 $g'(x)$ 同样满足定理的条件,则可继续使用洛必达法则,即

$$\lim \frac{f(x)}{g(x)} = \lim \frac{f'(x)}{g'(x)} = \lim \frac{f''(x)}{g''(x)} = \cdots$$

例 2.37 求 $\lim\limits_{x \to 0} \dfrac{1 - e^x}{x}$.

解：这是 $\dfrac{0}{0}$ 型不定式，符合洛必达法则条件，应用洛必达法则 I 可得

$$\lim_{x \to 0} \frac{1 - e^x}{x} = \lim_{x \to 0} \frac{-e^x}{1} = -1.$$

例 2.38 求 $\lim\limits_{x \to 0} \dfrac{1 - \cos x}{x^2}$.

解：这是 $\dfrac{0}{0}$ 型不定式，符合洛必达法则条件，应用洛必达法则 I 可得

$$\lim_{x \to 0} \frac{1 - \cos x}{x^2} = \lim_{x \to 0} \frac{\sin x}{2x} = \lim_{x \to 0} \frac{\cos x}{2} = \frac{1}{2}$$

例 2.39 求 $\lim\limits_{x \to 1} \dfrac{x^3 - 3x - 2}{x^3 + x^2 - x - 1}$.

解：这是 $\dfrac{0}{0}$ 型不定式，符合洛必达法则条件，应用洛必达法则 I 可得

$$\lim_{x \to 1} \frac{x^3 - 3x - 2}{x^3 + x^2 - x - 1} = \lim_{x \to 1} \frac{3x^2 - 3}{3x^2 + 2x - 1} = \lim_{x \to 1} \frac{6x}{6x + 2} = \frac{3}{2}$$

可以连续使用洛必达法则计算 $\dfrac{0}{0}$ 型不定式极限，但每步都应考察其不定式是否为 $\dfrac{0}{0}$ 型；如果不是，则不能继续使用该法则，否则会导致错误.如例 2.39 中比式 $\dfrac{6x}{6x + 2}$，当 $x \to 1$ 时不是 $\dfrac{0}{0}$ 型，若继续使用会得到错误的结果.

2) $\dfrac{\infty}{\infty}$ 型不定式

定理 2.5(洛必达法则 II) 如果函数 $f(x)$ 与 $g(x)$ 满足：

(1) 当 $x \to a$ 或 $(x \to \infty)$ 时，$f(x) \to \infty$，$g(x) \to \infty$；

(2) $f'(x)$ 与 $g'(x)$ 在点 a 的某去心邻域内（或 $|x|$ 充分大）存在，且

$g'(x) \neq 0$;

(3) $\lim \dfrac{f'(x)}{g'(x)}$ 存在(或为无穷大).

那么 $\lim \dfrac{f(x)}{g(x)} = \lim \dfrac{f'(x)}{g'(x)}$.

当 $f'(x)$ 与 $g'(x)$ 同样满足定理的条件,则可继续使用洛必达法则 II.

例 2.40   求 $\lim\limits_{x \to +\infty} \dfrac{\ln x}{x^2}$.

解: 这是 $\dfrac{\infty}{\infty}$ 型不定式,符合洛必达法则条件,应用洛必达法则 II 可得

$$\lim_{x \to +\infty} \frac{\ln x}{x^2} = \lim_{x \to +\infty} \frac{\dfrac{1}{x}}{2x} = \lim_{x \to +\infty} \frac{1}{2x^2} = 0$$

例 2.41   求 $\lim\limits_{x \to +\infty} \dfrac{x^3}{e^x}$.

解: 这是 $\dfrac{\infty}{\infty}$ 型不定式,符合洛必达法则条件,应用洛必达法则 II 可得

$$\lim_{x \to +\infty} \frac{x^3}{e^x} = \lim_{x \to +\infty} \frac{3x^2}{e^x} = \lim_{x \to +\infty} \frac{6x}{e^x} = \lim_{x \to +\infty} \frac{6}{e^x} = 0.$$

运用洛必达法则计算 $\dfrac{\infty}{\infty}$ 型不定式极限时,同样可以连续使用,但每步都应考察其是否为 $\dfrac{\infty}{\infty}$ 型.

例 2.42   求 $\lim\limits_{x \to +\infty} \dfrac{\dfrac{\pi}{2} - \arctan 2x}{\dfrac{1}{x}}$.

解: 这是 $\dfrac{0}{0}$ 型不定式,符合洛必达法则条件,应用洛必达法则 I 可得

$$\lim_{x \to +\infty} \frac{\dfrac{\pi}{2} - \arctan 2x}{\dfrac{1}{x}} = \lim_{x \to +\infty} \frac{-\dfrac{2}{1 + (2x)^2}}{-\dfrac{1}{x^2}} = \lim_{x \to +\infty} \frac{2x^2}{1 + 4x^2}$$

化成了 $\dfrac{\infty}{\infty}$ 型不定式,应用洛必达法则 Ⅱ 可得

$$\lim_{x\to+\infty}\frac{\dfrac{\pi}{2}-\arctan 2x}{\dfrac{1}{x}}=\lim_{x\to+\infty}\frac{4x}{8x}=\frac{1}{2}$$

2. 其他类型不定式

$\dfrac{0}{0}$ 型和 $\dfrac{\infty}{\infty}$ 型不定式是两种最基本的不定式,除此之外,还有 $0\cdot\infty$、$\infty-\infty$、1^{∞}、∞^{0} 和 0^{0} 等类型的不定式,这些不定式都可以通过适当的变形化为 $\dfrac{0}{0}$ 型和 $\dfrac{\infty}{\infty}$ 型不定式来求其极限.

例 2.43　求 $\lim\limits_{x\to0^{+}}x\ln x$.

解: 这是 $0\cdot\infty$ 型不定式,可以化为 $\dfrac{\infty}{\infty}$ 型,运用洛必达法则求解可得

$$\lim_{x\to0^{+}}x\ln x=\lim_{x\to0^{+}}\frac{\ln x}{\dfrac{1}{x}}=\lim_{x\to0^{+}}\frac{\dfrac{1}{x}}{-\dfrac{1}{x^{2}}}=-\lim_{x\to0^{+}}x=0$$

例 2.44　求 $\lim\limits_{x\to\frac{\pi}{2}}(\tan x-\sec x)$.

解: 这是 $\infty-\infty$ 型不定式,可以化为 $\dfrac{0}{0}$ 型,运用洛必达法则求解可得

$$\lim_{x\to\frac{\pi}{2}}(\tan x-\sec x)=\lim_{x\to\frac{\pi}{2}}\left(\frac{\sin x}{\cos x}-\frac{1}{\cos x}\right)$$

$$=\lim_{x\to\frac{\pi}{2}}\frac{\sin x-1}{\cos x}=\lim_{x\to\frac{\pi}{2}}\frac{\cos x}{-\sin x}=0$$

例 2.45　求 $\lim\limits_{x\to0^{+}}x^{x}$.

解: 这是 0^{0} 型不定式,可以化为 $\dfrac{0}{0}$ 型,运用洛必达法则求解可得

$$\lim_{x\to0^{+}}x^{x}=\lim_{x\to0^{+}}e^{\ln x^{x}}=\lim_{x\to0^{+}}e^{x\ln x}$$

由例 2.43 知 $\lim\limits_{x\to0^+}x\ln x=0$，所以，$\lim\limits_{x\to0^+}x^x=1$.

2.3.2 函数的单调性与凹凸性

利用导数研究函数的性态是导数的又一重要应用.我们已经用初等数学的方法研究过一些函数的单调性,但这些方法适用范围较小,有些需要借助某些特殊的技巧,不具有一般性.本节将以导数为工具,介绍解决函数单调性和凹凸性的一般方法.

1. 函数单调性的判别法

如图 2.5 所示,函数 $y=f(x)$ 的图像在区间 (a,b) 内沿 x 轴正向上升,曲线上的点处的切线的倾斜角均为锐角,即切线斜率为非负;反之,如图 2.6 所示,函数 $y=f(x)$ 的图像在区间 (a,b) 内沿 x 轴正向下降,曲线上的点处的切线的倾斜角均为钝角,即切线斜率为非正.我们可以猜测曲线的升降与函数导数的符号有关.

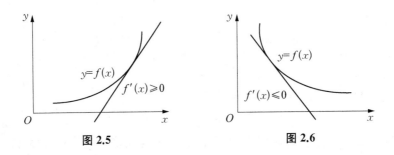

图 2.5　　　　　　　　　　图 2.6

定理 2.6　设函数 $y=f(x)$ 在区间 $[a,b]$ 上连续,在区间 (a,b) 内可导,则该函数在区间 (a,b) 内单调增加(单调减少)的充要条件是:$f'(x)\geqslant 0[f'(x)\leqslant 0]$, $x\in(a,b)$.

如果函数 $y=x^3$ 在 $x\in(-\infty,+\infty)$ 内单调增加,满足 $f'(x)\geqslant 0$,只有在 $x=0$ 时 $f'(x)=0$. 我们称导数 $f'(x)=0$ 的点 x_0 为驻点(平衡点).

定理 2.7(充分性)　若函数 $y=f(x)$ 在区间 (a,b) 内的导数大于零(小于零),即 $f'(x)>0[f'(x)<0]$,则函数在区间内严格单调增加(严格单调减少).

例 2.46　确定函数 $y=2e^x-2x+10$ 的单调区间.

解:函数的定义域为 $(-\infty,+\infty)$,函数的导数为

$$f'(x) = 2e^x - 2$$

令 $f'(x) = 0$，得 $x = 0$.

当 $x \in (0, +\infty)$ 时，$f'(x) > 0$，函数在 $(0, +\infty)$ 上单调增加；

当 $x \in (-\infty, 0)$ 时，$f'(x) < 0$，函数在 $(-\infty, 0)$ 上单调减少.

例 2.47 确定函数 $y = x^{\frac{2}{3}}$ 的单调区间.

解：函数的定义域为 $(-\infty, +\infty)$，当 $x \neq 0$ 时，$f'(x) = \dfrac{2}{3} \dfrac{1}{\sqrt[3]{x}}$；当 $x = 0$ 时，函数的导数不存在.

当 $x \in (0, +\infty)$ 时，$f'(x) > 0$，函数在 $(0, +\infty)$ 上单调增加；

当 $x \in (-\infty, 0)$ 时，$f'(x) < 0$，函数在 $(-\infty, 0)$ 上单调减少.

由例 2.46 和例 2.47 可以看出，驻点和使导数不存在的点将区间分成几个子区间，在这些子区间上可以用定理 2.6 或定理 2.7 来判断函数 $y = f(x)$ 的单调性.

确定函数的单调区间的步骤如下：

（1）确定函数 $y = f(x)$ 的定义域；

（2）求函数的驻点和使导数不存在的点；

（3）用驻点或使导数不存在的点将函数的定义域分成若干个开区间，在每个开区间上根据导数的符号确定函数的单调性.

例 2.48 试证明当 $x > 0$ 时，$x - \dfrac{1}{2}x^2 < \ln(1+x)$.

证明：设 $f(x) = x - \dfrac{1}{2}x^2 - \ln(1+x)$，因为 $f(x)$ 在 $(0, +\infty)$ 内可导，得

$$f'(x) = 1 - x - \frac{1}{1+x} = -\frac{x^2}{1+x} < 0$$

所以，函数 $f(x)$ 在 $(0, +\infty)$ 内单调递减.故当 $x > 0$ 时，$f(x) < f(0) = 0$，即

$$x - \frac{1}{2}x^2 < \ln(1+x)$$

2. 曲线的凹凸性

函数的单调性反映在图形上就是曲线的上升或下降.但是在上升或下降

的过程中,还有弯曲方向问题.在几何上,曲线的弯曲方向是用曲线的"凹凸性"来描述的.从图 2.7(a)和(b)中可以直观地观察到:如果在某区间内的连续且光滑曲线弧总是位于其任一点切线的上方,则称此曲线弧在该区间内是凹的;如果在某区间内的曲线弧总是位于其任一点切线的下方,则称此曲线弧在该区间内是凸的.相应的区间分别称为凹区间与凸区间.

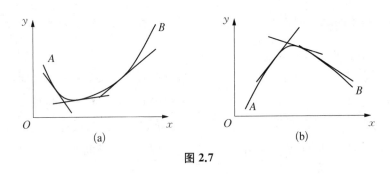

图 2.7

定义 2.3 设 $f(x)$ 在区间 I 上连续,如果对于 I 上任意的两点 x_1,x_2 恒有

$$f\left(\frac{x_1+x_2}{2}\right) < \frac{f(x_1)+f(x_2)}{2}$$

那么称 $f(x)$ 在 I 上的图形是(向上)凹的(或称凹弧);
如果恒有

$$f\left(\frac{x_1+x_2}{2}\right) > \frac{f(x_1)+f(x_2)}{2}$$

那么称 $f(x)$ 在 I 上的图形是(向上)凸的(或称凸弧).凹弧和凸弧如图 2.8 所示.

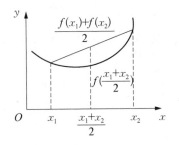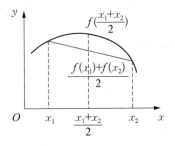

图 2.8

从几何上直观观察,如图 2.7 所示,对于凹弧,当 x 逐渐增大时,其上每一点的切线斜率也逐渐增大,即导数单调增加,如果二阶导数存在,必有 $f''(x) > 0$;对于凸弧,当 x 逐渐增大时,其上每一点的切线斜率也逐渐减小,即导数单调递减,如果二阶导数存在,必有 $f''(x) < 0$. 由此可见,曲线的凹凸性与函数的二阶导数有密切关系,这就有下面的判断定理.

定理 2.8 若 $f(x)$ 在 $[a, b]$ 上连续,(a, b) 内具有一阶和二阶导数,则

(1) 若在 (a, b) 内 $f''(x) > 0$,那么 $f(x)$ 在 $[a, b]$ 上的图形是凹的;

(2) 若在 (a, b) 内 $f''(x) < 0$,那么 $f(x)$ 在 $[a, b]$ 上的图形是凸的.

例 2.49 判定曲线 $y = \ln x$ 的凹凸性.

解: 函数的定义域为 $(0, +\infty)$,而 $y' = \dfrac{1}{x}$,$y'' = -\dfrac{1}{x^2}$,因此曲线 $y = \ln x$ 在 $(0, +\infty)$ 内是凸的.

例 2.50 讨论曲线 $y = x^3$ 的凹凸区间.

解: 函数的定义域为 $(-\infty, +\infty)$,$y' = 3x^2$,$y'' = 6x$. 显然,当 $x > 0$ 时,$y'' > 0$;当 $x < 0$ 时,$y'' < 0$. 因此 $(-\infty, 0)$ 为曲线的凸区间,$(0, +\infty)$ 为曲线的凹区间.

定义 2.4 连续曲线 $f(x)$ 上的凹弧和凸弧的分界点称为这条曲线的拐点.

如 $y = \arctan x$ 在 $(-\infty, 0]$ 内为凹的,在 $[0, +\infty)$ 内为凸的,则 $x = 0$ 即为其拐点.

注:拐点是二阶导数发生变号的点,因此拐点通常出现在二阶导数为 0 的点以及二阶导数不存在的点.

确定 $y = f(x)$ 的凹凸区间和拐点的步骤如下:

(1) 确定函数 $y = f(x)$ 的定义域;

(2) 求出二阶导数 $f''(x)$;

(3) 求使二阶导数为 0 的点和使二阶导数不存在的点;

(4) 判断或列表讨论,根据二阶导数的符号确定出曲线凹凸区间和拐点.

例 2.51 讨论曲线 $y = (x-1)\sqrt[3]{x^2}$ 的凹凸性及拐点.

解: 函数 $y = (x-1)\sqrt[3]{x^2}$ 在定义域 $(-\infty, +\infty)$ 内连续,有

$$y' = \frac{5}{3}x^{\frac{2}{3}} - \frac{2}{3}x^{-\frac{1}{3}}, \quad y'' = \frac{10}{9}x^{-\frac{1}{3}} + \frac{2}{9}x^{-\frac{4}{3}} = \frac{10}{9}x^{-\frac{4}{3}}\left(x + \frac{1}{5}\right)$$

当 $x=0$ 时，y'，y'' 都不存在；当 $x=-\dfrac{1}{5}$ 时，$y''=0$.

故可列表如下：

x	$\left(-\infty,-\dfrac{1}{5}\right)$	$-\dfrac{1}{5}$	$\left(-\dfrac{1}{5},0\right)$	0	$(0,+\infty)$
y''	$-$	0	$+$	不存在	$+$
y	凸	拐点	凹	非拐点	凹

2.3.3　函数的极值与最值

1. 函数极值及其求法

由函数的单调性可知，当函数在点 x_0 右侧邻域单调递减，左侧邻域单调递增时，曲线在 x_0 处达到"顶峰"；类似地，当函数在点 x_0 右侧邻域单调递增，左侧邻域单调递减时，曲线在 x_0 处达到"底谷".具有这种性质的点在实际问题中有重要应用，由此引入极值概念.

定义 2.5　设函数 $f(x)$ 在点 x_0 的某邻域 $U(x_0)$ 内有定义，若对于去心邻域 $U^{\circ}(x_0)$ 内任意一点 x，都有 $f(x)<f(x_0)\left[f(x)>f(x_0)\right]$，则称 $f(x_0)$ 是函数 $f(x)$ 的一个极大值（极小值）.

函数的极大值与极小值统称极值，使函数取极值的点称为极值点.

注意：函数的极值是局部性的概念.如果 $f(x_0)$ 是函数 $f(x)$ 的一个极大值（极小值），它只是就 x_0 邻近的一个局部范围来讲，未必是整个区域，如图 2.9 所示，函数 $f(x)$ 有三个极小值 $f(x_1)$，$f(x_3)$ 和 $f(x_5)$ 与三个极大值 $f(x_2)$，$f(x_4)$ 和 $f(x_6)$.

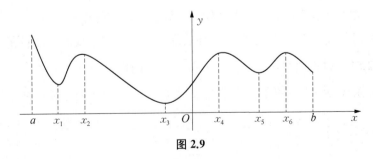

图 2.9

函数的极值在单调区间的分界点处取得.由前面讨论可知,驻点及导数不存在的点有可能是极值点,那么如何判断这些点是不是极值点? 是极大值点还是极小值点? 结合极值定义及函数单调性的判别法,可推出如下判断极值的充分条件.

定理 2.9(极值的第一充分条件)　设函数 $f(x)$ 在 x_0 的邻域内可导且 $f'(x_0)=0$,那么

(1) 如果在 x_0 附近的左侧 $f'(x)>0$,右侧 $f'(x)<0$,那么 $f(x_0)$ 是极大值;

(2) 如果在 x_0 附近的左侧 $f'(x)<0$,右侧 $f'(x)>0$,那么 $f(x_0)$ 是极小值;

(3) 如果在 x_0 左右两侧 $f'(x)$ 同号,则 $f(x_0)$ 不是极值.

根据定理 2.9,我们可以按照下列步骤确定函数的极值点和相应的极值:

(1) 确定函数的定义域;

(2) 求导数 $f'(x)$;

(3) 求方程 $f'(x)=0$ 的根及导数不存在的点;

(4) 检查 $f'(x)$ 在方程根左右的值的符号,如果左正右负,则 $f(x)$ 在这个根处取得极大值;如果左负右正,则 $f(x)$ 在这个根处取得极小值.

在实际求解函数的极值过程中,往往通过列表讨论比较方便.

例 2.52　求函数 $f(x)=x^4-2x^2+5$ 在 $[-2,2]$ 上的极值.

解: $f'(x)=4x^3-4x$,令 $f'(x)=0$,解得 $x_1=-1$,$x_2=0$,$x_3=1$,均在 $(-2,2)$ 内,列表讨论如下:

x	$(-2,-1)$	-1	$(-1,0)$	0	$(0,1)$	1	$(1,2)$
$f'(x)$	$-$	0	$+$	0	$-$	0	$+$
$f(x)$	减小	极小	增大	极大	减小	极小	增大

从上表可知,极小值为 $f(-1)=4$,$f(1)=4$;极大值为 $f(0)=5$.

当函数 $f(x)$ 在驻点处的二阶导数存在且不为零时,也可以利用下述定理来判定函数在驻点处取得极大值还是极小值.

定理 2.10(极值的第二充分条件)　设函数 $f(x)$ 在 x_0 处具有二阶导数,且 $f'(x_0)=0$,$f''(x_0)\neq 0$,则

(1) 当 $f''(x_0) < 0$ 时,那么函数 $f(x)$ 在 x_0 处取得极大值;

(2) 当 $f''(x_0) > 0$ 时,那么函数 $f(x)$ 在 x_0 处取得极小值.

继续以另一种方法解例 2.52.

解: $f'(x) = 4x^3 - 4x$, $f''(x) = 12x^2 - 4$ 令 $f'(x) = 0$,解得驻点为 $x_1 = -1$, $x_2 = 0$, $x_3 = 1$,因为 $f''(-1) = 8 > 0$, $f''(1) = 8 > 0$, $f''(0) = -4 < 0$. 所以,极小值为 $f(-1) = 4$ 和 $f(1) = 4$;极大值为 $f(0) = 5$.

2. 最值问题

在实际问题中,有时我们需要计算函数在某个区间上的最大值或者最小值(以下我们简称为最值).与函数的单调性一样,最值也是函数在区间上的一个整体性质.由 1.3 节可知:若函数 $y = f(x)$ 在闭区间 $[a, b]$ 上连续,则 $f(x)$ 在 $[a, b]$ 上必有最大值和最小值;在开区间 (a, b) 内连续的函数 $f(x)$ 不一定有最大值与最小值.如 $f(x) = \dfrac{1}{x}$ $(x > 0)$.

我们可以得到通过导数求函数最值的基本步骤.

若函数 $y = f(x)$ 在闭区间 $[a, b]$ 上有定义,在开区间 (a, b) 内有导数,则求函数 $y = f(x)$ 在 $[a, b]$ 上的最值的步骤如下.

(1) 求函数 $f(x)$ 在 (a, b) 内的导数 $f'(x)$;

(2) 求方程 $f'(x) = 0$ 在 (a, b) 内的根及导数不存在的点;

(3) 比较三类点:导数不存在的点,导数为 0 的点及 $f(x)$ 在闭区间端点处的函数值 $f(a)$、$f(b)$,其中最大者便是 $f(x)$ 在 $[a, b]$ 上的最大值,最小者便是 $f(x)$ 在 $[a, b]$ 上的最小值.

注意:函数的最值点必在函数的极值点或者区间的端点处取得.函数的极大(小)值可以有多个,但最大(小)值只有一个.

例 2.53 求函数 $f(x) = x^4 - 2x^2 + 5$ 在 $[-2, 2]$ 上的最大值与最小值.

解: $f'(x) = 4x^3 - 4x$,令 $f'(x) = 0$,解得 $x_1 = -1$, $x_2 = 0$, $x_3 = 1$,均在 $(-2, 2)$ 内.

计算 $f(-1) = 4$, $f(0) = 5$, $f(1) = 4$, $f(-2) = 13$, $f(2) = 13$.

通过比较,可见 $f(x)$ 在 $[-2, 2]$ 上的最大值为 13,最小值为 4.

例 2.54 某商场销售某种商品的经验表明,该商品每日的销售量 y(单位:千克)与销售价格 x(单位:元/千克)满足关系式 $y = \dfrac{a}{x-3} + 10(x-6)^2$,

其中 $3 < x < 6$，a 为常数.已知销售价格为 5 元/千克时，每日可售出该商品 11 千克.

(1) 求 a 的值；

(2) 若该商品的成本为 3 元/千克，试确定销售价格 x 的值，使商场每日销售该商品所获得的利润最大.

解：(1) 因为 $x = 5$ 时，$y = 11$，

所以 $\dfrac{a}{2} + 10 = 11$，$a = 2$.

(2) 由(1)可知，该商品每日的销售量 $y = \dfrac{2}{x-3} + 10(x-6)^2$.

所以商场每日销售该商品所获得的利润为

$$f(x) = (x-3)\left[\frac{2}{x-3} + 10(x-6)^2\right]$$
$$= 2 + 10(x-3)(x-6)^2 \quad (3 < x < 6)$$

从而

$$f'(x) = 10\left[(x-6)^2 + 2(x-3)(x-6)\right]$$
$$= 30(x-4)(x-6)$$

于是，当 x 变化时，$f'(x)$，$f(x)$ 的变化情况如下表所示：

x	$(3, 4)$	4	$(4, 6)$
$f'(x)$	$+$	0	$-$
$f(x)$	增大	极大值	减小

由上表可得，$x = 4$ 是函数 $f(x)$ 在区间 $(3, 6)$ 内的极大值点，也是最大值点.所以，当 $x = 4$ 时，函数 $f(x)$ 取得最大值，且最大值等于 42.即当销售价格为 4 元/千克时，商场每日销售该商品所获得的利润最大.

例 2.55　用总长为 14.8 m 的钢条制成一个长方体容器的框架，如果所制作的容器底面的一边比另一边长 0.5 m，那么高为多少时容器的容积最大？并求出它的最大容积.

解：设容器底面的短边长为 x m，则另一边长为 $(x+0.5)$ m，高为

$$\frac{14.8-4x-4(x+0.5)}{4}=3.2-2x$$

由 $3.2-2x>0$ 和 $x>0$，得 $0<x<1.6$.

设容器的容积为 $y\ \text{m}^3$，则有

$$y=x(x+0.5)(3.2-2x)\quad(0<x<1.6)$$

即 $y=-2x^3+2.2x^2+1.6x$.

令 $y'=0$，有

$$-6x^2+4.4x+1.6=0$$

即 $15x^2-11x-4=0$，解得 $x_1=1$，$x_2=-\dfrac{4}{15}$（不合题意，舍去）.当 $x=1$ 时，

y 取得最大值，即 $y_{\max}=-2+2.2+1.6=1.8$，这时，高为 $3.2-2\times1=1.2(\text{m})$.

故当容器的高为 $1.2\ \text{m}$ 时容积最大，最大容积为 $1.8\ \text{m}^3$.

　　注：在很多实际问题中，上述求最大值、最小值的方法还可简化.如果根据问题的性质，可以断定可导函数 $f(x)$ 确有最值，而且该最值一定在定义区间的内部取得，这时函数 $f(x)$ 如果在定义区间内部有唯一驻点 x_0，那么不必讨论 $f(x_0)$ 是否是极值，就可以断定 $f(x_0)$ 必为所求的最值.

习题 2.3

1. 用洛必达法则计算下列极限：

(1) $\lim\limits_{x\to0}\dfrac{x}{\sin x}$

(2) $\lim\limits_{x\to1}\dfrac{x^3-3x+2}{x^3-x^2-x+1}$

(3) $\lim\limits_{x\to0}\dfrac{e^x-1}{x^2-x}$

(4) $\lim\limits_{x\to+\infty}\dfrac{\dfrac{\pi}{2}-\arctan x}{\dfrac{1}{x}}$

(5) $\lim\limits_{x\to0}x\cot 2x$

(6) $\lim\limits_{x\to0}\dfrac{\tan x-x}{x^3}$

(7) $\lim\limits_{x\to0}\left(\dfrac{1}{\sin x}-\dfrac{1}{x}\right)$

(8) $\lim\limits_{x\to0}\left(\dfrac{1}{e^x-1}-\dfrac{1}{x}\right)$

(9) $\lim\limits_{x\to0}\cot x\left(\dfrac{1}{\sin x}-\dfrac{1}{x}\right)$

(10) $\lim\limits_{x\to1}x^{\frac{1}{1-x}}$

2. 确定下列函数的单调区间：

    (1) $y=(x-1)^2-4$ (2) $y=2x^3-9x^2+12x-3$

    (3) $y=(x-1)^3(2x+3)^2$

3. 证明当 $0<x\leqslant\dfrac{\pi}{2}$ 时，不等式 $\dfrac{\sin x}{x}\geqslant\dfrac{2}{\pi}$ 成立.

4. 求下列函数的凹凸区间和拐点：

    (1) $y=3x^4-4x^3+1$ (2) $y=1-\mathrm{e}^{-x^2}$

5. 求下列函数的极值：

    (1) $f(x)=(x-1)^3\left(x+\dfrac{1}{3}\right)$ (2) $f(x)=x^3+\dfrac{3}{x}$

    (3) $f(x)=(x^2-1)^3+1$

6. 求下列函数的最值：

    (1) $y=2x^3+3x^2-12x+14,\ x\in[-3,4]$

    (2) $f(x)=(1-x)\mathrm{e}^x-1$

7. 某房地产公司有 50 套公寓要出租，当租金定为每月 1 000 元时，公寓会全部租出去．当租金每月增加 50 元时，就有一套公寓租不出去，而租出去的房子每月需花费 100 元的整修维护费．试问房租定为多少可获得最大收入？

阅读材料 B 微积分发展简史(1)

    微积分学的产生是人类生产实践和科学技术发展的必然产物，同时也是数学史上最伟大的发明创造之一，而且还是推动其他科学技术发展的动力和不可缺少的工具．著名数学家、计算机的发明者冯·诺依曼（von Neumann，1903—1957）曾说过：“微积分是近代数学中最伟大的成就，对它的重要性无论做怎样的估计都不会过分．”

    微积分学是微分学和积分学的总称，它是一种数学思想方法，具体来说，“无限细分”就是微分，“无限求和”就是积分．

    微积分的发展分为三个阶段：极限概念、求积的无限小分析方法、积分与微分及其互逆关系．其中最后一步是由牛顿和莱布尼茨各自独立完成的．在前面两阶段的工作中,欧洲的大批数学家,乃至古希腊的阿基米德(Archimedes,前 287—212)等都做出了杰出的贡献.在这方面的工作上,古代中国也是毫不逊色于西方的.比如极限思想在古代中国早有萌芽,中国数学家在这方面获得的成就甚至是古希腊数学家们都不能比拟的.比如,魏晋时期刘徽的"割圆术";南宋秦九韶(1208—1268)的"大衍求一术"——增乘开方法解任意次数字(高次)方程近似解,比西方早 500 多年;北宋沈括(1031—1095)的《梦溪笔谈》中独创的"隙积术""会圆术"和"棋局都数术",开创了对高阶等差级数求和的研究.可以说,中国古代数学家们对微积分的创立做出了巨大的贡献.

　　微分学主要是从求曲线的切线、求瞬时变化率以及求函数的极值等问题中发展起来的.微分学的思想萌芽可以追溯到古代.古希腊学者曾进行过作曲线切线的尝试,如阿基米德在《论螺线》中给出过确定螺线在给定点处的切线的方法,阿波罗尼奥斯(Apollonius,约前 262—前 190)在《圆锥曲线论》中讨论过圆锥曲线的切线问题等,但他们的观点都是基于静态的.古代与中世纪的中国学者在天文历法研究中也曾涉及天体运动的不均匀性及有关的极大和极小值问题,但通常使用数值计算方法(即有限差分方法)来处理,从而回避了瞬时变化率问题.关于微分方法的第一个真正值得注意的先驱工作是 1630 年法国著名数学家费马(1601—1665)在论文《平面与立体轨迹引论》中建立了求切线、求极值以及定积分方法,它对微积分学做出了重大贡献.1637 年,笛卡尔在其论文《几何学》中提出了求切线的"圆法".1670 年,英国数学家巴罗(Barrow,1630—1677)在其著作《几何学讲义》中利用微分三角形(也称特征三角形)求出了曲线的切线斜率.其方法的实质是把切线看作割线的极限位置,并利用忽略高阶无限小来取极限.这个方法与现在的求导数过程已经十分相近,他已察觉到切线问题与求积问题的互逆关系,但对几何思维的执着使他没有发现微积分的基本定理.在 17 世纪中叶之前,数学家们没有足够重视作为微积分基本特征的积分和微分的互逆关系问题.因此,也就没有人将这些联系作为一般规律明确提出来,微积分的最终创立只能由莱布尼茨以及巴罗的学生牛顿来完成.

　　微分学或者说微积分学真正的迅速发展与成熟是在 16 世纪以后.1400 年至 1600 年欧洲的文艺复兴使得整个欧洲社会生产力迅速提高,科学和技术得到迅猛发展,同时社会需求的急剧增长也为科学研究提出了大量的现实问题.这些问题都与运动与变化有关,以往以常量为主要研究对象的古典数学方法已不能满足要求,科学家们需要研究以变量为主的问题,从而牛顿和莱布尼茨各自独立地在 17 世纪创立了微积分学.

我们首先来探讨牛顿创立微积分学的思路.对牛顿的数学思想影响最深的著作要数笛卡尔的《几何学》和沃利斯的《无穷算术》,正是这两部著作引导牛顿走上了创立微积分之路.特别是,沃利斯在《无穷算术》中从算术的角度大大扩展了卡瓦列利(Cavalieri,1598—1647)的不可分原理,采用无穷小的方法,引入了无穷级数和无穷连乘积,并用级数插入法求出了圆与双曲线的面积.沃利斯的《无穷算术》给予了牛顿创立微积分学很大的启发.可以说,沃利斯是在牛顿和莱布尼茨之前,将分析方法引入微积分贡献最突出的数学家.

牛顿从 1664 年秋开始研究微积分问题.1666 年牛顿将其前两年的研究成果整理成一篇总结性论文《流数简论》,这也是历史上第一篇系统的微积分文献.在这篇论文中,牛顿以运动学为背景提出了微积分的基本问题,发明了"正流数术"(微分);从确定面积的变化率入手通过反微分计算面积,又建立了"反流数术";并将面积计算与求切线问题的互逆关系作为一般规律明确地揭示出来,将其作为微积分普遍算法的基础论述了"微积分基本定理"."微积分基本定理"也称为牛顿-莱布尼茨定理,牛顿和莱布尼茨各自独立地发现了这一定理.微积分基本定理是微积分中最重要的定理,它建立了微分和积分之间的联系,指出微分和积分互为逆运算.这样,牛顿将自古希腊以来求解无限小问题的各种特殊技巧统一为两类普遍的算法——正、反流数术,亦即微分与积分,并证明了两者的互逆关系进而将这两类运算逐步统一成一个整体.正是在这种意义下,我们说牛顿创立了微积分.

在之后 20 余年的时间里,牛顿努力改进和完善了自己的微积分学说.1669 年,他在《运用无限多项方程的分析学》一文中,运用了一个无穷小矩形或者面积"瞬"的概念,并且从单个点的变化率中求出了面积.1671 年,他在论文《流数法与无穷级数》中把变量叫作"流",把变量的变化率叫作"流数",认为变量的瞬是随时间的瞬而连续变化的.他还在此文中更清楚地表述了微积分的基本问题:"已知两个流之间的关系,求他们的流数之间的关系",以及反过来"已知表示量的流数间的关系方程,求流之间的关系".1691 年,牛顿完成了其最成熟的微积分著述《曲线求积术》.他在这篇论文里对于微积分的基础进行了观念上的变革,没有将数学量视为由瞬或者很小的部分组成,而是把它们描述为连

续的运动,提出了"首末比方法".首末比的物理原型是初速度与末速度的数学
抽象,因为在物体作位置移动的过程中,每一瞬间具有的速度是自明的,这相
当于求函数自变量与因变量变化之比的极限.1687 年,牛顿出版了他的力学巨
著《自然哲学的数学原理》,这部著作中包含了他的微积分学说,也是牛顿微积
分学说的最早的公开表述,该巨著成为数学史上划时代的著作.

　　我们再来看看莱布尼茨创立微积分的过程.1672 年至 1676 年间,莱布尼茨
在巴黎工作,这四年成为莱布尼茨科学生涯的最宝贵时间,微积分的创立等许多
重大的成就都是在这一时期完成或奠定了基础.在巴黎期间,莱布尼茨结识了荷
兰数学家和物理学家惠更斯(Huygens,1629—1695),在惠更斯的影响下,莱
布尼茨开始更深入地研究数学,尤其是笛卡尔和帕斯卡(Pascal,1623—1662)
等人的著作.与牛顿的切入点不同,莱布尼茨创立微积分首先是出于对几何问
题的思考,尤其是对微分三角形的研究.1684 年,莱布尼茨整理和概括自己
1673 年以来微积分研究的成果,在《教师学报》上发表了第一篇微分学论文《一
种求极大值与极小值以及求切线的新方法》,其中叙述了微分学的基本原理,
他认为函数的无限小增量是自变量无限小变化的结果,把这个函数的增量叫
作微分,用字母 d 表示,并得到广泛使用.他还给出了函数和、差、积、商、乘幂
与方根的微分法则,包含了微分法在求切线、极值、拐点以及光学等方面的广
泛应用.1686 年,莱布尼茨又发表了他的第一篇积分学《深奥的几何与不变量
及其无限的分析》,这篇论文初步论述了积分或求积问题与微分或切线问题的
互逆关系,包含了我们现在常用的积分符号以及熟知的牛顿-莱布尼茨公式.

　　微积分的发明是由牛顿和莱布尼茨各自独立完成的.就发明时间而言,牛
顿早于莱布尼茨;就发表时间而言,莱布尼茨先于牛顿.牛顿建立微积分是从
运动学的观点出发,而莱布尼茨则从几何学的角度去考虑,所创设的微积分符
号远远优于牛顿的符号,并有效地促进了微积分学的发展.受巴罗的"微分三
角形"的重要启发,莱布尼茨第一个表达出微分和积分之间的互逆关系.将微
分和积分统一起来是微积分理论得以建立的一个重要标志.

　　18 世纪以后,微积分得到进一步的发展,这种发展与广泛的应用紧密地交
织在一起,推动了许多数学新分支的产生.从 17 世纪到 18 世纪,推广微积分学
说的任务主要是由瑞士著名的数学家家族雅各布・伯努利(Jakob Bernoulli,
1654—1705)和约翰・伯努利(Johann Bernoulli,1667—1748)兄弟两人担当

的,他们的工作构成了现今初等微积分的大部分内容.此外,法国数学家罗尔(Rolle,1652—1719)在其论文《任意次方程一个解法的证明》中给出了微分学的一个重要定理,也就是我们现在所说的罗尔微分中值定理.

　　18 世纪微积分最重大的工作是由瑞士数学家欧拉完成的,他所发表的《无限小分析引论》《微分学》《积分学》称得上是微积分史上里程碑式的著作,在很长时间里被当作分析课本的典范而普遍使用.除了伯努利兄弟和欧拉,在 18 世纪推进微积分及其应用贡献卓著的欧洲数学家中,首先便是法国学派,其代表人物有克莱洛(Clairaut,1713—1765)、达朗贝尔、拉格朗日、蒙日(Monge,1746—1818)、拉普拉斯(Laplace,1749—1827)和勒让德(Legendre,1752—1833)等.此外,对微积分学的发展贡献比较大的欧洲数学家中还有英国数学家泰勒(Taylor,1685—1731)和麦克劳林(Maclaurin,1698—1746)等.在这一时期中,微积分主要在以下几个方面深入发展:积分技术与椭圆积分、微积分向多元函数的推广、无穷级数理论、函数概念的深化以及微积分严格化的尝试.这些数学家虽然不像牛顿和莱布尼茨那样创立了微积分,但他们对微积分发展同样功不可没,假如没有他们的深入研究与辛勤耕耘,牛顿和莱布尼茨创立的微积分领地就不可能那样鲜花灿烂,相反,也许会很快变成不毛之地.

　　微积分的严格化工作经过近一个世纪的尝试,到 19 世纪初已开始显现成效,特别是,法国伟大的数学家柯西在微积分中引进了极限概念,把定积分定义为和的“极限”.柯西最具代表性的著作是他的《分析教程》(1821)、《无穷小计算教程》(1823)以及《微分计算教程》(1829),它们以分析的严格化为目标,对微积分的一系列基本概念给出了明确的定义,在此基础上,柯西严格地表述并证明了微积分基本定理、中值定理等一系列重要定理,定义了级数的收敛性,研究了级数收敛的条件等,他的许多定义和论述已经非常接近于微积分的现代形式.柯西的工作在一定程度上澄清了在微积分基础问题上长期存在的混乱,向全面的严格化迈出了关键的一步.另一位为微积分的严密性做出卓越贡献的是德国数学家魏尔斯特拉斯,他定量地给出了极限概念的“$\varepsilon-\delta$”定义,并用创造的这一套语言重新定义了微积分中的一系列重要概念,特别地,他引进一致收敛性概念消除了以往微积分中不断出现的各种异议和混乱.魏尔斯特拉斯因其在分析严格化方面的贡献获得了“现代分析之父”的称号.

　　通过柯西和魏尔斯特拉斯的艰苦工作,数学分析的基本概念得到了严格的论述,微积分两百多年来逻辑上的混乱局面得以结束,微积分学被从对几何概念、运动和直观了解的完全依赖中解放出来,并发展成为现代数学最基础的学科.

数学家介绍

欧拉

欧拉(Euler,1707—1783)是瑞士数学家和自然科学家,1707年4月15日出生于瑞士巴塞尔一个牧师家庭,1783年9月18日卒于俄国圣彼得堡.欧拉自幼受父亲的影响,13岁时入读巴塞尔大学,主修哲学和法律,并在每周的星期六下午跟当时欧洲最优秀的数学家约翰·伯努利学习数学.欧拉15岁大学毕业,16岁获得硕士学位,其硕士学位论文的内容是笛卡尔哲学和牛顿哲学的比较研究.之后,欧拉遵从父亲的意愿进入了神学系,但最终约翰·伯努利说服欧拉的父亲允许欧拉学习数学,并使他相信欧拉注定能成为一位伟大的数学家.1726年,欧拉完成了他的博士学位论文,内容是对声音的传播的研究.随后,由于约翰·伯努利的儿子——丹尼尔·伯努利(Daniel Bernoull,1700—1782)当时正在位于俄国圣彼得堡的皇家科学院工作,在他的热心推荐和邀请下,欧拉于1727年5月17日抵达圣彼得堡,并受科学院指派到数学物理学所工作.欧拉于1731年在科学院获得物理学教授的职位.1733年,年仅26岁的欧拉担任了圣彼得堡科学院数学教授一职.1735年,欧拉解决了一个天文学的难题——计算彗星轨道,这个问题曾由几个著名数学家通过几个月的努力才得到解决,而欧拉却用自己发明的方法,仅用三天便解决了.然而过度的工作使他得了眼病,右眼近乎失明,这时他才28岁.由于俄国持续的动乱,1741年6月19日欧拉应普鲁士彼德烈大帝的邀请,到柏林担任科学院物理数学所所长,直到1766年卸任.他在柏林一共生活了25年,并在那儿写了380多篇文章,出版了最有名的两部作品:1748年出版了关于函数的文章《无穷小分析引论》;1755年出版了关于微分的《微积分概论》.1755年,他成为瑞典皇家科学院的外籍成员.在欧拉的数学生涯中,他的视力一直在恶化.1766年,欧拉在沙皇喀德林二世的诚恳邀请下重回圣彼得堡,不料没有多久,他原本正常的左眼又遭受了白内障的困扰,导致左眼视力衰退,最后完全失明.不幸的事情接踵而来,1771 年,圣彼得堡的大火灾殃及欧拉的住宅,虽然他被人从火海中救了出来,但他的大量研究成果化为了灰烬.即便如此,欧拉的学术创造力似乎并未受到影响,这大概归因于他超群的心算能力和记忆力.在书记员的帮助下,欧拉在多个领域的研究变得更加高产了,在 1775 年,他平均每周就能完成一篇数学论文.在失明后的 17 年间,他总共口述了几本书和 400 篇左右的论文,还奇迹般地解决了使牛顿头痛的月离问题和很多复杂的分析问题.19 世纪伟大数学家高斯(Gauss,1777—1855)曾说:"研究欧拉的著作永远是了解数学的最好方法."

欧拉是 18 世纪数学界最杰出的人物之一,是继牛顿之后最重要的数学家之一.他也是科学史上最多产的数学家,平均每年能写出八百多页的论文,欧拉渊博的知识、无穷无尽的创作精力和空前丰富的著作,都令人惊叹不已! 他从 19 岁开始发表论文,直到 76 岁,半个多世纪写下了浩如烟海的书籍和论文.据统计,他一生共写下了 886 本书籍和论文,其中分析、代数、数论占 40%,几何占 18%,物理和力学占 28%,天文学占 11%,弹道学、航海学、建筑学等占 3%,以至于圣彼得堡科学院为了整理他的著作,足足忙碌了四十七年.至今几乎每一个数学领域都可以看到欧拉的名字,从初等几何的欧拉线、多面体的欧拉定理、立体解析几何的欧拉变换公式、四次方程的欧拉解法到数论中的欧拉函数、微分方程的欧拉方程、级数论的欧拉常数、变分学的欧拉方程、复变函数的欧拉公式等,数不胜数.他对数学分析的贡献更独具匠心,他的著作《无穷小分析引论》《微分学》《积分学》是 18 世纪欧洲标准的微积分教科书.欧拉还创造了一批数学符号,如 $f(x)$、Σ、i、e 等,这些符号使得数学更容易表述和推广.当时的数学家们称他为"分析学的化身".瑞士教育与研究国务秘书 Charles Kleiber 曾表示:"没有欧拉的众多科学发现,今天的我们将过着完全不一样的生活."

魏尔斯特拉斯

魏尔斯特拉斯(Weierstrass,1815—1897)是德国数学家,1815 年 10 月 31 日生于德国威斯特伐利亚地区的奥斯登费尔特,1897 年 2 月 19 日卒于柏林.魏尔斯特拉斯 14 岁进入帕德博恩城的一所天主教预科学校学习,在那里学习德语、拉丁语、希腊语和数学.他中学毕业时成绩优秀,共获得包括数学在内的 7 项奖.魏尔斯特拉斯的父亲是一位法国雇佣的海关职员,他对魏尔斯特拉斯的管教十分严厉而且专断,直接要求从中学毕业的魏尔斯特拉斯去波恩大学学习法律和商业,他希望自己的儿子将来在普鲁士民政部当一名文官.但魏尔斯特拉斯对商业和法律都毫无兴趣.在波恩大学期间他把相当一部分时间花在自学他所喜欢的数学上,攻读了包括拉普拉斯(Laplace,1749—1827)的《天体力学》在内的一些名著;他把另一部分时间花在了击剑上,他体魄魁伟,击剑时出手准确,加上旋风般的速度,很快就成为波恩人心目中的击剑明星.这样在波恩大学度过四年之后,魏尔斯特拉斯回到家里,没有得到他父亲所希望的法律博士学位,连硕士学位也没有得到,这使他父亲勃然大怒,呵斥他是一个"从躯壳到灵魂都患病的人".多亏他家的一位朋友建议,魏尔斯特拉斯被送到明斯特去准备教师资格考试.1841年,他正式通过了教师资格考试.在这期间,他的数学老师居德曼(Gudermann)认识到他的才能.居德曼是一位椭圆函数论专家,他的椭圆函数论给了魏尔斯特拉斯很大的影响,魏尔斯特拉斯为通过教师资格考试而提交的一篇论文的主题就是求椭圆函数的幂级数展开.居德曼在这篇论文的评语中写道:"论文显示了他是一位难得的数学人才,只要不被埋没荒废,就一定会对科学的进步作出贡献".居德曼的评语并没有引起任何重视,魏尔斯特拉斯在获得中学教师资格后开始了漫长的中学教师生活.他在两处偏僻的地方中学度过了 30～40 岁的这段数学家的黄金岁月.他在中学不光教数学,还教物理、德文、地理甚至体育和书法课,但所得薪金连进行科学通信的邮资都付不起.然而魏尔斯特拉斯以惊人的毅力过着一种双重的生活:他白天教课,晚上攻读研究阿贝尔(Abel,1802—1829)等人的数学著作,并写了许多论文,其中有少数发表在当时德国中学发行的一种不定期刊物《教学简介》上.这一段时间的业余研究奠定了他一生数学创造的基础.而且,这一段当时看起来默默无闻的经历其实蕴含着巨大的力量——这就不得不提到魏尔斯特拉斯一个最大的特点:他不仅是一位伟大的数学家,而且是一位杰出的教育家! 他是如此热爱教育事业,如此爱护他的学生,以致先不提他日后培养出了一大批有成就的数学人才,即便是在这偏僻的中学当预科班的数学老师的时候,他为了能够让自己的学生们更好地理解微积分中最重要的极限概念,改变了柯西等人当时对极限的定义,创造了著名的、直到今天大学数学分析教科书中仍在沿用的极限的 ε-δ 定义,以及一套完整、类似的表示法,使得数学分析的叙述终于达到了真正的精确化.一直到 1853 年,魏尔斯特拉斯将一篇关于阿贝尔函数的论文寄给了德国数学家克雷尔主办的《纯粹与应用数学杂志》

（常简称为《数学杂志》），这才使他时来运转.克雷尔的《数学杂志》素来以向有创造力的年轻数学家开放而著称，比如，阿贝尔的论文在受到柯西等名家冷落的情况下却被《数学杂志》在 1827 年刊登出来；雅可比(Jacobi,1804—1851)的椭圆函数论论文、格林(Green,1793—1841)的位势论论文等数学史上的重要文献，也都是在别处得不到发表而在克雷尔的帮助下由《数学杂志》发表的.这一次克雷尔又出场了，他接受了魏尔斯特拉斯的论文并在第二年发表了出来，随即引起了轰动.哥尼斯堡大学一位数学教授亲自到魏尔斯特拉斯当时任教的布伦斯堡中学向他颁发了哥尼斯堡大学博士学位证书；普鲁士教育部宣布晋升魏尔斯特拉斯，并给了他一年留职假期从事研究.此后，他再也没有回到布伦斯堡.1856 年，也就是在他当了 15 年中学教师后，魏尔斯特拉斯被任命为柏林工业大学的数学教授，同年入职柏林科学院.他后来又转到柏林大学担任教授，直到去世.

魏尔斯特拉斯作为现代分析之父，工作范围涵盖幂级数理论、实分析、复变函数、阿贝尔函数、无穷乘积、变分学、双线型与二次型、整函数等.他的论文与教学改变了整个二十世纪分析学甚至整个数学的面貌.

魏尔斯特拉斯以其解析函数理论与柯西、黎曼(Riemann,1826—1866)并称为复变函数论的奠基人.克莱因(Klein,1849—1925)在比较魏尔斯特拉斯与黎曼时说："黎曼具有非凡的直观能力，他的理解天才胜过所有时代的数学家.魏尔斯特拉斯主要是一位逻辑学者，他缓慢地、系统地逐步前进.在他工作的分支中，他力图达到确定的形式."法国数学家庞加莱(Poincaré,1854—1912)在评价他时写道："黎曼的方法首先是一种发现方法，而魏尔斯特拉斯的则首先是一种证明的方法."

第3章 积分学及其应用

16～18世纪创立的微积分学是近代数学史上最伟大的创造,它对人类现代科技和生活的方方面面都产生了深远的影响.第2章我们学习了微积分学中的微分学内容,这一章我们来学习积分学的内容.积分学包括函数的不定积分和定积分两方面的内容,它们与导数和微分来源于同一个几何和物理现象,但描述的却是两个不同方向的问题,是一对"互逆"的运算,比如已知变速运动的路程求瞬时速度,我们要用导数运算,但已知每个时刻的瞬时速度求路程时就要用积分运算了.本章的前两节将分别介绍不定积分和定积分的定义及运算方式,最后一节将给出一些具体的例子.

3.1 不定积分

3.1.1 不定积分的定义和公式

首先回顾第2章中的变速直线运动问题和函数的切线问题.这两个问题分别体现了函数导数的物理意义和几何意义,即导数的物理意义表示某人沿直线运动,其路程函数为 $s = s(t)$,则此人运动的瞬时速度函数为 $v(t) = s'(t)$;而导数的几何意义表示已知曲线的方程是 $y = f(x)$,则过某点 x_0 的切线斜率为 $k(x_0) = f'(x_0)$.

1. 原函数与不定积分的定义

现在我们思考上述问题的反问题,若某人沿直线运动,已知他的速度函数

为 $v=v(t)$，那么此人运动的路程函数 $s=s(t)$ 是什么？若已知某曲线过任一点 x 的切线斜率为 $k(x)$，那么该曲线的方程 $y=f(x)$ 是什么？观察这两个反问题中的相同点，不难发现两者是已知 $s'(t)=v(t)$ 和 $f'(x)=k(x)$，要去求解函数 $s(t)$ 和 $f(x)$，即已知函数的导数来求解函数本身.因而我们需要导数的逆运算.为表述方便，称 $s(t)$ 和 $f(x)$ 分别为 $v(t)$ 和 $k(t)$ 的原函数，其具体定义如下.

定义 3.1　设函数 $F(x)$ 和 $f(x)$ 在区间 I 上有定义，函数 $F(x)$ 在 I 上可导，若对任意的 $x \in I$，满足

$$F'(x)=f(x) \quad \text{或} \quad \mathrm{d}F(x)=f(x)\mathrm{d}x \tag{3.1}$$

则称 $F(x)$ 是 $f(x)$ 在区间 I 上的一个原函数.

例如，由于对任意的 $x \in \mathbf{R}$，$(x^3)'=3x^2$，则据定义 3.1 可知，x^3 是 $3x^2$ 在 $\mathbf{R}$ 上的一个原函数.又如当 $x \in (0,+\infty)$ 时，$(\sqrt{x})'=\dfrac{1}{2\sqrt{x}}$，则 $\sqrt{x}$ 是 $\dfrac{1}{2\sqrt{x}}$ 的原函数.

因此，对于基本初等函数和一些简单的初等函数，我们可以利用求导公式直接求得原函数；但是对于一般的初等函数，比如函数 $f(x)=\dfrac{1}{x+\sqrt{x}}$，$x \in (0,+\infty)$，通常不能直接由求导公式求出原函数.因此，要找到更一般的初等函数的原函数，我们需要对原函数进行更深入的研究.

事实上，要求出已知函数的原函数，我们还应该先解决两个基本的理论问题：① 一个函数的原函数是否存在？② 若它的原函数存在，这个原函数是否是唯一的？围绕这两个问题，我们有以下结论.

定理 3.1　设 $f(x)$ 为定义在区间 I 上的连续函数，则 $f(x)$ 在 I 上存在原函数.

这个定理虽然没有说所有的函数都有原函数，但告诉了我们至少连续函数是有原函数的.因为初等函数在其定义区间上连续，所以初等函数一定存在原函数.对于第②个问题，我们不妨从一个简单的例子观察一下，由求导公式可知

$$(\sin x)'=\cos x \quad (x \in \mathbf{R})$$

因此，$\sin x$ 是 $\cos x$ 在 $\mathbf{R}$ 上的原函数.同时，我们不难验证，对于任意的常数 C,仍有

$$(\sin x + C)' = \cos x \quad (x \in \mathbf{R})$$

所以 $\sin x + C$ 也是 $\cos x$ 在 $\mathbf{R}$ 上的原函数.这就说明 $\cos x$ 不止一个原函数.一般地，我们有如下结论.

引理 3.1   设 $F(x)$ 是 $f(x)$ 在区间 I 上的一个原函数,则 $F(x)+C$ 也是 $f(x)$ 的原函数,其中 C 是任意常数.

引理 3.1 说明：一个 $f(x)$ 若存在原函数 $F(x)$,则必有无穷多个原函数 $F(x)+C$.进一步问：除了 $F(x)+C$ 形式以外,$f(x)$ 是否还存在其他形式的原函数呢？为此,我们给出下面的结论.

定理 3.2   设 $F(x)$ 是 $f(x)$ 在区间 I 上的原函数,则 $G(x)$ 也是 $f(x)$ 在 I 上的原函数当且仅当存在常数 C,使得

$$G(x) = F(x) + C, \ \forall x \in I \tag{3.2}$$

证明：充分性显然成立,下面只证明必要性.

由于 $F(x)$ 和 $G(x)$ 均为 $f(x)$ 在区间 I 上的原函数,则有

$$F'(x) = f(x), G'(x) = f(x), \ \forall x \in I$$

由此可得

$$[G(x) - F(x)]' = 0, \ \forall x \in I$$

因为导数为 0 的函数是常值函数.因此,存在常数 C,使得

$$G(x) - F(x) = C, \ \forall x \in I$$

即

$$G(x) = F(x) + C, \ \forall x \in I$$

定理 3.2 说明：若 $f(x)$ 在区间 I 存在原函数,那么它在该区间上的任何两个原函数之间只相差一个常数.这也就是说,若 $F(x)$ 是 $f(x)$ 在区间 I 上的一个原函数,那么 $F(x)+C$ 就是 $f(x)$ 在区间 I 上所有原函数的一般形式.

为了更好地表达求解原函数的运算,我们给出这种运算的一个更好的记法——不定积分.

定义 3.2　函数 $f(x)$ 在区间 I 上的全体原函数的集合称为 $f(x)$ 在 I 上的不定积分,记作

$$\int f(x)\mathrm{d}x \tag{3.3}$$

式中,$\int$ 称为积分号,$f(x)$ 称为被积函数,x 称为积分变量,$f(x)\mathrm{d}x$ 称为被积表达式.

由定义 3.2 可以看出,不定积分不是某一个确定的函数,而是某一族函数,它与原函数的关系是整体与个体的关系,即若 $F(x)$ 是 $f(x)$ 在区间 I 上的一个原函数,那么

$$\int f(x)\mathrm{d}x = F(x) + C \tag{3.4}$$

式中,C 是任意常数,也称为积分常数.

从几何上来说,$f(x)$ 在区间 I 上的一个原函数 $F(x)$ 称为 $f(x)$ 在该区间 I 上的一条积分曲线,而它在区间 I 上的所有原函数 $F(x) + C$ 就称为 $f(x)$ 在该区间 I 上的积分曲线族.因此,在几何上,不定积分 $\int f(x)\mathrm{d}x$ 表示函数 $f(x)$ 某个区间 I 上的积分曲线族 $F(x) + C.$ 这也就是不定积分的几何意义.

由公式(3.4),我们可以方便地计算出一些初等函数的不定积分.

例 3.1　计算下列不定积分

$(1) \displaystyle\int 4x^3\mathrm{d}x;$　　　$(2) \displaystyle\int 2^x\mathrm{d}x;$　　　$(3) \displaystyle\int \frac{1}{1+x^2}\mathrm{d}x.$

解:(1) 由基本求导公式可知

$$(x^4)' = 4x^3$$

即 $F(x) = x^4$ 是 $f(x) = 4x^3$ 的一个原函数,所以 $\displaystyle\int 4x^3\mathrm{d}x = x^4 + C$,$C$ 是任意常数.

(2) 同理,$\dfrac{2^x}{\ln 2}$ 是 2^x 的一个原函数,所以有 $\displaystyle\int 2^x\mathrm{d}x = \dfrac{2^x}{\ln 2} + C$,$C$ 是任意常数.

（3）同理，$\arctan x$ 是 $\dfrac{1}{1+x^2}$ 的一个原函数，所以有 $\displaystyle\int \dfrac{1}{1+x^2} dx = \arctan x + C$，$C$ 是任意常数.

最后特别强调，式（3.4）中的常数 C 是必不可少的.如果丢掉了这个常数 C，那么求的就只是已知函数的一个原函数，而不是全体原函数，那么就不是要求的不定积分了.

2. 不定积分的基本公式

利用基本求导公式和式（3.4），我们可以得到如表 3.1 所示的基本求导公式和基本不定积分公式表.

表 3.1   基本求导公式和基本不定积分公式表

求 导 公 式	不 定 积 分 公 式
$C' = 0$	$\displaystyle\int 0 dx = C$
$(x^\mu)' = \mu x^{\mu-1}$	$\displaystyle\int x^\mu dx = \dfrac{1}{\mu+1} x^{\mu+1} \ (\mu \neq -1)$
$(\ln \mid x \mid)' = \dfrac{1}{x}$	$\displaystyle\int \dfrac{1}{x} dx = \ln \mid x \mid + C \ (x \neq 0)$
$(a^x)' = a^x \ln a \ (a > 0)$	$\displaystyle\int a^x dx = \dfrac{a^x}{\ln a} + C \ (a > 0, \ a \neq 1)$
$(\sin x)' = \cos x$	$\displaystyle\int \cos x \, dx = \sin x + C$
$(\cos x)' = -\sin x$	$\displaystyle\int \sin x \, dx = -\cos x + C$
$(\tan x)' = \sec^2 x$	$\displaystyle\int \sec^2 x \, dx = \tan x + C$
$(\cot x)' = -\csc^2 x$	$\displaystyle\int \csc^2 x \, dx = -\cot x + C$
$(\sec x)' = \sec x \tan x$	$\displaystyle\int \sec x \tan x \, dx = \sec x + C$
$(\csc x)' = -\csc x \cot x$	$\displaystyle\int \csc x \cot x \, dx = -\csc x + C$
$(\arcsin x)' = \dfrac{1}{\sqrt{1-x^2}}$	$\displaystyle\int \dfrac{1}{\sqrt{1-x^2}} dx = \arcsin x + C$

（续表）

求 导 公 式	不定积分公式
$(\arccos x)' = -\dfrac{1}{\sqrt{1-x^2}}$	$\displaystyle\int \dfrac{1}{\sqrt{1-x^2}}\,\mathrm{d}x = -\arccos x + C$
$(\arctan x)' = \dfrac{1}{1+x^2}$	$\displaystyle\int \dfrac{1}{1+x^2}\,\mathrm{d}x = \arctan x + C$
$(\operatorname{arccot} x)' = -\dfrac{1}{1+x^2}$	$\displaystyle\int \dfrac{1}{1+x^2}\,\mathrm{d}x = -\operatorname{arccot} x + C$

表 3.1 给出了基本初等函数的不定积分,对于由基本初等函数进行加减运算或者数乘运算而得到的初等函数,由于不定积分满足下面性质 3.1 中的线性运算公式,我们同样可以利用基本不定积分公式表求出相应的不定积分.

3. 不定积分的基本性质

性质 3.1(线性性质)　函数 $f_1(x)$ 和 $f_2(x)$ 均在区间 I 上存在原函数,k_1 和 k_2 是两个任意常数,则 $k_1 f_1(x) + k_2 f_2(x)$ 在 I 上也存在原函数,且当 k_1 和 k_2 不同时为 0 时有

$$\int [k_1 f_1(x) + k_2 f_2(x)]\mathrm{d}x = k_1 \int f_1(x)\mathrm{d}x + k_2 \int f_2(x)\mathrm{d}x \qquad (3.5)$$

证明: 因为 $\left[k_1 \displaystyle\int f_1(x)\mathrm{d}x + k_2 \displaystyle\int f_2(x)\mathrm{d}x\right]' = k_1 f_1(x) + k_2 f_2(x)$,所以

$$\int [k_1 f_1(x) + k_2 f_2(x)]\mathrm{d}x = k_1 \int f_1(x)\mathrm{d}x + k_2 \int f_2(x)\mathrm{d}x + C$$

C 是任意常数.既然上式中的常数 C 是任意的,而不定积分 $\displaystyle\int f_1(x)\mathrm{d}x$ 和 $\displaystyle\int f_2(x)\mathrm{d}x$ 本身都包含有任意常数,所以只要常数 k_1 和 k_2 不同时为 0,就可以将 C 并入其中一个不定积分中去,故而式(3.5)成立.

推论 3.1　函数 $f_1(x)$ 和 $f_2(x)$ 均在区间 I 上存在原函数,则有

$$\int [f_1(x) \pm f_2(x)]\mathrm{d}x = \int f_1(x)\mathrm{d}x \pm \int f_2(x)\mathrm{d}x$$

推论 3.2　函数 $f(x)$ 在区间 I 上存在原函数,k 为非零的常数,则有

$$\int kf(x)\mathrm{d}x = k\int f(x)\mathrm{d}x$$

性质 3.2   不定积分与微分(导数)的关系

(1) $\dfrac{\mathrm{d}}{\mathrm{d}x}\Big[\int f(x)\mathrm{d}x\Big] = f(x)$ 或 $\mathrm{d}\Big[\int f(x)\mathrm{d}x\Big] = f(x)\mathrm{d}x$;

(2) $\int F'(x)\mathrm{d}x = F(x) + C$ 或 $\int \mathrm{d}F(x) = F(x) + C$.

从性质 3.2 我们可以看到,求不定积分与求导数(微分)运算在相差一个常数的意义下互为逆运算.因此,求不定积分的各种计算方法也可以通过求导数或求微分的相应方法得到.同时,根据不定积分的线性性质和基本不定积分公式就可以直接求出许多函数的不定积分.

例 3.2   计算下列不定积分:

(1) $\displaystyle\int (6x^2 + 2^x)\mathrm{d}x$;   (2) $\displaystyle\int \Big(\dfrac{5}{\sqrt{1-x^2}} - 2\sec^2 x\Big)\mathrm{d}x$.

解: 根据性质 3.1 和基本不定积分公式表可得

(1) $\displaystyle\int (6x^2 + 2^x)\mathrm{d}x = 6\int x^2\mathrm{d}x + \int 2^x\mathrm{d}x = 2x^3 + \dfrac{2^x}{\ln 2} + C$,$C$ 是任意常数;

(2) $\displaystyle\int \Big(\dfrac{5}{\sqrt{1-x^2}} - 2\sec^2 x\Big)\mathrm{d}x = 5\int \dfrac{1}{\sqrt{1-x^2}}\mathrm{d}x - 2\int \sec^2 x\,\mathrm{d}x = 5\arcsin x -$

$2\tan x + C$,C 是任意常数.

例 3.3   计算下列不定积分:

(1) $\displaystyle\int \cos^2 \dfrac{x}{2}\mathrm{d}x$;   (2) $\displaystyle\int \dfrac{x^4}{1+x^2}\mathrm{d}x$.

解: 这两个题目不能直接利用基本不定积分公式.(1) 必须先利用三角恒等式变形;(2) 也必须先将被积函数变形,然后再根据性质 3.1,利用公式直接积分.

$$(1)\ \int \cos^2 \dfrac{x}{2}\mathrm{d}x = \int \dfrac{1}{2}(1+\cos x)\mathrm{d}x = \dfrac{1}{2}\int (1+\cos x)\mathrm{d}x$$

$$= \dfrac{1}{2}\Big[\int \mathrm{d}x + \int \cos x\,\mathrm{d}x\Big]$$

$$= \dfrac{1}{2}(x + \sin x) + C \quad (C\ \text{是任意常数});$$

(2) $\displaystyle\int \frac{x^4}{1+x^2}\mathrm{d}x = \int \frac{x^4-1+1}{1+x^2}\mathrm{d}x = \int \frac{(x^2-1)(x^2+1)+1}{1+x^2}\mathrm{d}x$

$$= \int \left(x^2-1+\frac{1}{1+x^2}\right)\mathrm{d}x$$

$$= \int x^2\mathrm{d}x - \int \mathrm{d}x + \int \frac{1}{1+x^2}\mathrm{d}x$$

$$= \frac{x^3}{3} - x + \arctan x + C \quad (C \text{ 是任意常数}).$$

回顾本节导言中提到的曲线方程和其切线斜率的关系,若已知某曲线 $y = f(x)$ 过任一点 x 的切线斜率为 $k(x)$,那么求该曲线 $f(x)$ 即为求 $k(x)$ 的原函数.根据不定积分的几何意义可知,$k(x)$ 的每一个原函数 $f(x)$ 在几何上对应一条积分曲线,且过这条曲线的任一点 x 的切线斜率均为 $k(x)$,而 $k(x)$ 的全体原函数 $f(x)+C$ 代表的是满足切线斜率为 $k(x)$ 的积分曲线族.若要在这个曲线族中求出一条具体的曲线 $f(x)$,则需要给出这条曲线更多的信息,例如要求这条曲线过某一个定点 (x_0, y_0),即要求 $f(x_0)=y_0$,此时便可以从曲线族中找到符合要求的一条曲线.

例 3.4　设某条曲线上任一点 x 的切线斜率为 $\dfrac{1}{1+x^2}$,且这条曲线过 $\left(\dfrac{\pi}{4}, 3\right)$,求该曲线的方程.

解: 设该曲线为 $y = f(x)$,则由题意可知

$$f'(x) = \frac{1}{1+x^2}$$

而

$$\int \frac{1}{1+x^2}\mathrm{d}x = \arctan x + C$$

式中,C 是任意常数.故该曲线方程为 $f(x) = \arctan x + C$.

又由于这条曲线过定点 $\left(\dfrac{\pi}{4}, 3\right)$,于是

$$\arctan \frac{\pi}{4} + C = 3 \Rightarrow C = 3 - \arctan \frac{\pi}{4}$$

因此,所求曲线的方程为 $y = \arctan x + 3 - \arctan \dfrac{\pi}{4}$.

对于本节开头提到的路程与速度的例子,也可以利用上述方法,由速度函数求出相应的路程函数.我们通过下面这个例子来说明.

例 3.5 设某人沿直线运动,在时刻 t 的速度为 $v(t) = 3t + 5$. 设初始时刻的路程为 0,求此人所走过的路程函数.

解: 设所求的路程函数为 $s = s(t)$,则由题意可知

$$s'(t) = v(t) = 3t + 5$$

而

$$\int (3t + 5) \mathrm{d}t = \frac{3}{2}t^2 + 5t + C$$

式中,C 是任意常数.故所求的路程函数为 $s(x) = \dfrac{3}{2}t^2 + 5t + C.$

再利用初始条件 $S(0) = 0$ 可得

$$S(0) = \frac{3}{2} \times 0^2 + 5 \times 0 + C = 0 \Rightarrow C = 0$$

因此,此人的路程函数为 $S(t) = \dfrac{3}{2}t^2 + 5t.$

3.1.2　不定积分的计算

利用基本不定积分公式表和不定积分的性质,我们已经可以求解一些简单初等函数的不定积分(直接积分法),但是直接积分法显然无法求得较复杂的不定积分,比如计算 $\displaystyle\int \dfrac{1}{x + \sqrt{x}} \mathrm{d}x$. 为此,本节我们介绍两类常用的求不定积分的方法——换元积分法和分部积分法.

1. 第一类换元积分法

在计算不定积分的时候,有时被积函数的形式比较复杂,但是如果它满足一定的要求,我们就可以通过换元将被积函数转化为相对简单的形式,再进行求解,这是换元积分法的基本想法.具体来说,换元积分法又可分为第一类换元积分法和第二类换元积分法.我们先来分析一个例子.

例 3.6 计算不定积分 $\displaystyle\int \dfrac{x}{1 + x^2} \mathrm{d}x$.

不难发现,上述不定积分不能由直接积分法求解.但是,如果将被积函数拆分为

$$\frac{x}{1+x^2}=\frac{1}{1+x^2}\cdot x$$

这样的结构有助于我们进行求解.

$$\int\frac{x}{1+x^2}\mathrm{d}x=\int\frac{1}{1+x^2}\cdot x\,\mathrm{d}x=\int\frac{1}{1+x^2}\cdot\frac{1}{2}\,\frac{\mathrm{d}(1+x^2)}{\mathrm{d}x}\mathrm{d}x$$

$$=\frac{1}{2}\int\frac{1}{1+x^2}\mathrm{d}(1+x^2)$$

此时,原来的积分变量 x 已经变成了 $1+x^2$. 为了表述方便,我们引入新的变量 u,令 $u=1+x^2$.这样我们就把一个复杂的被积函数 $\dfrac{x}{1+x^2}$ 变成了简单的

被积函数 $\dfrac{1}{u}$,从而简化了运算.具体解法如下.

解: 令 $u=1+x^2$,则有

$$\int\frac{x}{1+x^2}\mathrm{d}x=\frac{1}{2}\int\frac{1}{1+x^2}\mathrm{d}(1+x^2)=\frac{1}{2}\int\frac{1}{u}\mathrm{d}u$$

此时,利用基本不定积分公式可得

$$\int\frac{x}{1+x^2}\mathrm{d}x=\frac{1}{2}\ln\mid u\mid+C=\frac{1}{2}\ln\mid 1+x^2\mid+C$$

式中,C 是任意常数.

再次观察例 3.6,我们将被积函数拆分为两部分的乘积,其中一部分是一个复合函数,另一部分在相差一个常数的意义下实际上是这个复合函数的里层函数的导数或微分.如果被积函数可以进行这样的拆分,那么我们只要将乘积中复合函数的里层函数这部分转化为新的积分变量,即可对原不定积分进行化简并容易求出它的结果.事实上,我们有如下的定理.

定理 3.3(第一类换元积分法)　设 $f(u)$ 具有原函数 $F(u)$,$u=\varphi(x)$ 可导,则有换元公式

$$\int f[\varphi(x)]\varphi'(x)\mathrm{d}x=\int f[\varphi(x)]\mathrm{d}\varphi(x)=\int f(u)\mathrm{d}u \tag{3.6}$$

$$=F(u)+C=F[\varphi(x)]+C$$

式中,C 是任意常数.

证明: 因为 $F'(u)=f(u)$,且 $\varphi(x)$ 可导,那么根据复合函数微分法,有

$$\mathrm{d}F[\varphi(x)]=\mathrm{d}F(u)=F'(u)\mathrm{d}u=F'[\varphi(x)]\mathrm{d}\varphi(x)=F'[\varphi(x)]\varphi'(x)\mathrm{d}x$$

故有 $\displaystyle\int F'[\varphi(x)]\varphi'(x)\mathrm{d}x=\int F'[\varphi(x)]\mathrm{d}\varphi(x)=\int F'(u)\mathrm{d}u=\int \mathrm{d}F(u)$

$$=\int \mathrm{d}F[\varphi(x)]=F[\varphi(x)]+C$$

即

$$\int f[\varphi(x)]\varphi'(x)\mathrm{d}x=\int f[\varphi(x)]\mathrm{d}\varphi(x)=\left[\int f(u)\mathrm{d}u\right]$$

$$=[F(u)+C]=F[\varphi(x)]+C$$

根据定理 3.3,在应用第一类换元积分法计算不定积分 $\displaystyle\int g(x)\mathrm{d}x$ 时,先将它写成如下形式

$$\int g(x)\mathrm{d}x=\int f[\varphi(x)]\varphi'(x)\mathrm{d}x=\int f[\varphi(x)]\mathrm{d}\varphi(x)$$

再作变量替换 $u=\varphi(x)$,则原式变为函数 $f(u)$ 的积分,即求出 $\displaystyle\int f(u)\mathrm{d}u=F(u)+C$,最后将 $u=\varphi(x)$ 代回,即得所求的不定积分.这种积分法实际上是将被积函数凑成某个已知函数的微分形式,然后再利用基本积分公式求出积分,所以该方法又叫作凑微分法或配元法.

例 3.7   计算不定积分 $\displaystyle\int(\sin^3 x+\sin^2 x+5)\cos x\,\mathrm{d}x$.

解: 由于 $\mathrm{d}\sin x=\cos x\,\mathrm{d}x$,因此所求不定积分可以写作

$$\int(\sin^3 x+\sin^2 x+5)\cos x\,\mathrm{d}x=\int(\sin^3 x+\sin^2 x+5)\mathrm{d}\sin x$$

令 $u=\sin x$,则有

$$\int(\sin^3 x+\sin^2 x+5)\cos x\,\mathrm{d}x=\int(u^3+u^2+5)\mathrm{d}u=\frac{1}{4}u^4+\frac{1}{3}u^3+5u+C$$

$$=\frac{1}{4}\sin^4 x+\frac{1}{3}\sin^3 x+5\sin x+C$$

式中, C 是任意常数.

例 3.8 计算不定积分 $\int \tan x \, \mathrm{d}x$.

解: 因为

$$\int \tan x \, \mathrm{d}x = \int \frac{\sin x}{\cos x} \mathrm{d}x = -\int \frac{1}{\cos x} \mathrm{d}\cos x$$

令 $u = \cos x$, 则有

$$\int \tan x \, \mathrm{d}x = = -\int \frac{1}{u} \mathrm{d}u = -\ln|u| + C = -\ln|\cos x| + C$$

即

$$\int \tan x \, \mathrm{d}x = -\ln|\cos x| + C$$

式中, C 是任意常数.

类似地可得: $\int \cot x \, \mathrm{d}x = \ln|\sin x| + C$.

从上面例子我们可以看出, 第一类换元积分法的关键是凑出恰当的微分, 所以需要对微分公式非常熟悉. 而且在能比较熟练地进行变量代换后, 就不一定要写出中间变量 u. 一般来说, 我们可以通过例子总结出以下一些方法.

(1) $\int x^{n-1} f(x^n) \mathrm{d}x = \frac{1}{n} \int f(x^n) \mathrm{d}(x^n)$;

(2) $\int f(ax+b) \mathrm{d}x = \frac{1}{a} \int f(ax+b) \mathrm{d}(ax+b) (a \neq 0)$;

(3) $\int f(\ln x) \frac{\mathrm{d}x}{x} = \int f(\ln x) \mathrm{d}(\ln x)$;

(4) $\int \mathrm{e}^x f(\mathrm{e}^x) \mathrm{d}x = \int f(\mathrm{e}^x) \mathrm{d}(\mathrm{e}^x)$;

(5) $\int f(\sin x) \cos x \, \mathrm{d}x = \int f(\sin x) \mathrm{d}(\sin x)$;

(6) $\int f(\arcsin x) \frac{\mathrm{d}x}{\sqrt{1-x^2}} = \int f(\arcsin x) \mathrm{d}(\arcsin x)$.

例 3.9 计算不定积分 $\int \frac{\mathrm{d}x}{x(2+3\ln x)}$.

解: $\int \dfrac{\mathrm{d}x}{x(2+3\ln x)} = \int \dfrac{\mathrm{d}\ln x}{2+3\ln x} = \dfrac{1}{3}\int \dfrac{\mathrm{d}(2+3\ln x)}{2+3\ln x}$

$$= \dfrac{1}{3}\ln|2+3\ln x|+C$$

式中, C 为任意常数.

例 3.10　计算不定积分 $\displaystyle\int \dfrac{1}{a^2+x^2}\mathrm{d}x\,(a\neq 0)$.

解: $\displaystyle\int \dfrac{1}{a^2+x^2}\mathrm{d}x = \dfrac{1}{a^2}\int \dfrac{1}{1+\left(\dfrac{x}{a}\right)^2}\mathrm{d}x = \dfrac{1}{a}\int \dfrac{1}{1+\left(\dfrac{x}{a}\right)^2}\mathrm{d}\left(\dfrac{x}{a}\right)$

$$= \dfrac{1}{a}\arctan\dfrac{x}{a}+C$$

式中, C 为任意常数.

对于被积函数中含有三角函数的积分, 往往要利用一些三角恒等式.

例 3.11　计算不定积分 $\displaystyle\int \cos^2 x\,\mathrm{d}x$.

解: $\displaystyle\int \cos^2 x\,\mathrm{d}x = \int \dfrac{1+\cos 2x}{2}\mathrm{d}x = \dfrac{1}{2}\left(\int \mathrm{d}x+\int \cos 2x\,\mathrm{d}x\right)$

$$= \dfrac{1}{2}\int \mathrm{d}x+\dfrac{1}{4}\int \cos 2x\,\mathrm{d}(2x) = \dfrac{1}{2}x+\dfrac{1}{4}\sin 2x+C$$

式中, C 为任意常数.

例 3.12　计算不定积分 $\displaystyle\int \sin^2 x\,\cos^3 x\,\mathrm{d}x$.

解: $\displaystyle\int \sin^2 x\,\cos^3 x\,\mathrm{d}x = \int \sin^2 x\,\cos^2 x\,\mathrm{d}(\sin x) = \int \sin^2 x(1-\sin^2 x)\mathrm{d}(\sin x)$

$$= \int (\sin^2 x-\sin^4 x)\mathrm{d}(\sin x) = \dfrac{1}{3}\sin^3 x-\dfrac{1}{5}\sin^5 x+C$$

式中, C 为任意常数.

例 3.13　计算不定积分 $\displaystyle\int \cos 3x\cos 2x\,\mathrm{d}x$.

解: $\displaystyle\int \cos 3x\cos 2x\,\mathrm{d}x = \dfrac{1}{2}\int (\cos x+\cos 5x)\mathrm{d}x = \dfrac{1}{2}\sin x+\dfrac{1}{10}\sin 5x+C$

式中, C 为任意常数.

例 3.14　计算不定积分 $\int \dfrac{1}{x^2-a^2}\mathrm{d}x\,(a\neq 0)$.

解: 因为 $\dfrac{1}{x^2-a^2}=\dfrac{1}{2a}\left(\dfrac{1}{x-a}-\dfrac{1}{x+a}\right)$, 所以

$$\int \frac{1}{x^2-a^2}\mathrm{d}x=\frac{1}{2a}\int\left(\frac{1}{x-a}-\frac{1}{x+a}\right)\mathrm{d}x$$

$$=\frac{1}{2a}\left[\int\frac{1}{x-a}\mathrm{d}x-\int\frac{1}{x+a}\mathrm{d}x\right]$$

$$=\frac{1}{2a}\left[\int\frac{1}{x-a}\mathrm{d}(x-a)-\int\frac{1}{x+a}\mathrm{d}(x+a)\right]$$

$$=\frac{1}{2a}\left[\ln\mid x-a\mid-\ln\mid x+a\mid\right]+C$$

$$=\frac{1}{2a}\ln\left|\frac{x-a}{x+a}\right|+C$$

式中, C 为任意常数.

2. 第二类换元积分法

在第一类换元积分法中, 我们将被积函数恰当地分成两部分, 使得其中一部分是复合函数, 而另一部分可以凑成某个作为积分变量函数的微分, 从而达到简化求解不定积分的目的. 第二类换元积分法的思路则恰恰相反, 我们将主动地引入新的变量, 把被积函数中不易处理的项进行化简, 进而求得不定积分.

定理 3.4(第二类换元积分法)　设 $x=\varphi(t)$ 是单调、可导的函数, 并且 $\varphi'(t)\neq 0$. 又设 $f[\varphi(t)]\varphi'(t)$ 具有原函数 $F(t)$, 则有换元公式

$$\int f(x)\mathrm{d}x=\int f[\varphi(t)]\varphi'(t)\mathrm{d}t=F(t)+C=F[\varphi^{-1}(x)]+C \quad (3.7)$$

式中, $t=\varphi^{-1}(x)$ 为 $x=\varphi(t)$ 的反函数, C 为任意常数.

证明: 由复合函数的求导法则可知

$$\left\{F[\varphi^{-1}(x)]\right\}'=F'(t)\,\frac{\mathrm{d}t}{\mathrm{d}x}=f[\varphi(t)]\varphi'(t)\,\frac{1}{\dfrac{\mathrm{d}x}{\mathrm{d}t}}=f[\varphi(t)]=f(x)$$

在式(3.7)中,相当于进行了变量代换 $x = \varphi(t)$,因此式(3.7)称为第二类换元积分公式.

第二类换元积分法里常用的两种变量代换为三角代换和根式代换.三角代换适用于被积函数中出现形如 $\sqrt{a^2 - x^2}$,$\sqrt{x^2 - a^2}$ 和 $\sqrt{a^2 + x^2}$ (a 是常数)的根式时.具体变量替换时选取 x 为 t 的三角函数,并在此基础上利用三角函数的一些公式对不定积分进行化简,其目的是去掉被积函数中的根号.所谓根式代换,就是当被积函数是一个含有根式 $\sqrt[n]{ax + b}$ 的有理式 $R(x, \sqrt[n]{ax + b})$ (a,b 为常数) 时,将整个根式 $\sqrt[n]{ax + b}$ 作为一个新的变量,从而对不定积分进行化简并求解的过程.

例 3.15 计算不定积分 $\int \sqrt{a^2 - x^2}\, \mathrm{d}x$ ($a > 0$).

解: 令 $x = a\sin t$,$t \in \left(-\dfrac{\pi}{2}, \dfrac{\pi}{2}\right)$. 由此可得

$$\int \sqrt{a^2 - x^2}\, \mathrm{d}x = \int \sqrt{a^2 - a^2\sin^2 t}\, \mathrm{d}(a\sin t) = a^2 \int \cos^2 t\, \mathrm{d}t$$

$$= \frac{a^2}{2}\int (1 + \cos 2t)\, \mathrm{d}t = \frac{a^2}{2}t + \frac{a^2}{4}\sin 2t + C$$

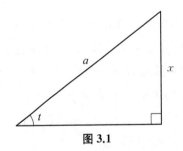

图 3.1

式中,C 为任意常数.接下来,将变量 t 变回 x. 根据 $\sin t = \dfrac{x}{a}$ 作辅助三角形(见图 3.1)因为 $t \in \left(-\dfrac{\pi}{2}, \dfrac{\pi}{2}\right)$,所以有反函数 $t = \arcsin \dfrac{x}{a}$,且 $\sin 2t = 2\sin t \cos t = 2x\,\dfrac{\sqrt{a^2 - x^2}}{a^2}$. 因此,

$$\int \sqrt{a^2 - x^2}\, \mathrm{d}x = \frac{a^2}{2}t + \frac{a^2}{4}\sin 2t + C$$

$$= \frac{a^2}{2}\arcsin \frac{x}{a} + \frac{x}{2}\sqrt{a^2 - x^2} + C$$

式中,C 为任意常数.

上例中采用三角代换法化简不定积分时,用到的三角函数的公式为

$$\sin^2 t + \cos^2 t = 1.$$

类似地,在三角函数中还有两个经常用到的公式

$$1 + \tan^2 t = \sec^2 t \text{ 和 } 1 + \cot^2 t = \csc^2 t$$

利用这两个公式,若被积函数中出现形如 $\sqrt{x^2 - a^2}$ (a 是常数)的根式时,我们可以尝试令 $x = a \sec t$ 或 $x = a \csc t$,就可以去掉根号;而若被积函数中出现形如 $\sqrt{x^2 + a^2}$ (a 是常数)的根式时,可以尝试令 $x = a \tan t$ 或 $x = a \cot t$,就可以去掉根号,从而简化不定积分的计算.

利用三角代换法求解不定积分不只限于前述提到的三种形式,例如计算 $\int \frac{1}{(a^2 + x^2)^2} \mathrm{d}x$ ($a > 0$) 时,也同样可以利用三角代换法,只需令 $x = a \tan t$ 或 $x = a \cot t$. 具体的计算过程留作同学们课后练习.

例 3.16　计算不定积分 $\int \frac{1}{x + \sqrt{x}} \mathrm{d}x$.

解: 观察被积函数可以发现,在被积函数中存在根式 $\sqrt{x}$,这一项在积分中不易处理,因此我们引入变量替换.

令 $x = t^2$,有

$$\int \frac{1}{x + \sqrt{x}} \mathrm{d}x = \int \frac{1}{t^2 + t} \mathrm{d}t^2 = \int \frac{2t}{t^2 + t} \mathrm{d}t = 2 \int \frac{1}{t + 1} \mathrm{d}t = 2 \ln |t + 1| + C$$

式中,C 为任意常数. 最后,同第一类换元积分法一样,仍需要将函数的自变量由 t 变回 x. 因为 $x > 0$,所以有反函数 $t = \sqrt{x}$. 故而

$$\int \frac{1}{x + \sqrt{x}} \mathrm{d}x = 2 \ln |t + 1| + C = 2 \ln |\sqrt{x} + 1| + C$$

式中,C 为任意常数.

3. 分部积分法

我们知道对两个可导函数 $u = u(x)$ 和 $v = v(x)$ 乘积的导函数满足以下式子:

$$(uv)' = u'v + uv'$$

由移项可得

$$uv' = (uv)' - u'v$$

在这个等式的左右两边同时关于 x 取不定积分得

$$\int uv' \mathrm{d}x = uv - \int u'v \mathrm{d}x$$

这个公式称为不定积分的分部积分公式. 我们将此公式严格叙述如下.

定理 3.5(分部积分法)   若 $u=u(x)$ 和 $v=v(x)$ 可导,不定积分 $\int u'v \mathrm{d}x$ 存在,则 $\int uv' \mathrm{d}x$ 也存在,且有

$$\int uv' \mathrm{d}x = uv - \int u'v \mathrm{d}x \tag{3.8}$$

在具体计算中,式(3.8)往往也可以采用如下形式:

$$\int u \mathrm{d}v = uv - \int v \mathrm{d}u \tag{3.9}$$

观察式(3.9)可知,左侧被积函数是两个函数的乘积,包含 v 的微分;而公式右侧的被积函数虽然也是两个函数的乘积,但是微分运算从 v 转移到 u 上. 这说明在计算不定积分的过程中,有时可以通过转移被积函数中的微分运算对不定积分进行化简.从式(3.9)中,我们容易看到,问题的关键是适当选取被积函数 u 和 $\mathrm{d}v$,使得等式右边的函数 v 和不定积分 $\int v \mathrm{d}u$ 容易求出.那么选择哪个函数作为 u 比较合适? 一般来说,可以考虑按照以下顺序选取 u:"反对幂指三".就是在反三角函数、对数函数、幂函数、指数函数和三角函数中,将排在前面的函数优先作为 u. 例如,当被积函数中出现某个函数(如 x^2)与 $\arctan x$ 或 $\ln x$ 的乘积时,我们常常会把 $\arctan x$ 或 $\ln x$ 视为 u,将微分运算转移到这两个函数上,因为它们求微分之后的函数比较简单,由此可以完成对不定积分的化简和计算.

例 3.17   计算不定积分 $\int x \sin x \mathrm{d}x$.

解:令 $u=x$, $\mathrm{d}v = \sin x \mathrm{d}x$,根据式(3.9)有

$$\int x \sin x \mathrm{d}x = -x \cos x + \int \cos x \mathrm{d}x = = -x \cos x + \sin x + C$$

式中,C 为任意常数.

例 3.18　计算不定积分 $\int x^2 \ln x \, \mathrm{d}x$.

解：令 $u = \ln x$，$\mathrm{d}v = x^3 \mathrm{d}x$，根据式(3.9)有

$$\int x^2 \ln x \, \mathrm{d}x = \frac{1}{3} \int \ln x \, \mathrm{d}x^3 = \frac{1}{3} x^3 \ln x - \frac{1}{3} \int x^3 \mathrm{d}\ln x$$

$$= \frac{1}{3} x^3 \ln x - \frac{1}{3} \int x^2 \mathrm{d}x = \frac{1}{3} x^3 \ln x - \frac{1}{9} x^3 + C$$

式中，C 为任意常数.

熟练以后可以不必写出 u 和 $\mathrm{d}v$，直接利用分部积分公式求出结果.

例 3.19　计算不定积分 $\int \mathrm{e}^x \cos x \, \mathrm{d}x$.

解：运用式(3.9)可得

$$\int \mathrm{e}^x \cos x \, \mathrm{d}x = \int \cos x \, \mathrm{d}\mathrm{e}^x = \mathrm{e}^x \cos x + \int \mathrm{e}^x \sin x \, \mathrm{d}x = \mathrm{e}^x \cos x + \int \sin x \, \mathrm{d}\mathrm{e}^x$$

$$= \mathrm{e}^x \cos x + \mathrm{e}^x \sin x - \int \mathrm{e}^x \cos x \, \mathrm{d}x$$

在上面的计算中，我们用了两次分部积分.观察等式的左右两边，都含有 $\int \mathrm{e}^x \cos x \, \mathrm{d}x$.移项合并同类项，并注意不定积分求的是函数族，所以有

$$\int \mathrm{e}^x \cos x \, \mathrm{d}x = \frac{1}{2} \mathrm{e}^x (\cos x + \sin x) + C$$

式中，C 为任意常数.

有时需要使用多次分部积分公式才能求得积分，有时需要使用分部积分公式后解方程才能求得积分，有时则要与换元积分法结合起来才能求出结果.请看下面两个例题.

例 3.20　计算不定积分 $\int x^2 \mathrm{e}^x \, \mathrm{d}x$.

解：$\int x^2 \mathrm{e}^x \, \mathrm{d}x = \int x^2 \mathrm{d}\mathrm{e}^x = x^2 \mathrm{e}^x - \int \mathrm{e}^x \mathrm{d}x^2 = x^2 \mathrm{e}^x - 2\int x \mathrm{e}^x \, \mathrm{d}x$

$$= x^2 \mathrm{e}^x - 2\int x \, \mathrm{d}\mathrm{e}^x = x^2 \mathrm{e}^x - 2\int x \mathrm{e}^x \, \mathrm{d}x = x^2 \mathrm{e}^x - 2\int x \, \mathrm{d}\mathrm{e}^x$$

$$=x^2 \mathrm{e}^x - 2x \mathrm{e}^x + 2\int \mathrm{e}^x \,\mathrm{d}x = x^2 \mathrm{e}^x - 2x \mathrm{e}^x + 2\mathrm{e}^x + C$$

$$= \mathrm{e}^x (x^2 - 2x + 2) + C$$

式中,C 为任意函数.

例 3.21 计算不定积分 $\int \mathrm{e}^{\sqrt{x}} \,\mathrm{d}x$.

解：令 $x = t^2$，则 $\mathrm{d}x = 2t\,\mathrm{d}t$，于是有

$$\int \mathrm{e}^{\sqrt{x}} \,\mathrm{d}x = 2\int t\,\mathrm{e}^t \,\mathrm{d}t = 2\mathrm{e}^t (t-1) + C = 2\mathrm{e}^{\sqrt{x}} (\sqrt{x} - 1) + C$$

式中,C 为任意函数.

当然,本题也可以直接使用分部积分法计算,但比较复杂.

习题 3.1

1. 利用直接积分法计算如下不定积分：

(1) $\int \left(\dfrac{1}{1+x^2} + \dfrac{1}{x} \right) \mathrm{d}x$ 　　　　(2) $\int \left(\dfrac{1}{x^5} + 6\mathrm{e}^x \right) \mathrm{d}x$

(3) $\int \sin^2 \dfrac{x}{2} \,\mathrm{d}x$ 　　　　(4) $\int (\sec^2 x + \csc^2 x) \,\mathrm{d}x$

2. 利用换元积分法计算如下不定积分：

(1) $\int \cot x \,\mathrm{d}x$ 　　(2) $\int \dfrac{1}{4+x^2} \,\mathrm{d}x$ 　　(3) $\int \dfrac{(x+1)^2}{1+x^2} \,\mathrm{d}x$

(4) $\int \dfrac{\sqrt{x}}{1+\sqrt[3]{x}} \,\mathrm{d}x$ 　　(5) $\int \sec x \,\mathrm{d}x$ 　　(6) $\int \dfrac{1}{\mathrm{e}^x + \mathrm{e}^{-x}} \,\mathrm{d}x$

(7) $\int \dfrac{1}{(a^2+x^2)^2} \,\mathrm{d}x \ (a>0)$ (8) $\int \dfrac{16x}{8x^2+1} \,\mathrm{d}x$ 　(9) $\int \dfrac{\mathrm{e}^{\sqrt{x}}}{\sqrt{x}} \,\mathrm{d}x$

(10) $\int \dfrac{1}{x\sqrt{x^2-16}} \,\mathrm{d}x \ (x>4)$

3. 利用分部积分公式计算如下积分：

(1) $\int \mathrm{e}^x \sin x \,\mathrm{d}x$ 　(2) $\int (x^3+x)\mathrm{e}^x \,\mathrm{d}x$ 　(3) $\int \mathrm{e}^{\sqrt{x+5}} \,\mathrm{d}x$ 　(4) $\int \arcsin x \,\mathrm{d}x$

4. 已知 $\int f(\sin x)\cos x \,\mathrm{d}x = 6\sin^2 x + C$，请计算 $\int f(\sin x)\sin 2x \,\mathrm{d}x$.

3.2　定积分

"定积分"与"不定积分"是两个出发点完全不同的数学定义.不定积分是微分的逆运算,而定积分起源于求图形的面积和体积等实际问题,例如,我国的古代数学家刘徽曾用"割圆术"计算过若干几何体的面积和体积.这些都是定积分处于萌芽阶段的问题.直到 17 世纪中期,牛顿和莱布尼茨分别提出了定积分的概念,找到了微分与积分之间的关系,提供了计算定积分的一般方法,从而使定积分成为解决实际问题的有力工具,也完善了微积分学的基本理论.

本节先从两个例子入手,引入"定积分"的概念、可积条件、性质、计算方法及简单应用.

3.2.1　定积分定义

1. 两个实例和定积分的概念

我们先来分析和解决两个典型的实际问题,帮助了解定积分的概念是怎样从实际问题中产生出来的.

问题 1　求曲边梯形的面积

设函数 $y = f(x)$ 在区间 $[a, b]$ 上非负、连续,即 $f(x) \geqslant 0$. 由直线 $x = a$、$x = b$、$y = 0$ 及曲线 $y = f(x)$ 所围成的图形称为曲边梯形(见图 3.2),其中曲线弧称为曲边. 试求该曲边梯形的面积 S.

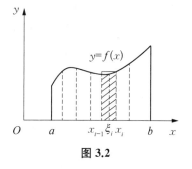

图 3.2

这里我们借鉴初中利用圆内接多边形面积近似求圆面积的思想,来考虑曲边梯形的面积.

为了求曲边梯形的面积,基本思想是先把曲边梯形分割成一些小的曲边梯形,每个小曲边梯形可以用一个小矩形来近似.那么每个小曲边梯形的面积都近似等于小矩形的面积,因而所有小矩形的面积和就是大曲边梯形面积的近似值.有了这个近似值,我们再取极限就可以得到其面积的精确值.具体做法如下.

第一步:将区间 $[a, b]$ 分割为 n 个小区间,将分点记为

$$a = x_0 < x_1 < \cdots < x_n = b$$

从而每个小区间为 $[x_{i-1}, x_i]\ (i=1, 2, \cdots, n)$,小区间的长度用 Δx_i 表示,即

$$\Delta x_i = x_i - x_{i-1} \quad (i=1, 2, \cdots, n)$$

第二步:计算小曲边梯形的面积.记 $\lambda = \max\limits_{i=1, 2, \cdots, n} |\Delta x_i|$,当 λ 很小时,每个小区间 $[x_{i-1}, x_i]\ (i=1, 2, \cdots, n)$ 的宽度也很小.此时,我们可以将每个小区间上的小曲边梯形近似看作一个长方形.这个长方形的短边长度为 Δx_i,在短边中任取一点 $\xi_i \in [x_{i-1}, x_i]$,以 ξ_i 处的函数值 $f(\xi_i)$ 作为长方形的长,由此可得小曲边梯形的面积的近似值为 $f(\xi_i)\Delta x_i$.

第三步:对每个小区间上对应的近似面积求和,就得到了曲边梯形的近似总面积

$$A \approx \sum_{i=1}^{n} f(\xi_i)\Delta x_i$$

第四步:令 $\lambda \to 0$,则近似总面积的极限就是精确的总面积,即

$$A = \lim_{\lambda \to 0} \sum_{i=1}^{n} f(\xi_i)\Delta x_i \tag{3.10}$$

求曲边梯形面积的基本方法概括起来就是"分割→近似→求和→取极限".

问题 2 求变速直线运动的路程

上节中,我们提到过一个行程问题:若某人沿直线运动,速度函数为 $v(t)$,那么通过计算 $v(t)$ 的不定积分,再结合初始条件就可以确定某个具体的原函数作为他的路程函数.在本节中,我们换一个角度来考虑这个问题.要计算此人在某段时间内的路程,比如 $[0, T]$ 内,我们可以先计算这段时间内的近似路程,然后让近似的程度不断提高,最终逼近精确值.具体做法如下.

第一步:将时间区间 $[0, T]$ 分割为 n 个小时段,将分点记为

$$0 = t_0 < t_1 < \cdots < t_n = T$$

从而每个小时段为 $[t_{i-1}, t_i]\ (i=1, 2, \cdots, n)$,其长度用 Δt_i 表示,即

$$\Delta t_i = t_i - t_{i-1} \quad (i=1, 2, \cdots, n)$$

第二步:计算各个小时段 $[t_{i-1}, t_i]$ 内的路程.记 $\lambda = \max\limits_{i=1, 2, \cdots, n} |\Delta t_i|$,当 λ 很小时,每个小时段 $[t_{i-1}, t_i]$ 的时间间隔也很小.在每个小时段 $[t_{i-1}, t_i]$ 上任取

一个时刻 $\tau_i \in [t_{i-1}, t_i]$，以 τ_i 时刻的速度 $v(\tau_i)$ 来代替 $[t_{i-1}, t_i]$ 内各个时刻的速度，于是得到小时段 $[t_{i-1}, t_i]$ 内某人走过的路程近似值为 $v(\tau_i)\Delta t_i$.

第三步：每个小时段上对应的部分路程的近似值之和就是所求变速直线运动路程 s 的近似值，即

$$s \approx \sum_{i=1}^{n} v(\tau_i)\Delta t_i$$

第四步：令 $\lambda \to 0$，则近似路程的极限就是所求的变速直线运动的路程，即

$$s = \lim_{\lambda \to 0} \sum_{i=1}^{n} v(\tau_i)\Delta t_i \tag{3.11}$$

求变速直线运动路程的基本思想方法概括起来就是"分割→近似→求和→取极限".

事实上，这是求总量问题中经常用到的一种思路.从式(3.10)和式(3.11)两个相同形式的式子，我们可以看到，抛开问题的具体意义，抓住它们在数量关系上共同的本质与特性加以概括，并将上述两个例子中的计算过程一般化，就能抽象出本节所要阐述的定积分的定义.

2. 定积分的定义

定义 3.3 设函数 $f(x)$ 在区间 $[a, b]$ 上有界，在 $[a, b]$ 中任意插入 $n-1$ 个分点

$$a = x_0 < x_1 < x_2 < \cdots < x_{n-1} < x_n = b$$

把区间 $[a, b]$ 分成 n 个小区间

$$[x_0, x_1], [x_1, x_2], \cdots, [x_{n-1}, x_n]$$

各小段区间的长度依次为

$$\Delta x_1 = x_1 - x_0, \Delta x_2 = x_2 - x_1, \cdots, \Delta x_n = x_n - x_{n-1}$$

在每个小区间 $[x_{i-1}, x_i]$ 上任取一个点 ξ_i，作函数值 $f(\xi_i)$ 与小区间长度 Δx_i 的乘积 $f(\xi_i)\Delta x_i (i=1, 2, \cdots, n)$，并作出和

$$S = \sum_{i=1}^{n} f(\xi_i)\Delta x_i$$

记 $\lambda = \max\{\Delta x_1, \Delta x_2, \cdots, \Delta x_n\}$，如果不论对区间 $[a, b]$ 怎样分法，也不论在小区间 $[x_{i-1}, x_i]$ 上点 ξ_i 怎样取法，只要当 $\lambda \to 0$ 时，和 S 总趋于确定的极限值，这时我们称这个极限值为函数 $f(x)$ 在区间 $[a, b]$ 上的定积分，记作 $\int_a^b f(x)\mathrm{d}x$，即

$$\int_a^b f(x)\mathrm{d}x = \lim_{\lambda \to 0} \sum_{i=1}^n f(\xi_i)\Delta x_i \tag{3.12}$$

式中，$f(x)$ 称为被积函数，x 称为积分变量，$f(x)\mathrm{d}x$ 称为积分表达式，$[a, b]$ 称为积分区间，a 和 b 分别称为积分上限和积分下限，S 称为积分和.

由定义可见定积分是特殊和式的极限.若函数在区间 $[a, b]$ 上存在定积分，则称该函数在区间 $[a, b]$ 上可积，否则称该函数在区间 $[a, b]$ 上不可积.

根据定积分的定义，我们可以得出曲边梯形的面积为 $A = \int_a^b f(x)\mathrm{d}x$，变速直线运动的路程为 $s = \int_0^T v(t)\mathrm{d}t$. 另外，对比定积分和不定积分的定义可知，定积分的结果是一个具体的数值，而不定积分的结果则是一族函数.具体到变速直线运动的例子，速度函数的不定积分代表的是在每一时刻，具有相同速度的一族路程函数；而速度函数的定积分则特指某一时间段内，以此速度运行的物体走过的路程.因而定积分与不定积分是完全不同的两个概念.

我们再对定积分的定义进行两点说明.

(1) 由积分和的表达式可以看出，定积分的值只依赖于被积函数和积分区间，而与用什么字母表示积分变量无关.因而当和式的极限存在时，其极限值也与积分变量的选取无关，即

$$\int_a^b f(x)\mathrm{d}x = \int_a^b f(t)\mathrm{d}t = \int_a^b f(u)\mathrm{d}u$$

也就是说定积分的值与积分变量的选取无关.这个特点以后会经常被用于简化定积分的计算.

(2) 定积分的几何意义：在区间 $[a, b]$ 上，当 $f(x) \geqslant 0$ 时，定积分 $\int_a^b f(x)\mathrm{d}x$ 表示由 $y = f(x)$、$x = a$、$x = b$ 与 x 轴所围成的曲边梯形的面积；当 $f(x) \leqslant 0$ 时，所得的曲边梯形位于 x 轴的下方，此时 $\int_a^b f(x)\mathrm{d}x$ 表示此曲边

梯形面积的负值.

一般情况下,由 $y=f(x)$、$x=a$、$x=b$ 与 x 轴所围成的图形会位于 x 轴的上下两侧,如图 3.3 所示,我们给 x 轴上方图形的面积赋以正号,x 轴下方图形的面积赋以负号,则 $\int_a^b f(x)\,\mathrm{d}x$ 表示这些图形面积的代数和,即上

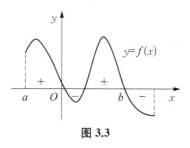

图 3.3

方面积和下方面积的差.若想得到由 $y=f(x)$ 与 $x=a$,$x=b$,x 轴所围成的图形面积,则需要计算 $\int_a^b |f(x)|\,\mathrm{d}x$.

例 3.22　计算定积分 $\int_0^1 \sqrt{1-x^2}\,\mathrm{d}x$.

解:易知,被积函数 $\sqrt{1-x^2}$ 代表以原点为圆心、以 1 为半径的圆周在第一象限中的部分圆弧,那么以上定积分代表单位圆在第一象限中的面积.根据定积分的几何意义,我们可以直接得到

$$\int_0^1 \sqrt{1-x^2}\,\mathrm{d}x = \frac{\pi}{4}$$

3.2.2　可积条件

定积分是一个求总量的问题.为计算定积分,我们首先要明确定积分何时存在.为此,我们给出定积分存在的必要条件与充分条件.

定理 3.6　设 $f(x)$ 是定义在区间 $[a,b]$ 上的函数.

(1)(必要条件)若函数 $f(x)$ 在 $[a,b]$ 上可积,那么 $f(x)$ 在 $[a,b]$ 上一定有界;

(2)(充分条件)设 $f(x)$ 是定义在区间 $[a,b]$ 上的连续函数,或者是 $[a,b]$ 上的单调函数,或者是 $[a,b]$ 上只有有限个间断点的有界函数,那么 $f(x)$ 在 $[a,b]$ 上可积.

这里略去详细的证明,有兴趣的读者可参考相关文献.事实上,因为无界函数的积分和不收敛,所以无界函数一定不可积,此外也要注意有界函数不一定可积.由于初等函数在其定义区间内连续,因此一定可积,即初等函数在其

定义区间上可积.

3.2.3 定积分的性质

在定积分的定义中,我们事实上约定了积分的上限总是大于积分下限,为了便于应用,我们根据定积分的几何意义做下面两点约定:

(1) 当 $a = b$ 时, $\int_a^b f(x)\mathrm{d}x = 0$;

(2) 当 $a > b$ 时, $\int_a^b f(x)\mathrm{d}x = -\int_b^a f(x)\mathrm{d}x$.

由定积分的几何意义,我们不难得出定积分有以下基本性质:

定理 3.7 设函数 $f(x)$ 在区间 $[a,b]$ 上可积,那么有

(1) 若函数 $g(x)$ 也在区间 $[a,b]$ 上可积,则 $f(x) \pm g(x)$ 也在区间 $[a,b]$ 上可积,且

$$\int_a^b [f(x) \pm g(x)]\mathrm{d}x = \int_a^b f(x)\mathrm{d}x \pm \int_a^b g(x)\mathrm{d}x \qquad (3.13)$$

(2) 设 k 是任意常数,则 $kf(x)$ 也在区间 $[a,b]$ 上可积,且

$$\int_a^b kf(x)\mathrm{d}x = k\int_a^b f(x)\mathrm{d}x \qquad (3.14)$$

(3) $f(x)$ 在 $[a,b]$ 的任意子区间上也可积,即对该区间中的任意三个常数 $a < c < b$ 有

$$\int_a^b f(x)\mathrm{d}x = \int_a^c f(x)\mathrm{d}x + \int_c^b f(x)\mathrm{d}x \qquad (3.15)$$

证明: (1) 任取区间 $[a,b]$ 的一个划分,由定积分的定义有

$$\begin{aligned}
\int_a^b [f(x) \pm g(x)]\mathrm{d}x &= \lim_{\lambda \to 0} \sum_{i=1}^n [f(\xi_i) \pm g(\xi_i)]\Delta x_i \\
&= \lim_{\lambda \to 0} \sum_{i=1}^n f(\xi_i)\Delta x_i \pm \lim_{\lambda \to 0} \sum_{i=1}^n g(\xi_i)\Delta x_i \\
&= \int_a^b f(x)\mathrm{d}x \pm \int_a^b g(x)\mathrm{d}x
\end{aligned}$$

读者可用类似方法自己证明(2)和(3).性质(3)表明定积分在积分区间具有可

加性.注意(3)中三个常数的大小关系是任意的,即 $a < c < b$ 只是其中一种情况,不论 a,b,c 的相对位置如何,总有式(3.15)成立.例如,当 $a < b < c$ 时,由于

$$\int_a^c f(x)\mathrm{d}x = \int_a^b f(x)\mathrm{d}x + \int_b^c f(x)\mathrm{d}x$$

于是有

$$\int_a^b f(x)\mathrm{d}x = \int_a^c f(x)\mathrm{d}x - \int_b^c f(x)\mathrm{d}x = \int_a^c f(x)\mathrm{d}x + \int_c^b f(x)\mathrm{d}x$$

定理 3.7 的(1)和(2)说明定积分对被积函数满足下面的线性运算性质.

推论 3.3　函数 $f_1(x)$ 和 $f_2(x)$ 均在区间 $[a,b]$ 上可积,k_1 和 k_2 是两个任意常数,则 $k_1 f_1(x) + k_2 f_2(x)$ 在 $[a,b]$ 上也可积,且

$$\int_a^b [k_1 f_1(x) + k_2 f_2(x)]\mathrm{d}x = k_1 \int_a^b f_1(x)\mathrm{d}x + k_2 \int_a^b f_2(x)\mathrm{d}x \quad (3.16)$$

在同一积分区间上,若被积函数间有确定的大小关系,则它们的定积分仍保持原有的大小关系,即定积分运算是一种保序运算.

定理 3.8　设函数 $f(x)$ 和 $g(x)$ 在区间 $[a,b]$ 上可积,若在整个区间 $[a,b]$ 上有 $f(x) \leqslant g(x)$,那么有

$$\int_a^b f(x)\mathrm{d}x \leqslant \int_a^b g(x)\mathrm{d}x \quad (3.17)$$

因为函数 $f(x)$ 在 $[a,b]$ 上可积,由定理 3.6 知,$f(x)$ 在 $[a,b]$ 上一定有界,所以我们也可以得到下面的定积分估值公式.

定理 3.9(估值公式)　设函数 $f(x)$ 在区间 $[a,b]$ 上可积,并且在整个区间 $[a,b]$ 上有 $m \leqslant f(x) \leqslant M$,其中 m,M 是常数,那么

$$m(b-a) \leqslant \int_a^b f(x)\mathrm{d}x \leqslant M(b-a) \quad (3.18)$$

由定积分的估值公式,可以证明关于连续函数的积分中值定理.

定理 3.10(积分中值定理)　设函数 $f(x)$ 在积分区间 $[a,b]$ 上连续,则至少存在一点 $\xi \in [a,b]$,使得

$$\int_a^b f(x)\mathrm{d}x = f(\xi)(b-a) \quad (3.19)$$

证明：因为函数 $f(x)$ 在 $[a,b]$ 上连续,设 m, M 分别为其在 $[a,b]$ 上的最小值和最大值,那么由定理 3.9 的估值公式可得

$$m \leqslant \frac{1}{b-a} \int_a^b f(x) \mathrm{d}x \leqslant M$$

再由连续函数的介值定理知,在 $[a,b]$ 上至少存在一点 ξ,使得

$$m \leqslant f(\xi) = \frac{1}{b-a} \int_a^b f(x) \mathrm{d}x \leqslant M$$

因而命题成立.

积分中值定理的几何意义：以函数 $f(x)$ 为曲边的曲边梯形的面积等于以 $[a,b]$ 上某一点 ξ 处的函数值 $f(\xi)$ 为长、以积分区间的长 $(b-a)$ 为宽的矩形面积.

3.2.4　定积分的计算

如果按照定积分的定义直接计算积分和的极限,不仅要对积分区间进行合适的划分,还要计算函数的积分和的极限,显然是十分困难的.那么有没有简单一些的方法呢？首先我们可以观察到,在变速直线运动的例子中,一个人在时刻 t 的路程函数记为 $s(t)$,速度函数记为 $v(t)$,则此人在时间 $[T_1, T_2]$ 内走过的路程为

$$s = \int_{T_1}^{T_2} v(t) \mathrm{d}t$$

另一方面,此人在 $[T_1, T_2]$ 内走过的路程 s 也可用路程函数的增量来表示

$$s = s(T_2) - s(T_1)$$

即有

$$s = \int_{T_1}^{T_2} v(t) \mathrm{d}t = s(T_2) - s(T_1)$$

我们知道路程函数 $s(t)$ 和速度函数 $v(t)$ 之间满足 $\int v(t) \mathrm{d}t = s(t) + C$,即 $s(t)$ 是 $v(t)$ 的原函数.因而上式表明一个函数在给定区间上的定积分等于它的原函数在区间端点处的差.这个特殊问题中得出的关系是否具有普遍意义呢？

1. 积分上限函数及其导数

设函数 $f(x)$ 在区间 $[a, b]$ 上连续,并且设 x 为 $[a, b]$ 上任一点. 函数 $f(x)$ 在部分区间 $[a, x]$ 上的定积分

$$\Phi(x) = \int_a^x f(t)\mathrm{d}t \quad (x \in [a, b]) \tag{3.20}$$

称为积分上限函数. 容易证明函数 $\Phi(x)$ 在区间 $[a, b]$ 上的连续性,其可导性由下面定理给出.

定理 3.11　如果函数 $f(x)$ 在区间 $[a, b]$ 上连续,则积分上限函数

$$\Phi(x) = \int_a^x f(t)\mathrm{d}t$$

在 $[a, b]$ 上可导,并且它的导数为

$$\Phi'(x) = \frac{\mathrm{d}}{\mathrm{d}x} \int_a^x f(t)\mathrm{d}t = f(x) \quad (a \leqslant x \leqslant b) \tag{3.21}$$

即函数 $\Phi(x)$ 是被积函数 $f(x)$ 在 $[a, b]$ 上的一个原函数,并且 $\Phi(x)$ 在区间 $[a, b]$ 上连续.

证明: 设 x 为 $[a, b]$ 上任一点,$\Delta x \neq 0$ 且 $x + \Delta x \in [a, b]$. 由 $\Phi(x)$ 的定义有

$$\Delta\Phi = \Phi(x + \Delta x) - \Phi(x) = \int_a^{x+\Delta x} f(t)\mathrm{d}t - \int_a^x f(t)\mathrm{d}t$$

$$= \int_a^x f(t)\mathrm{d}t + \int_x^{x+\Delta x} f(t)\mathrm{d}t - \int_a^x f(t)\mathrm{d}t$$

$$= \int_x^{x+\Delta x} f(t)\mathrm{d}t$$

应用积分中值定理,$\Delta\Phi = f(\xi)\Delta x$,$\xi \in [x, x + \Delta x]$. 因为 $\xi \in [x, x + \Delta x]$,当 $\Delta x \to 0$ 时,$\xi \to x$. 又由函数 $f(x)$ 在 $[a, b]$ 上连续,于是

$$\Phi'(x) = \lim_{\Delta x \to 0} \frac{\Delta\Phi}{\Delta x} = \lim_{\Delta x \to 0} f(\xi) = \lim_{\xi \to x} f(\xi) = f(x)$$

也就是说,函数 $\Phi(x)$ 是被积函数 $f(x)$ 在 $[a, b]$ 上的一个原函数,并且 $\Phi(x)$ 在区间 $[a, b]$ 上可导,所以 $\Phi(x)$ 在区间 $[a, b]$ 上连续.

定理 3.11 的重要意义在于,它一方面肯定了连续函数的原函数是存在的,并以积分形式给出了 $f(x)$ 的一个原函数,另一方面初步揭示了积分学中的定积分与原函数之间的联系.

2. 微积分基本定理

定理 3.12   设函数 $f(x)$ 在区间 $[a,b]$ 上连续,如果函数 $F(x)$ 是 $f(x)$ 在区间 $[a,b]$ 上的一个原函数,则

$$\int_a^b f(x)\mathrm{d}x = F(b) - F(a) \tag{3.22}$$

此公式称为牛顿-莱布尼茨公式,也称为微积分基本公式.

证明:已知函数 $F(x)$ 是连续函数 $f(x)$ 的一个原函数,根据定理 3.11,积分上限函数为

$$\Phi(x) = \int_a^x f(x)\mathrm{d}x$$

也是 $f(x)$ 的一个原函数.于是有一常数 C,使

$$F(x) - \Phi(x) = C \ (a \leqslant x \leqslant b)$$

当 $x=a$ 时,有 $F(a) - \Phi(a) = C$,而 $\Phi(a) = 0$,所以 $C = F(a)$;当 $x=b$ 时,$F(b) - \Phi(b) = F(a)$,所以 $\Phi(b) = F(b) - F(a)$,即

$$\int_a^b f(x)\mathrm{d}x = F(b) - F(a)$$

为了方便起见,可把 $F(b) - F(a)$ 记成 $F(x)\Big|_a^b$,于是公式可以写成

$$\int_a^b f(x)\mathrm{d}x = F(x)\Big|_a^b = F(b) - F(a)$$

这个定理不仅在理论上把定积分与不定积分联系了起来,也为我们提供了计算定积分的有效方法.

例 3.23   计算 $\int_{-2}^{-1} \dfrac{1}{x}\mathrm{d}x$.

解:$\int_{-2}^{-1} \dfrac{1}{x}\mathrm{d}x = \ln|x| \ \Big|_{-2}^{-1} = \ln 1 - \ln 2 = -\ln 2$.

根据牛顿-莱布尼茨公式,求函数的定积分就可以归结为求其原函数,从

而可以把不定积分的计算方法和技巧移植到定积分的计算中来.

　3. 定积分的换元法

例 3.24　计算 $\int_0^{\frac{\pi}{2}} \cos^4 x \sin x \, \mathrm{d}x$.

解：可以直接凑微分得

$$\int_0^{\frac{\pi}{2}} \cos^4 x \sin x \, \mathrm{d}x = -\int_0^{\frac{\pi}{2}} \cos^4 x \, \mathrm{d}\cos x = -\left(\frac{1}{5} \cos^5 x\right)\Big|_0^{\frac{\pi}{2}}$$

$$= -\frac{1}{5}\cos^5\left(\frac{\pi}{2}\right) + \frac{1}{5}\cos^5(0) = \frac{1}{5}$$

由于定积分的值与积分变量的选取无关,本题我们可以直接凑微分.因为没有引入新的变量,所以不需要改变积分区间.

定理 3.13(定积分的换元法)　假设函数 $f(x)$ 在区间 $[a,b]$ 上连续,函数 $x = \varphi(t)$ 满足下列条件:

　(1) $\varphi(\alpha) = a$, $\varphi(\beta) = b$, 且 $a \leqslant \varphi(t) \leqslant b$, $t \in [\alpha, \beta]$;

　(2) $\varphi(t)$ 在 $[\alpha, \beta]$ 上具有连续导数.

　则有

$$\int_a^b f(x)\mathrm{d}x = \int_\alpha^\beta f[\varphi(t)]\varphi'(t)\mathrm{d}t \tag{3.23}$$

式(3.23)叫作定积分的换元公式.

值得注意的是当 $\beta < \alpha$, 即区间换为 $[\beta, \alpha]$ 时,定理 3.13 仍成立;其次要注意在式(3.23)中换元必换限,但原函数中的变量不必代回;最后换元公式(3.23)也可反过来使用,即

$$\int_\alpha^\beta f[\varphi(t)]\varphi'(t)\mathrm{d}t = \int_\alpha^\beta f[\varphi(t)]\mathrm{d}\varphi(t) = \int_a^b f(x)\mathrm{d}x \ [\text{令 } x = \varphi(t)]$$

例 3.25　计算 $\int_0^4 \frac{x+2}{\sqrt{2x+1}}\mathrm{d}x$.

解：令 $t = \sqrt{2x+1}$, 即 $x = \frac{1}{2}(t^2 - 1)$, 且当 $x = 0$ 时, $t = 1$;当 $x = 4$ 时, $t = 3$, $\mathrm{d}x = t\,\mathrm{d}t$. 因此

$$\int_0^4 \frac{x+2}{\sqrt{2x+1}} dx = \int_1^3 \frac{\frac{t^2-1}{2}+2}{t} t dt = \frac{1}{2} \int_1^3 (t^2+3) dt$$

$$= \frac{1}{2} \left(\frac{1}{3} t^3 + 3t \right) \Big|_1^3 = \frac{22}{3}$$

本例中,我们将积分变量由 x 换成了 t,积分上下限也随之进行了转换.

例 3.26   计算 $\int_0^a \sqrt{a^2-x^2} \, dx \; (a>0)$.

解: 令 $x=a\sin t$,则当 $x=0$ 时,$t=0$; 当 $x=a$ 时,$t=\frac{\pi}{2}$,且 $dx = a\cos t dt$. 因此

$$\int_0^a \sqrt{a^2-x^2} \, dx = \int_0^{\frac{\pi}{2}} a\cos t \cdot a\cos t dt = a^2 \int_0^{\frac{\pi}{2}} \cos^2 t \, dt$$

$$= \frac{1}{2} a^2 \int_0^{\frac{\pi}{2}} (1+\cos 2t) \, dt$$

$$= \frac{1}{2} a^2 \left(t + \frac{1}{2} \sin 2t \right) \Big|_0^{\frac{\pi}{2}} = \frac{1}{4} \pi a^2$$

例 3.27   证明:

(1) 若 $f(x)$ 在 $[-a, a]$ 上连续且为偶函数,则 $\int_{-a}^a f(x) dx = 2\int_0^a f(x) dx$;

(2) 若 $f(x)$ 在 $[-a, a]$ 上连续且为奇函数,则 $\int_{-a}^a f(x) dx = 0$.

证明: 因为 $\int_{-a}^a f(x) dx = \int_{-a}^0 f(x) dx + \int_0^a f(x) dx$,而

$$\int_{-a}^0 f(x) dx \xrightarrow{令 x=-t} -\int_a^0 f(-t) dt = \int_0^a f(-t) dt = \int_0^a f(-x) dx$$

所以

$$\int_{-a}^a f(x) dx = \int_0^a f(-x) dx + \int_0^a f(x) dx = \int_0^a [f(-x)+f(x)] dx$$

(1) 因 $f(x)$ 为偶函数,则有 $f(-x)+f(x)=2f(x)$,故

$$\int_{-a}^{a} f(x)\mathrm{d}x = \int_{-a}^{a} 2f(x)\mathrm{d}x = 2\int_{0}^{a} f(x)\mathrm{d}x$$

(2) 因 $f(x)$ 为奇函数,则有 $f(-x)+f(x)=0$,故

$$\int_{-a}^{a} f(x)\mathrm{d}x = \int_{-a}^{a} 0\mathrm{d}x = 0$$

4. 定积分的分部积分法

最后,同不定积分一样,我们也有定积分的分部积分公式.

定理 3.14(定积分的分部积分法) 设函数 $u=u(x)$ 和 $v=v(x)$ 在区间 $[a,b]$ 上具有连续导数 u' 和 v',则有

$$\int_{a}^{b} uv'\mathrm{d}x = (uv)\Big|_{a}^{b} - \int_{a}^{b} u'v\mathrm{d}x \tag{3.24}$$

或简记为

$$\int_{a}^{b} u\mathrm{d}v = (uv)\Big|_{a}^{b} - \int_{a}^{b} v\mathrm{d}u \tag{3.25}$$

例 3.28 计算 $\int_{0}^{\pi} x\cos x\,\mathrm{d}x$.

解: 由定积分的分部积分公式(3.25)可得

$$\int_{0}^{\pi} x\cos x\,\mathrm{d}x = \int_{0}^{\pi} x\,\mathrm{d}\sin x = (x\sin x)\Big|_{0}^{\pi} - \int_{0}^{\pi} \sin x\,\mathrm{d}x = 0 + \cos x\Big|_{0}^{\pi} = -2$$

例 3.29 计算 $\int_{0}^{\frac{1}{2}} \arcsin x\,\mathrm{d}x$.

解: 由定积分分部积分公式(3.25)可得

$$\int_{0}^{\frac{1}{2}} \arcsin x\,\mathrm{d}x = (x\arcsin x)\Big|_{0}^{\frac{1}{2}} - \int_{0}^{\frac{1}{2}} x\,\mathrm{d}\arcsin x = \frac{1}{2}\cdot\frac{\pi}{6} - \int_{0}^{\frac{1}{2}} \frac{x}{\sqrt{1-x^2}}\mathrm{d}x$$

$$= \frac{\pi}{12} + \frac{1}{2}\int_{0}^{\frac{1}{2}} \frac{1}{\sqrt{1-x^2}}\mathrm{d}(1-x^2) = \frac{\pi}{12} + \sqrt{1-x^2}\,\Big|_{0}^{\frac{1}{2}}$$

$$= \frac{\pi}{12} + \frac{\sqrt{3}}{2} - 1$$

在本节中,我们介绍了求解定积分的基本公式——牛顿-莱布尼茨公式,接着简要介绍了定积分的换元法和分部积分法.值得注意的是,定积分的换元法不用反解和代回积分变量,只需要替换相应的积分上下限即可,因而比不定积分少了一步.另外,同不定积分一样,有时在计算一个定积分问题时要多次使用分部积分法,这些需要灵活掌握.

3.2.5　定积分的应用

定积分是一种重要的数学模型,它的思想和方法除了应用于求解变速直线运动的路程和曲边梯形的面积外,也可以用于其他求总量的问题,因而广泛地应用于现代几何学、物理学、工程学、经济学和社会学等领域.定积分中体现的将整体分割、部分近似、求和、再取极限逼近整体的思想常被称为"微元法".下面我们将用微元法来解决一些实际问题.

1. 平面图形的面积

运用定积分的定义,我们已经可以求出由 $y = f(x)$、$x = a$、$x = b$ 与 x 轴所围成的曲边梯形的面积.现在考虑图形有两个曲边的情况.

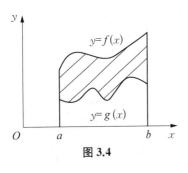

图 3.4

设 $f(x)$,$g(x)$ 都是区间 $[a, b]$ 上的连续函数,且 $f(x) \geqslant g(x)$.那么如何计算由 $y = f(x)$、$y = g(x)$、$x = a$、$x = b$ ($a < b$) 所围成的平面图形(见图 3.4)的面积 A 呢？ 我们可以用两种方法得到这个面积.

方法一:分别记以 $y = f(x)$ 和 $y = g(x)$ 为曲边的曲边梯形的面积为 A_1 和 A_2,那么显然有

$$A = A_1 - A_2 = \int_a^b f(x)\mathrm{d}x - \int_a^b g(x)\mathrm{d}x = \int_a^b [f(x) - g(x)]\mathrm{d}x$$

若称 $f(x)$ 为此图形的上曲边,$g(x)$ 为它的下曲边.那么上式就是上曲边与下曲边的差在区间 $[a, b]$ 上的积分.

方法二:运用微元法的思想.

首先,在区间 $[a, b]$ 内任取一点 x,以及 x 附近一点 $x + \mathrm{d}x$,如图 3.5 所示.那么图中阴影的小矩形面积近似为 $[f(x) - g(x)]\mathrm{d}x$,我们称其为面积

微元,且记作

$$dA = [f(x) - g(x)]dx$$

由定积分的定义可得所求的总面积为

$$A = \int_a^b dA = \int_a^b [f(x) - g(x)]dx$$

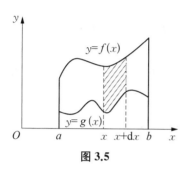

图 3.5

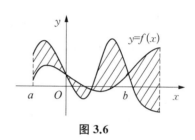

图 3.6

思考: 若上面的问题中没有限制条件 $f(x) \geqslant g(x)$ 时,该如何计算它们所围图形的面积呢?比如图 3.6 所示的情况.

例 3.30 求抛物线 $y = x^2$ 与直线 $x - y + 2 = 0$ 所围平面图形的面积.

解: 可知图形的上曲边为 $y = x + 2$,下曲边为 $y = x^2$,且通过联立曲线方程可得它们交点为 $(2, 4)$ 和 $(-1, 1)$.因此所求的面积为

$$\int_{-1}^2 (x + 2 - x^2)dx = \frac{1}{2}x^2 \Big|_{-1}^2 + 2x \Big|_{-1}^2 - \frac{1}{3}x^3 \Big|_{-1}^2 = \frac{9}{2}$$

一般地,我们都是对 x 积分,但有时为了计算简单,也可以改为对 y 积分.

例 3.31 求抛物线 $x = y^2$ 与直线 $x - 2y - 3 = 0$ 所围平面图形的面积.

解: 由图 3.7 可知,若我们还对 x 积分,那么不得不将图形分为两部分进行计算.如果改为对 y 积分,那么与前面的例子类似,我们可以如下计算.

对 y 积分时,此图形的上曲边为 $x = 2y + 3$,下曲边为 $x = y^2$,通过联立曲线方程得交点为 $(1, -1)$ 和 $(9, 3)$.因此

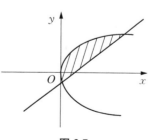

图 3.7

$$\int_{-1}^{3}(2y+3-y^2)\mathrm{d}y = y^2\Big|_{-1}^{3}+3y\Big|_{-1}^{3}-\frac{1}{3}y^3\Big|_{-1}^{3}=\frac{32}{3}$$

2. 旋转体的体积

设函数 $y=f(x)$ 是 $[a,b]$ 上的连续函数,由 $y=f(x)$、$x=a$、$x=b$ $(a<b)$ 和 x 轴构成的曲边梯形绕 x 轴旋转一周所得的空间立体称为旋转体.下面我们采用微元法来计算它的体积.

首先在 $[a,b]$ 内任取一点 x,以及它附近的一个小增量 $\mathrm{d}x$. 过 x 和 $x+\mathrm{d}x$ 分别作 x 轴的垂直平面,如图 3.8 所示,那么这两个垂直面所夹立体的体积近似于以过 x 点的截面为底、$\mathrm{d}x$ 为高的小圆柱体的体积.这个小圆柱体的体积 $\mathrm{d}V$ 称为体积微元,且显然为

$$\mathrm{d}V = \pi f^2(x)\mathrm{d}x$$

因而旋转体的体积为

$$V = \int_a^b \mathrm{d}V = \pi \int_a^b f^2(x)\mathrm{d}x$$

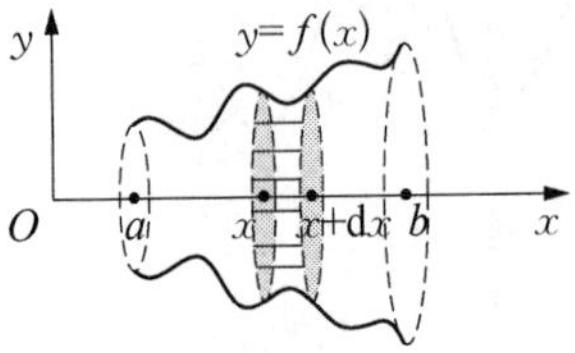

图 3.8

例 3.32   求抛物线 $y=2x^2$,$0\leqslant x\leqslant 1$ 分别绕 x 轴和 y 轴旋转所产生的旋转体(见图 3.9 和图 3.10)的体积.

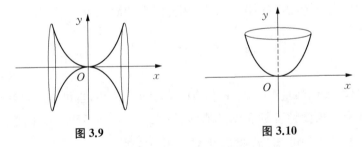

图 3.9   图 3.10

解:记绕 x 轴和 y 轴旋转所产生的旋转体的体积分别为 V_1 和 V_2.对 x 和 y 分别套用旋转体的体积公式,即得

$$V_1 = \pi\int_0^1 y^2\mathrm{d}x = 4\pi\int_0^1 x^4\mathrm{d}x = \frac{4}{5}\pi$$

$$V_2 = \pi\int_0^2 x^2\mathrm{d}y = \pi\int_0^2 \frac{y}{2}\mathrm{d}y = \pi$$

3. 变力做功

设物体在变力 $y=f(x)$ 的作用下,沿 x 轴正向从 a 点移动到 b 点,求它所做的功.运用微元法的思想,我们首先在 $[a,b]$ 内任取两点 x 和 $x+\mathrm{d}x$,则在这一小段上,力 $f(x)$ 所做的微功为

$$\mathrm{d}W=f(x)\mathrm{d}x$$

因而 $f(x)$ 在整个区间上做的功为

$$W=\int_a^b \mathrm{d}W=\int_a^b f(x)\mathrm{d}x$$

例 3.33 在 x 轴的坐标原点处放置一个电量为 q 的正电荷,在由它产生的电场的作用下,一个单位正电荷从 a 点移动到 b 点 $(0<a<b)$,求电场力所做的功 W.

解:由库仑定律可知,x 处的单位正电荷受原点处正电荷 q 产生的电场力的方向为 x 轴正方向,且大小为

$$Q(x)=k\cdot\frac{q\cdot 1}{x^2}=k\cdot\frac{q}{x^2}$$

这显然是一个随电荷位置移动而不断变化的变力.因而由变力做功的公式可得

$$W=\int_a^b Q(x)\mathrm{d}x=\int_a^b k\cdot\frac{q}{x^2}\mathrm{d}x=kq\left(\frac{1}{a}-\frac{1}{b}\right)$$

4. 资本现值和投资

若将本金 S_0 元存入银行,银行的年利率为 r,按照复利计算,存入 T 年后本金和利息之和为 $S_0(1+r)^T$.若我们将计息周期缩短,将一年分为 n 期计息,则在存入 T 年后本金和利息之和为 $S_0\left(1+\dfrac{r}{n}\right)^{nT}$.若进一步将计息周期无限缩短,即令 $n\to\infty$,则在存入 T 年后本金和利息之和为

$$S_T=\lim_{n\to\infty}S_0\left(1+\frac{r}{n}\right)^{nT}=S_0\mathrm{e}^{rT}.$$

这种计息方式称为连续复利.我们称 S_0 在 T 年后的本息之和 $S_T=S_0\mathrm{e}^{rT}$ 为期末价值,而称 S_T 在 T 年前的价值 $S_0=S_T\mathrm{e}^{-rT}$ 为贴现价值.

在实际的投资行为中，资金的流入或流出可能不是一次完成的，有时会在一定的时间周期内连续地变化. 我们称资金随时间的变化率为流量，记为 $f(t)$. 利用微元法的想法，在 $[0, T]$ 内任取两点 t 和 $t + dt$，在这一小段上资金的流入或流出为 $f(t)dt$，其期末价值和贴现价值分别为

$$dS_T = f(t)e^{r(T-t)}dt, \quad dS_0 = f(t)e^{-rt}dt$$

因此，在整个时间区间 $[0, T]$ 上的期末价值和贴现价值分别为

$$S_T = \int_0^T f(t)e^{r(T-t)}dt, \quad S_0 = \int_0^T f(t)e^{-rt}dt$$

例 3.34   一对夫妇准备为孩子存款积攒学费. 设银行存款的年利率为 1.35%，以连续复利计算，这对夫妻在 10 年内连续等额地将资金存入银行.若他们打算 10 年后攒够 8 万元，则他们每年应存入多少钱？

解：设这对夫妻每年应存入 A 元 [即 $f(t) = A$]，他们的存款在 10 年后的期末价值为 8 万元，由公式得

$$\int_0^T A e^{(10-t)\times 1.35\%}dt = 80\,000$$

因为

$$\int_0^{10} A e^{(10-t)\times 1.35\%}dt = A\,\frac{e^{10\times 1.35\%} - 1}{1.35\%}$$

所以

$$A = \frac{80\,000 \times 1.35\%}{e^{10\times 1.35\%} - 1} \approx 7\,472.15$$

习题 3.2

1. 计算下列定积分：

(1) $\int_1^4 \dfrac{2}{x}dx$ (2) $\int_1^2 (2\,e^x + 1)dx$ (3) $\int_0^1 \dfrac{1}{1+x^2}dx$

(4) $\int_0^2 4\sqrt{x}\,dx$ (5) $\int_{-\frac{1}{2}}^{\frac{1}{2}} \dfrac{1}{\sqrt{1-x^2}}dx$ (6) $\int_{-\frac{\pi}{2}}^{\frac{\pi}{2}} x\cos x\,dx$

2. 利用换元积分法计算下列定积分：

(1) $\int_1^5 \dfrac{2}{3+5x}\,\mathrm{d}x$ 　　(2) $\int_1^4 \dfrac{\sqrt{x}}{1+\sqrt{x}}\,\mathrm{d}x$ 　　(3) $\int_0^{\ln 2} \mathrm{e}^x(1+\mathrm{e}^x)\,\mathrm{d}x$

(4) $\int_0^{\frac{\pi}{2}} \sin^3 x\cos x\,\mathrm{d}x$ 　(5) $\int_1^{13} \dfrac{2x}{\sqrt{x+3}}\,\mathrm{d}x$ 　(6) $\int_0^2 \sqrt{4-x^2}\,\mathrm{d}x$

3. 利用分部积分法计算下列定积分：

(1) $\int_1^3 \ln x\,\mathrm{d}x$ 　　(2) $\int_0^2 x\,\mathrm{e}^x\,\mathrm{d}x$ 　　(3) $\int_0^{\frac{\pi}{2}} \mathrm{e}^x\cos x\,\mathrm{d}x$

(4) $\int_1^{\mathrm{e}} x\ln x\,\mathrm{d}x$ 　(5) $\int_0^{\frac{\sqrt{3}}{2}} \arccos x\,\mathrm{d}x$ 　(6) $\int_0^{\frac{\pi}{2}} x^2\cos x\,\mathrm{d}x$

4. 汽车以每小时 36 km 速度行驶,到某处需要减速停车.设汽车以加速度 $a=-4\ \mathrm{m/s}^2$ 刹车,问从开始刹车到停车汽车走了多少距离?

5. 计算由抛物线 $y=\dfrac{1}{2}x^2$ 与直线 $y=x+4$ 所围成的图形的面积.

6. 求椭圆 $\dfrac{x^2}{a^2}+\dfrac{y^2}{b^2}=1$ 绕 x 轴旋转一周所形成的椭球体的体积 V.

阅读材料 C　微积分发展简史(2)

　　积分的思想最初来源于计算几何图形的面积和体积等问题.此类问题的研究至少可以追溯到公元前 5 世纪.古希腊数学家安蒂丰等提出了化圆为方的方法,后经过欧多克索斯的严谨化处理产生了穷竭法.欧几里得(Euclid,公元前330—275)和阿基米德等利用穷竭法计算了一些几何体的体积和面积,阿基米德还利用穷竭法求得 π 的值介于 3.140 8 和 3.142 9 之间.我国魏晋时期的数学家刘徽应用割圆术同样解决了一些几何体的体积和面积,并得到 π 的近似值是3.141 6.随后到南北朝时期,祖冲之将 π 的值精确到 3.141 592 6 和 3.141 592 7之间.这些早期的方法只能应用于较为简单的几何图形,并不具备一般性.

　　进入 17 世纪后,开普勒在《测量酒桶体积的新科学》中认为球的体积是无数个小圆锥的体积和,而小圆锥体积是无数个非常薄的圆盘的体积和,这就暗含了曲边形的体积或面积可以视为无数个无穷小元素之和的理念.伽利略在《两门新科学》中对于面积的想法与开普勒的想法类似,他论证了在匀加速运动的时间-速度图像中,每一个瞬时速度乘以一个无穷小的时间可以得到一个无穷小距离,这些无穷小距离组成了运动的总距离,同时也是曲线下方的面积.此后,许多数学家都对积分的诞生作了早期的探索工作.尽管如此,微积分的普遍性理论仍没有确立.这种情况随着牛顿和莱布尼茨分别创立了微积分理论才得以转变.牛顿和莱布尼茨都意识到积分不仅可以视为一个求和的过程,它还可以视为微分的逆.

微积分创立之后被应用到自然科学的许多方面,但是它的严密性仍然存在问题,因此一直受到很多的批评.欧拉、拉格朗日等人尝试用代数表达式对微积分进行演算,以取代早期微积分以几何为基础的情形,为微积分后续的进一步严密化奠定了基础.柯西在其《无穷小分析教程概论》中对积分做了系统的开创性工作,他将连续函数的定积分定义为和的极限.不仅如此,柯西通过定义变上限积分给出了微积分基本定理的证明,并将函数 $f(x)$ 的不定积分定义为 $\int f(x)\mathrm{d}x = \int_a^x f(x)\mathrm{d}x + C$,式中,$C$ 为任意常数.在此基础上,黎曼将积分的定义推广到有界函数,并给出了关于有界函数在$[a,b]$上可积的充要条件.随后,达布(Darboux,1842—1917)进一步完善了黎曼的理论.

另外,积分的记号 $\int$ 是由莱布尼茨提出的,它是 sum 的首字母 s 的拉长形态,而现代运用的具有积分上下限的定积分符号 $\int_a^b$ 是由傅里叶首次提出的.

数学家介绍

牛顿

牛顿是英国皇家学会会长、英国著名的物理学家、百科全书式的"全才",著有《自然哲学的数学原理》《光学》等.他的研究范围涉及数学、力学、光学、热学、天文学、哲学、经济学等领域.主要成就为提出万有引力定律、牛顿运动定律、与莱布尼茨共同发明微积分、发明反射式望远镜和光的色散原理等,被誉为"近代物理学之父".

著名的英国诗人亚历山大·波普说过这样的一段话:"自然和自然规律隐匿在黑暗之中.上帝说:'让牛顿降生吧!'于是一片光明."

牛顿于 1643 年 1 月 4 日生于林肯郡格兰瑟姆附近的伍尔索普庄园.在牛顿出生前他的父亲就离世了,他的母亲艾斯库是一个勤劳节俭的女当家.牛顿出生三年后,他的母亲嫁给了一个名叫史密斯的牧师.牛顿从母亲第二次婚姻的财产和生父的遗产中得到了大约每年 80 英镑的收入,而当时普通农民的年收入是 12~15 英镑,这使得牛顿幼年的生活相对富足.

幼年时的牛顿并没有在数学上展现出什么天赋,因为身体孱弱,他不能像普通孩子那样进行需要体力的游戏,所以他发明了很多自己的小娱乐,比如自己制作的会工作的水车、木头钟,还有给小女伴的针线盒和玩具等.通过这些娱乐活动,牛顿希望把伙伴们的兴趣转向"更富于理性的"途径.

继父去世后,牛顿的妈妈希望他继承他们的农庄,做一个富裕的农民,但他的舅舅威廉·艾斯库看出了他的才华,说服了他的母亲让他继续读书,并鼓励他上大学.上大学之前的日子里,牛顿曾寄宿在乡村药剂师克拉克家里.在这里他受到了化学试验的熏陶,也和克拉克的女儿斯托里相爱并订了婚.这是牛顿第一个爱过的女性,虽然他对她怀着深厚的情意,但是离别和对工作的日渐专注使得这段姻缘未成,斯托里小姐成了文森特太太,而牛顿终身未婚.

1661 年 6 月 3 日,牛顿进入了剑桥大学的三一学院学习.该学院的教学是基于亚里士多德的学说,但是牛顿却喜欢阅读笛卡尔等现代哲学家以及伽利略、哥白尼和开普勒等天文学家更先进的思想.1665 年,牛顿获得了学位,而大学为了预防伦敦大瘟疫关闭了.此后两年是牛顿学术上的黄金岁月,牛顿在这期间发现了广义二项式定理,并开始发展一套新的数学理论,也就是后来为世人所熟知的微积分学.他还发现了万有引力定律,并通过实验证明了光的色散原理.

1667 年瘟疫结束,牛顿回到了三一学院任研究员.1668 年,牛顿自己动手制作了一台反射式望远镜,用它来观察木星的卫星,目的就是验证万有引力是否是真正普遍的规律.牛顿的工作深得他的老师巴罗博士(Barrow,1630—1677)的赏识.巴罗博士是一位神学家和数学家,虽然他自己才华横溢,但他认为他的学生更加无与伦比.1669 年,他辞去了卢卡斯数学讲座的教授职位,推荐牛顿继任,当时巴罗不过 39 岁,而牛顿只有 26 岁.1672 年,牛顿被选入皇家学会,为此他提交了关于望远镜的工作和光的微粒说报告.但由于他的主张与惠更斯和胡克不同,后两者认为光是波动的,从而引发了他们之间剧烈的争吵."假如我看得比较远,那是因为我是站在你们这些巨人的肩膀上",牛顿这句著名的话就是出自他们一次争吵的信函中.虽然在 1676 年 4 月 27 日的皇家学会会议上,胡克重复了牛顿的关键性实验,但两人结了仇.在不断的争吵中,牛顿将自己的研究成果深深地埋藏了起来,以至于很多研究成果很晚才发表出来.《自然哲学之数学原理》基本上是在哈雷巧妙的耐心和诱哄下完成的,牛顿为此付出了艰辛的努力,常常忘记睡眠和吃饭,最终这本著作于 1687 年发表.1704 年,即胡克去世的一年后,牛顿才发表了他另一重要的著作《光学》.1689 年,他被推选为国会议员,直到 1690 年 2 月国会解散.1699 年,牛顿成为造币局局长,他负责改革币制,成了造币局曾经有过的最好的局长.1701—1702 年,牛顿再次代表剑桥大学出席国会,1703 年,他当选为皇家学会的主席.他后来一再当选这一可敬的职位,直到 1727 年逝世.在他生命的后 20 年中,牛顿沉溺于神学和炼金术,这与他牧师的家庭背景有关,也与当时的时代背景有关.事实上,炼金术就是当时的化学,现代化学也正产生于此.

回顾自己的一生,牛顿说:"我不知道世人会怎样看我,但是在我自己看来,我不过是一个在海边玩耍的孩子,不时找到比较光滑的小石子、比较美丽的贝壳,而真理的大海在我面前还没有完全展开".

莱布尼茨

莱布尼茨是德国哲学家、数学家,历史上少见的通才,被誉为 17 世纪的亚里士多德.他的研究范围包括政治学、法学、伦理学、神学、哲学、历史学、语言学等领域.他的主要成就体现在数学上,他和牛顿先后独立地创立了微积分理论,尤其是他发明的微积分数学符号被广泛地使用,与此同时,他也促进了二进制的发展.另外,他和笛卡尔、斯宾诺莎被认为是 17 世纪三位最伟大的理性主义哲学家.

1646 年 7 月 1 日,莱布尼茨出生于神圣罗马帝国的莱比锡,祖上三代都曾在萨克森政府供职.莱布尼茨的父亲是莱比锡大学的伦理学教授,在莱布尼茨 6 岁时去世,留下了一个私人图书馆.莱布尼茨 8 岁时自学拉丁文,12 岁就掌握了拉丁文,并能用拉丁文写诗,然后他又自学了希腊文.15 岁时,他进入莱比锡大学学习法律,17 岁时以极其优秀的论文取得了学士学位.1666 年,他已经为取得法律博士学位做了充分的准备,但莱比锡大学的教师们认为他太年轻而拒绝授予他学位,这使得他远离家乡来到了纽伦堡的 Altdorf 大学分校.在这里他完成了讲授法律的新方法的论文,这使得他立刻被授予了博士学位,并被邀请成为该大学的法学教授.但因他关于重新编辑法典的论文受到了美因茨选帝侯的注意,最终他拒绝了 Altdorf 大学的职位,成了一家公司的法律顾问和为美因茨选帝侯服务的一流的外交官.

1666 年,莱布尼茨写了《论组合的技巧》,他希望能创造出一种普适的符号系统,使得大量的人类推理可以被归约为某类运算,而这种运算可以解决看法上的差异.虽然这只是他的未能实现的梦想,但他对此所做的研究却大大发展了符号逻辑学,使他成为近代逻辑学的先驱和创始人.

26 岁之前的莱布尼茨对那个时代的现代数学一无所知,直到 1672 年,他在一次外交阴谋的空余中碰到了惠更斯(Huygens,1629—1695).惠更斯是一名物理学家,同时也是一个很有才能的数学家,他是钟摆理论和光的波动学说的创立者.惠更斯送了一份自己关于钟摆的数学著作给莱布尼茨,而这完全迷住了莱布尼茨,他请求惠更斯给他上课.1673 年 1 月到 3 月,莱布尼茨作为选帝侯的随员去了伦敦,在这期间,他从英国数学家那里知道了无穷级数.参加皇家学会会议时,他展示了自己设计的计算器(可以计算加减乘除和开方)以及其他一些工作,这使得他在 3 月回巴黎之前被选为皇家学会外籍会员.1700年,他和牛顿成为法兰西科学院的第一批外籍院士.回到巴黎后,在惠更斯的鼓励下,莱布尼茨把所有的空暇时间都用在了数学研究上.

在 1676 年莱布尼茨离开巴黎去汉诺威为不伦瑞克-吕纳堡公爵服务之前,他已经完成了其研究生涯中主要的数学发现.最重要的当然是微积分学,他已经发现了微积分学的基本定理和一些基本的微分学公式.1684 年,他发表了第一篇微分论文,定义了微分概念,采用了微分符号 $\mathrm{d}x$ 和 $\mathrm{d}y$.1686 年,他又发表了积分论文,讨论了微分与积分,使用了积分符号 $\int$.依据莱布尼茨的笔记本,1675 年 11 月 11 日他便已完成了一套完整的微分学理论框架.莱布尼茨与牛顿谁先发明微积分的争论曾经是数学界最大的公案,他们各自的"朋友们"使得原本很要好的两人卷入了争吵.由于对牛顿的盲目崇拜,英国学者长期固守于牛顿的流数术,只用牛顿的流数符号,不屑于采用莱布尼茨更优越的符号,以致英国的数学脱离了数学发展的时代潮流.不过莱布尼茨对牛顿的评价非常高,在 1701 年柏林宫廷的一次宴会上,普鲁士国王腓特烈询问莱布尼茨对牛顿的看法,莱布尼茨说道:"在从世界开始到牛顿生活的时代的全部数学中,牛顿的工作超过了一半".牛顿在 1687 年的《自然哲学的数学原理》中也写道:"十年前在我和最杰出的几何学家莱布尼茨的通信中,我表明我已经知道确定极大值和极小值的方法、作切线的方法以及类似的方法,但我在交换的信件中隐瞒了这方法……这位最卓越的科学家在回信中写到,他也发现了一种同样的方法.他叙述了他的方法,它与我的方法几乎没有什么不同,除了他的措辞和符号以外."但在第三版及以后再版时,这段话被删掉了.因此,后来人们公认牛顿和莱布尼茨是各自独立地创建微积分的.牛顿从物理学出发,运用集合方法研究微积分,其应用上更多地结合了运动学,造诣高于莱布尼茨;莱布尼茨则从几何问题出发,运用分析学方法引进微积分概念、得出运算法则,其数学的严密性与系统性是牛顿所不及的.另外莱布尼茨认识到好的数学符号能节省思维劳动,运用符号的技巧是数学成功的关键之一.因此,他所创设的微积分符号远远优于牛顿的符号,这对微积分的发展有极大影响.1714—1716年间,莱布尼茨起草了《微积分的历史和起源》一文(本文直到 1846 年才被发表),总结了自己创立微积分学的思路,说明了自己成就的独立性.莱布尼茨的另一个数学成就是发明了二进制,即用数 0 表示空位,数 1 表示实位,从而所有的自然数都可以用这两个数的字符串来表示.后来莱布尼茨从传教士手中看到了我国三千年前创造的《周易》八卦,认为六十四卦里就藏匿了二进制的奥秘.不过二进制可以进行四则运算,也可与其他进制换算,而阴阳八卦却不行,所以它们仅仅是表面上相似而已,本质并不相同.

　　莱布尼茨是个多才多艺的人,除了前面谈到的数学、逻辑学、语言学以外,他广博的才能还影响到地质学、植物学、法学、历史学、神学等多个领域,他甚至对古代中国的历史和宗教也有着深刻的研究,可以说他是第一个(先于伏尔泰)对中国文化真正感兴趣的西方大思想家.莱布尼茨一生余下的 40 年是在为不伦瑞克家族的毫无价值的服务中度过的.在他雇主反复无常的吩咐下,他乘坐着破旧的四轮马车在欧洲崎岖的山路上奔波,终生未婚.在这些马车上,他完成了他的大部分著作.他的手稿有各种尺寸和纸张,有一部分出版了,绝大部分至今仍成捆地躺在皇家汉诺威图书馆里.

　　莱布尼茨作为一个外交官、历史学家、哲学家和数学家,在每一个领域中都完成了足够一个普通人干一辈子的事情.1716 年 11 月 14 日,莱布尼茨病逝于汉诺威,享年 70 岁.

第4章 线性代数初步

在自然科学中,我们往往需要研究由多个量所共同影响的问题,有时候量与量之间的关系非常复杂.而在各种关系之中,线性关系是最为简单和基本的一种数学关系.也正是因为它的简单和基本,所以才特别有应用价值.因此在实际生活中为了便于研究和应用,我们往往会将一些非线性的问题,转化为线性的问题,而这就是线性化的过程.例如我们之前学习过的微分就可以理解为"函数在局部的线性化".线性代数就是一门研究变量间线性关系的数学学科,如今线性代数在自然学科、工程技术和社会科学中都有着广泛的应用.

历史上线性代数起源于线性方程组的求解,而线性方程组理论的发展又促成了作为工具的矩阵论和行列式理论的创立与发展.所谓"线性方程"就是方程中每一个未知量均为一次的方程,我们在中学数学里学的一元一次方程和二元一次方程都属于线性方程.

本章将介绍线性代数的基础知识,包括线性方程组的求解、行列式和矩阵等内容.

4.1 线性方程组的解法

在中学阶段我们已经学习过一些求解线性方程组的方法.在本节中我们将给出两种十分重要的解法,它们与后续的内容都有着十分紧密的联系.

4.1.1 克拉默法则

我们知道,一元二次方程 $ax^2 + bx + c = 0$ $(a \neq 0)$ 有求根公式 $x = \dfrac{-b \pm \sqrt{b^2 - 4ac}}{2a}$. 那么对于形如 $\begin{cases} ax + by = c \\ dx + ey = f \end{cases}$ 的二元一次方程组,它有公式解吗?

为了便于讨论,进而再推广到更为一般的情况,我们讨论形如

$$\begin{cases} a_{11}x_1 + a_{12}x_2 = b_1 \\ a_{21}x_1 + a_{22}x_2 = b_2 \end{cases} \tag{4.1}$$

的二元一次方程组.这里的未知数用带下标的 x 来表示,未知数的系数用带两个下标的 a 来表示,第一个下标对应方程的次序,第二个下标对应未知数的次序,常数用带下标的 b 来表示.

要解这个方程组并不困难,用代入消元法或加减消元法便可求出这个方程组的解.这里用加减消元法求解这个方程组.

首先消去 x_2:用 a_{22},$-a_{12}$ 分别乘方程组(4.1)的第一个方程和第二个方程后,再将两方程相加得

$$(a_{11}a_{22} - a_{12}a_{21})x_1 = b_1a_{22} - a_{12}b_2$$

用同样的方法消去 x_1 可得

$$(a_{11}a_{22} - a_{12}a_{21})x_2 = a_{11}b_2 - b_1a_{21}$$

因此,当 $a_{11}a_{22} - a_{12}a_{21} \neq 0$ 时,则有

$$x_1 = \frac{b_1a_{22} - a_{12}b_2}{a_{11}a_{22} - a_{12}a_{21}}, \ x_2 = \frac{a_{11}b_2 - b_1a_{21}}{a_{11}a_{22} - a_{12}a_{21}} \tag{4.2}$$

可以看到在式(4.2)中,未知数 x_1,x_2 完全由它们的系数和常数项决定,而该式便是方程组(4.1)的求解公式.但由于它应用时较为不便且难于记忆,因此引入符号 $\begin{vmatrix} a_{11} & a_{12} \\ a_{21} & a_{22} \end{vmatrix}$ 来表示 $a_{11}a_{22} - a_{12}a_{21}$,我们称之为二阶行列式.

二阶行列式中的数称为行列式的元素,按照它们在方程组(4.1)中的顺序排成两行(横)两列(竖),横排的元素构成行列式的行,竖排的元素构成行列式的列.

根据上述定义方式, $b_1 a_{22} - a_{12} b_2$ 和 $a_{11} b_2 - b_1 a_{21}$ 分别可以写成 $\begin{vmatrix} b_1 & a_{12} \\ b_2 & a_{22} \end{vmatrix}$

和 $\begin{vmatrix} a_{11} & b_1 \\ a_{21} & b_2 \end{vmatrix}$. 这样方程组(4.1)的解可以写成

$$x_1 = \frac{\begin{vmatrix} b_1 & a_{12} \\ b_2 & a_{22} \end{vmatrix}}{\begin{vmatrix} a_{11} & a_{12} \\ a_{21} & a_{22} \end{vmatrix}}, \; x_2 = \frac{\begin{vmatrix} a_{11} & b_1 \\ a_{21} & b_2 \end{vmatrix}}{\begin{vmatrix} a_{11} & a_{12} \\ a_{21} & a_{22} \end{vmatrix}} \tag{4.3}$$

可以看到作为分母的二阶行列式由未知数的四个系数按原来的位置关系构成,我们把这个行列式称为系数行列式,记作 D.而式(4.3)中的两个分子则是将 D 的第 1 列、第 2 列分别换成方程组(4.1)中对应的常数项.这样的标记方法比式(4.2)要容易记忆一些.

由此我们可知,当二元一次线性方程组(4.1)的系数行列式 D 不为零时,其解可改写为

$$x_1 = \frac{D_1}{D}, \; x_2 = \frac{D_2}{D} \tag{4.4}$$

式(4.2)或式(4.4)称为方程组(4.1)的公式解.

例 4.1　解方程组 $\begin{cases} 3x_1 - 4x_2 = -6 \\ 5x_1 + x_2 = 13 \end{cases}$.

解: 方程组的系数行列式 D 为

$$D = \begin{vmatrix} 3 & -4 \\ 5 & 1 \end{vmatrix} = 3 \times 1 - (-4) \times 5 = 23$$

另外两个行列式为

$$D_1 = \begin{vmatrix} -6 & -4 \\ 13 & 1 \end{vmatrix} = 46, \; D_2 = \begin{vmatrix} 3 & -6 \\ 5 & 13 \end{vmatrix} = 69$$

由式(4.4),解得

$$x_1 = \frac{D_1}{D} = 2, \; x_2 = \frac{D_2}{D} = 3$$

对于三元线性方程组

$$\begin{cases} a_{11}x_1 + a_{12}x_2 + a_{13}x_3 = b_1 \\ a_{21}x_1 + a_{22}x_2 + a_{23}x_3 = b_2 \\ a_{31}x_1 + a_{32}x_2 + a_{33}x_3 = b_3 \end{cases} \tag{4.5}$$

采用与二元线性方程组同样的方法,可以推导得到方程组的公式解.

这里我们定义三阶行列式

$$\begin{vmatrix} a_{11} & a_{12} & a_{13} \\ a_{21} & a_{22} & a_{23} \\ a_{31} & a_{32} & a_{33} \end{vmatrix} = a_{11}a_{22}a_{33} + a_{12}a_{23}a_{31} + a_{13}a_{21}a_{32} \\ - a_{11}a_{23}a_{32} - a_{12}a_{21}a_{33} - a_{13}a_{22}a_{31} \tag{4.6}$$

记作 D.该三阶行列式中的 9 个数同样由三元线性方程组的系数按原来的位置排列而成,我们称之为该方程组的系数行列式.而将式(4.6)中的第 1 列、第 2 列、第 3 列(左边起)分别换成三元线性方程组中对应的常数项,所得到的三个三阶行列式分别记为 D_1,D_2,D_3.

可以证明当 $D \neq 0$ 时,方程组(4.5)有唯一解

$$x_1 = \frac{D_1}{D}, \ x_2 = \frac{D_2}{D}, \ x_3 = \frac{D_3}{D} \tag{4.7}$$

至此我们便会自然地想到,是否能够将式(4.3)和式(4.7)这样的线性方程组的公式解推广到一般的 n 元线性方程组呢？答案是肯定的,我们不妨来看这样一个 n 元线性方程组

$$\begin{cases} a_{11}x_1 + a_{12}x_2 + a_{13}x_3 + \cdots + a_{1n}x_n = b_1 \\ a_{21}x_1 + a_{22}x_2 + a_{23}x_3 + \cdots + a_{2n}x_n = b_2 \\ \cdots\cdots \\ a_{n1}x_1 + a_{n2}x_2 + a_{n3}x_3 + \cdots + a_{nn}x_n = b_n \end{cases} \tag{4.8}$$

仿照前面的二元、三元线性方程组,从形式上写出方程组的系数行列式 D 以及 D_1,D_2,$\cdots$,D_n.

$$D = \begin{vmatrix} a_{11} & a_{12} & a_{13} & \cdots & a_{1n} \\ a_{21} & a_{22} & a_{23} & \cdots & a_{2n} \\ \vdots & \vdots & \vdots & & \vdots \\ a_{n1} & a_{n2} & a_{n3} & \cdots & a_{nn} \end{vmatrix}, \ D_1 = \begin{vmatrix} b_1 & a_{12} & a_{13} & \cdots & a_{1n} \\ b_2 & a_{22} & a_{23} & \cdots & a_{2n} \\ \vdots & \vdots & \vdots & & \vdots \\ b_n & a_{n2} & a_{n3} & \cdots & a_{nn} \end{vmatrix},$$

$$D_2 = \begin{vmatrix} a_{11} & b_1 & a_{13} & \cdots & a_{1n} \\ a_{21} & b_2 & a_{23} & \cdots & a_{2n} \\ \vdots & \vdots & \vdots & & \vdots \\ a_{n1} & b_n & a_{n3} & \cdots & a_{nn} \end{vmatrix}, \cdots, D_n = \begin{vmatrix} a_{11} & a_{12} & a_{13} & \cdots & b_1 \\ a_{21} & a_{22} & a_{23} & \cdots & b_2 \\ \vdots & \vdots & \vdots & & \vdots \\ a_{n1} & a_{n2} & a_{n3} & \cdots & b_n \end{vmatrix}$$

而这 $n+1$ 个行列式都是 n 阶行列式,每一个行列式都表示一个数(计算方法将在 4.2 节中进行详细说明).

有了这些准备工作,便可以陈述用于求解 n 元线性方程组的克拉默法则,即当系数行列式 $D \neq 0$ 时,方程组(4.8)的解为

$$x_1 = \frac{D_1}{D}, \ x_2 = \frac{D_2}{D}, \ x_3 = \frac{D_3}{D}, \ \cdots, \ x_n = \frac{D_n}{D}$$

在这里,我们只是从形式上对三元以上的线性方程组给出了公式解,但要真正用克拉默法则来实际算出线性方程组的解,还需讨论三阶以上行列式的计算问题,此问题留待 4.2 节中解决.

4.1.2　消元法

4.1.1 节从形式上给出了克拉默法则,这个法则在理论上很完善,但也有如下局限性:

(1) 当未知数个数与方程个数不等时无法使用,而这类方程在实际应用中占大多数;

(2) 当未知数个数与方程个数相等,而系数行列式 $D = 0$ 时,我们也不能用这个法则求线性方程组的解;

(3) 在 4.2 节中我们将看到,即使能用克拉默法则求解方程组,也较为不便.因为随着未知数个数的增加,$n+1$ 个 n 阶行列式的计算量很大,所以一般也不用克拉默法则求解方程组.

实际应用中,一般采用高斯消元法求解任意多个未知数的线性方程组.这种方法的基本思想是自上而下依次减少方程组中各方程中未知数的个数,使原方程组变成阶梯形,来看下面的例子.

例 4.2　用消元法解线性方程组

$$\begin{cases} 3x_1 + 2x_2 - x_3 = -1 & ① \\ -2x_1 + 3x_2 + x_3 = -3 & ② \\ x_1 - 2x_2 + 3x_3 = \ 9 & ③ \end{cases}$$

解: 这个方程组当然可以利用克拉默法则进行求解,但在这里将采用消元法求解.先将方程组中第①个方程和第③个方程交换位置,变成

$$\begin{cases} x_1 - 2x_2 + 3x_3 = \ 9 & ③ \\ -2x_1 + 3x_2 + x_3 = -3 & ② \\ 3x_1 + 2x_2 - x_3 = -1 & ① \end{cases}$$

这样做的目的是将 x_1 的系数为1的方程交换至最上面,方便后面的计算.

接着将③式乘 2 加到②式中(可简单地记为③×2+②),再将③式乘 (-3) 加到①式中[简单地记为③×(-3)+①],得到下面的同解方程组

$$\begin{cases} x_1 - 2x_2 + 3x_3 = \ 9 & ③ \\ -x_2 + 7x_3 = \ 15 & ④ \\ 8x_2 - 10x_3 = -28 & ⑤ \end{cases}$$

将④式乘(-1)[简单地记为④×(-1)],得到

$$\begin{cases} x_1 - 2x_2 + 3x_3 = \ 9 & ③ \\ x_2 - 7x_3 = -15 & ⑥ \\ 8x_2 - 10x_3 = -28 & ⑤ \end{cases}$$

再将⑥式乘(-8)加到⑤式[简单地记为⑥×(-8)+⑤],得同解方程组

$$\begin{cases} x_1 - 2x_2 + 3x_3 = \ 9 & ③ \\ x_2 - 7x_3 = -15 & ⑥ \\ 46x_3 = \ 92 & ⑦ \end{cases}$$

将⑦式两边同乘 $\dfrac{1}{46}$,得同解方程组

$$\begin{cases} x_1 - 2x_2 + 3x_3 = \ 9 & ③ \\ x_2 - 7x_3 = -15 & ⑥ \\ x_3 = \ 2 & ⑧ \end{cases}$$

上述过程是一个逐步消去未知数的过程,其中采用了以下三种操作:

　　(1) 在一个方程的两端乘一个非零常数；

　　(2) 交换两个方程的位置；

　　(3) 将一个方程的两端乘以一个数加到另一个方程的两端.

　　不难发现,这三种操作都不会改变方程组的解,因此我们将其称为方程组的同解变换.实行这三种操作的过程实际上就是对一个线性方程组施以一系列的同解变换的过程,其目标就是将原始方程组变成阶梯形式,然后自下往上逐个求出未知量：将 $x_3 = 2$ 代入⑥式解出 $x_2 = -1$,再将 x_3、x_2 的值代入③式,解得 $x_1 = 1.$

　　于是我们得到原方程组的解为

$$x_1 = 1,\ x_2 = -1,\ x_3 = 2$$

也可以将解写为 $(x_1,\ x_2,\ x_3) = (1,\ -1,\ 2).$

习题 4.1

1. 用克拉默法则求解下列二元线性方程组：

(1) $\begin{cases} x_1 + 2x_2 = -4 \\ 3x_1 - 2x_2 = 12 \end{cases}$ 　　　　(2) $\begin{cases} 2x_1 - 3x_2 = 10 \\ 5x_1 + 4x_2 = 2 \end{cases}$

2. 用消元法求解下列线性方程组：

(1) $\begin{cases} x_1 + x_2 + x_3 = 6 \\ 2x_1 + 3x_2 - x_3 = 5 \\ 4x_1 + 9x_2 + x_3 = 25 \end{cases}$ 　　(2) $\begin{cases} 4x_2 + 12x_3 = 10 \\ x_1 + 2x_2 + 5x_3 = 3 \\ x_1 + 2x_2 + 3x_3 = -2 \end{cases}$

4.2　行列式的性质和计算

4.2.1　行列式的意义

　　在 4.1.1 节中,我们从形式上给出了 n 阶行列式的概念,但尚未提及三阶以上行列式的计算问题,本节中将对此进行讨论.

　　对于三阶行列式,式(4.6)实际上给出了一种计算方法,其中两项含有 a_{11},两项含有 a_{12},两项含有 a_{13},将这 6 个项进行重新组合,可得

$$\begin{vmatrix} a_{11} & a_{12} & a_{13} \\ a_{21} & a_{22} & a_{23} \\ a_{31} & a_{32} & a_{33} \end{vmatrix} = a_{11}(a_{22}a_{33} - a_{23}a_{32}) + a_{12}(a_{23}a_{31} - a_{21}a_{33}) \\ + a_{13}(a_{21}a_{32} - a_{22}a_{31}) \tag{4.9}$$

如果将式(4.9)右边的三个括号中的表达式改为二阶行列式,我们就可以得到

$$\begin{vmatrix} a_{11} & a_{12} & a_{13} \\ a_{21} & a_{22} & a_{23} \\ a_{31} & a_{32} & a_{33} \end{vmatrix} = a_{11}\begin{vmatrix} a_{22} & a_{23} \\ a_{32} & a_{33} \end{vmatrix} - a_{12}\begin{vmatrix} a_{21} & a_{23} \\ a_{31} & a_{33} \end{vmatrix} + a_{13}\begin{vmatrix} a_{21} & a_{22} \\ a_{31} & a_{32} \end{vmatrix}$$

$$\tag{4.10}$$

这里 a_{11}, a_{12}, a_{13} 均为第一行中的元素,而 a_{11} 之后的二阶行列式是原三阶行列式中 9 个数分别去掉 a_{11} 所在行与所在列中的元素后,剩下的四个元素按原来的位置关系构成的二阶行列式, a_{12}, a_{13} 后的二阶行列式也同样构成.这说明三阶行列式可用二阶行列式来表示.仿照式(4.10),我们引入 n 阶行列式的概念.

定义 4.1 将由 n^2 个数 $a_{ij}(i=1, 2, \cdots, n; j=1, 2, \cdots, n)$ 构成的 n 阶行列式

$$\begin{vmatrix} a_{11} & a_{12} & \cdots & a_{1n} \\ a_{21} & a_{22} & \cdots & a_{2n} \\ \vdots & \vdots & & \vdots \\ a_{n1} & a_{n2} & \cdots & a_{nn} \end{vmatrix}$$

记做 D,它表示这样一个数:当 $n=1$ 时, $D=|a_{11}|=a_{11}$;
当 $n>1$ 时,

$$D = a_{11}\begin{vmatrix} a_{22} & a_{23} & \cdots & a_{2n} \\ a_{32} & a_{33} & \cdots & a_{3n} \\ \vdots & \vdots & & \vdots \\ a_{n2} & a_{n3} & \cdots & a_{nn} \end{vmatrix} - a_{12}\begin{vmatrix} a_{21} & a_{23} & \cdots & a_{2n} \\ a_{31} & a_{33} & \cdots & a_{3n} \\ \vdots & \vdots & & \vdots \\ a_{n1} & a_{n3} & \cdots & a_{nn} \end{vmatrix} \tag{4.11}$$

$$+ \cdots + (-1)^{n+1}a_{1n}\begin{vmatrix} a_{21} & a_{22} & \cdots & a_{2, n-1} \\ a_{32} & a_{32} & \cdots & a_{3, n-1} \\ \vdots & \vdots & & \vdots \\ a_{n1} & a_{n2} & \cdots & a_{n, n-1} \end{vmatrix}$$

即 D 是第一行各元素与其对应的 $n-1$ 阶行列式乘积的代数和,其中与 a_{1j} 对应的 $n-1$ 阶行列式,是 D 中划去 a_{1j} 所在的行和列后余下的元素按原来位置顺序组成的,且在代数和中带有符号 $(-1)^{1+j}$.

上述定义是一种递推定义,从一阶行列式出发,根据式(4.11)所规定的递推关系依次可以确定二阶、三阶直至 n 阶行列式的计算方法.

例 4.3 根据行列式的定义计算 $\begin{vmatrix} a_{11} & 0 & 0 & 0 \\ a_{21} & a_{22} & 0 & 0 \\ a_{31} & a_{32} & a_{33} & 0 \\ a_{41} & a_{42} & a_{43} & a_{44} \end{vmatrix}$.

解: 根据定义,有

$$\begin{vmatrix} a_{11} & 0 & 0 & 0 \\ a_{21} & a_{22} & 0 & 0 \\ a_{31} & a_{32} & a_{33} & 0 \\ a_{41} & a_{42} & a_{43} & a_{44} \end{vmatrix} = a_{11} \begin{vmatrix} a_{22} & 0 & 0 \\ a_{32} & a_{33} & 0 \\ a_{42} & a_{43} & a_{44} \end{vmatrix} + 0 + 0 + 0$$

$$= a_{11}a_{22} \begin{vmatrix} a_{33} & 0 \\ a_{43} & a_{44} \end{vmatrix} + 0 + 0$$

$$= a_{11}a_{22}a_{33}a_{44}$$

这是一个特殊的四阶行列式,a_{11},a_{22},a_{33},a_{44} 所在的对角线(称为主对角线)上方元素全为零,我们称这样的行列式为下三角形行列式.这个例子说明,下三角形行列式的值等于其主对角线上元素的乘积.

同样我们可以定义上三角形行列式为主对角线下方元素全为零的行列式.对于上三角形行列式,容易知道其值也等于主对角线上元素的乘积.

需要指出的是,本节开头将式(4.6)中的六个项按照三阶行列第一行中的三个数进行组合,得到如式(4.10)所示的三阶行列式的一种展开方式,实际上我们在对式(4.6)中的六个项进行组合时,可以按照三阶行列式的任一行或任一列中的三个数进行组合,得到类似于式(4.10)那样按任一行或任一列的展开式.同样地,对于一般的 n 阶行列式,我们也可按照定义 4.1 的方式,按任一行或任一列展开为 n 个 $n-1$ 阶行列式的组合.

4.2.2 行列式的性质和计算

如果按照上一节中行列式的递推定义去计算 n 阶行列式,计算量会非常大.但同时我们也看到上(下)三角形行列式的计算相当方便,这启发我们是否可以对行列式进行某些操作,将其化成像上(下)三角形行列式那样易于计算的特殊行列式.

本节中我们将给出行列式的一系列性质,这些性质将能帮助我们化简行列式的计算.这里我们仅列举性质,省略证明.

性质 4.1 行列互换,行列式的值不变,即

$$
\begin{vmatrix}
a_{11} & a_{12} & \cdots & a_{1n} \\
a_{21} & a_{22} & \cdots & a_{2n} \\
\vdots & \vdots & & \vdots \\
a_{n1} & a_{n2} & \cdots & a_{nn}
\end{vmatrix}
=
\begin{vmatrix}
a_{11} & a_{21} & \cdots & a_{n1} \\
a_{12} & a_{22} & \cdots & a_{n2} \\
\vdots & \vdots & & \vdots \\
a_{1n} & a_{2n} & \cdots & a_{nn}
\end{vmatrix}
$$

等式左右两边的行列式的行与列进行了互换,即左边的行变成了右边相应的列,左边的列变成了右边相应的行.我们称右边的行列式为左边行列式的转置行列式,反过来左边的行列式也是右边行列式的转置行列式.

正是由于性质 4.1 的保证,行列式中行与列具有同等的地位,因此凡是对行列式的"行"成立的性质,对"列"也同样成立,反之亦然.

性质 4.2 行列式的某一行乘以数 k,等于用数 k 乘该行列式,即

$$
\begin{vmatrix}
a_{11} & a_{12} & \cdots & a_{1n} \\
\vdots & \vdots & & \vdots \\
ka_{i1} & ka_{i2} & \cdots & ka_{in} \\
\vdots & \vdots & & \vdots \\
a_{n1} & a_{n2} & \cdots & a_{nn}
\end{vmatrix}
= k
\begin{vmatrix}
a_{11} & a_{12} & \cdots & a_{1n} \\
\vdots & \vdots & & \vdots \\
a_{i1} & a_{i2} & \cdots & a_{in} \\
\vdots & \vdots & & \vdots \\
a_{n1} & a_{n2} & \cdots & a_{nn}
\end{vmatrix}.
$$

换种说法,行列式的某一行各元素的公共因子可以提取到行列式的"外面".利用性质 4.2,我们容易得到下面的推论.

推论 4.1 若行列式中某一行的所有元素均为零,则该行列式为零.

性质 4.3 若行列式的某一行的元素都是两项之和,即对某个 i,有 $a_{ij} =$

$b_{ij}+c_{ij}(j=1,2,\cdots,n)$，则此行列式等于拆分这一行所得到的两个行列式之和，即

$$
\begin{vmatrix}
a_{11} & a_{12} & \cdots & a_{1n} \\
\vdots & \vdots & & \vdots \\
a_{i1} & a_{i2} & \cdots & a_{in} \\
\vdots & \vdots & & \vdots \\
a_{n1} & a_{n2} & \cdots & a_{nn}
\end{vmatrix}
=
\begin{vmatrix}
a_{11} & a_{12} & \cdots & a_{1n} \\
\vdots & \vdots & & \vdots \\
b_{i1} & b_{i2} & \cdots & b_{in} \\
\vdots & \vdots & & \vdots \\
a_{n1} & a_{n2} & \cdots & a_{nn}
\end{vmatrix}
+
\begin{vmatrix}
a_{11} & a_{12} & \cdots & a_{1n} \\
\vdots & \vdots & & \vdots \\
c_{i1} & c_{i2} & \cdots & c_{in} \\
\vdots & \vdots & & \vdots \\
a_{n1} & a_{n2} & \cdots & a_{nn}
\end{vmatrix}.
$$

利用性质 4.2 和性质 4.3，我们可以得出性质 4.4.

性质 4.4　把行列式某一行各元素的 k 倍加到另外一行的对应元素上去，行列式的值不变，即

$$
\begin{array}{r}
\\
\\
\text{第 } i \text{ 行} \\
\\
\text{第 } j \text{ 行} \\
\\
\\
\end{array}
\begin{vmatrix}
a_{11} & a_{12} & \cdots & a_{1n} \\
\vdots & \vdots & & \vdots \\
a_{i1} & a_{i2} & \cdots & a_{in} \\
\vdots & \vdots & & \vdots \\
ka_{i1}+a_{j1} & ka_{i2}+a_{j2} & \cdots & ka_{in}+a_{jn} \\
\vdots & \vdots & & \vdots \\
a_{n1} & a_{n2} & \cdots & a_{nn}
\end{vmatrix}
=
\begin{vmatrix}
a_{11} & a_{12} & \cdots & a_{1n} \\
\vdots & \vdots & & \vdots \\
a_{i1} & a_{i2} & \cdots & a_{in} \\
\vdots & \vdots & & \vdots \\
a_{j1} & a_{j2} & \cdots & a_{jn} \\
\vdots & \vdots & & \vdots \\
a_{n1} & a_{n2} & \cdots & a_{nn}
\end{vmatrix}
\begin{array}{l}
\\
\\
\text{第 } i \text{ 行} \\
\\
\text{第 } j \text{ 行} \\
\\
\\
\end{array}
$$

利用性质 4.4 和推论 4.1，可以推得以下的推论.

推论 4.2　若行列式有两行对应元素成比例，则该行列式为零.

性质 4.5　交换行列式的任意两行，行列式改变符号，即

$$
\begin{array}{r}
\\
\\
\text{第 } i \text{ 行} \\
\\
\text{第 } j \text{ 行} \\
\\
\\
\end{array}
\begin{vmatrix}
a_{11} & a_{12} & \cdots & a_{1n} \\
\vdots & \vdots & & \vdots \\
a_{j1} & a_{j2} & \cdots & a_{jn} \\
\vdots & \vdots & & \vdots \\
a_{i1} & a_{i2} & \cdots & a_{in} \\
\vdots & \vdots & & \vdots \\
a_{n1} & a_{n2} & \cdots & a_{nn}
\end{vmatrix}
=-
\begin{vmatrix}
a_{11} & a_{12} & \cdots & a_{1n} \\
\vdots & \vdots & & \vdots \\
a_{i1} & a_{i2} & \cdots & a_{in} \\
\vdots & \vdots & & \vdots \\
a_{j1} & a_{j2} & \cdots & a_{jn} \\
\vdots & \vdots & & \vdots \\
a_{n1} & a_{n2} & \cdots & a_{nn}
\end{vmatrix}
\begin{array}{l}
\\
\\
\text{第 } i \text{ 行} \\
\\
\text{第 } j \text{ 行} \\
\\
\\
\end{array}
$$

例 4.4 计算四阶行列式 $D = \begin{vmatrix} x & a & a & a \\ a & x & a & a \\ a & a & x & a \\ a & a & a & x \end{vmatrix}$.

分析： 这个行列式有个特点，即其一行的四个元素之和都为 $x+3a$，我们可以将第二、三、四列的元素加到第一列对应元素上，这样第一列的四个元素全为 $x+3a$，再将公因式 $x+3a$ 提取.

解： 将第二、三、四列各乘 1 后加至第一列，得

$$D = \begin{vmatrix} x+3a & a & a & a \\ x+3a & x & a & a \\ x+3a & a & x & a \\ x+3a & a & a & x \end{vmatrix} = (x+3a) \begin{vmatrix} 1 & a & a & a \\ 1 & x & a & a \\ 1 & a & x & a \\ 1 & a & a & x \end{vmatrix}$$

再将第一行乘 (-1) 后分别加至第二、三、四行，得

$$D = (x+3a) \begin{vmatrix} 1 & a & a & a \\ 0 & x-a & 0 & 0 \\ 0 & 0 & x-a & 0 \\ 0 & 0 & 0 & x-a \end{vmatrix} = (x+3a)(x-a)^3$$

例 4.5 用克拉默法则解线性方程组

$$\begin{cases} x_1 - 2x_2 + x_3 = 1 \\ 2x_1 + x_2 - 2x_3 = 0 \\ -x_1 + x_2 - x_3 = -1 \end{cases}$$

说明： 解决了行列式的计算问题，我们可以用克拉默法则求解线性方程组.

解： 按照克拉默法则，需要计算下列 4 个三阶行列式，第一个是方程组的系数行列式 D，然后再计算 D_1，D_2，D_3. 这里只给出 D 的计算过程.

$$D = \begin{vmatrix} 1 & -2 & 1 \\ 2 & 1 & -2 \\ -1 & 1 & -1 \end{vmatrix} = \begin{vmatrix} 1 & -2 & 1 \\ 0 & 5 & -4 \\ 0 & -1 & 0 \end{vmatrix} = \begin{vmatrix} 5 & -4 \\ -1 & 0 \end{vmatrix} = -4$$

$$D_1 = \begin{vmatrix} 1 & -2 & 1 \\ 0 & 1 & -2 \\ -1 & 1 & -1 \end{vmatrix} = -2, \quad D_2 = \begin{vmatrix} 1 & 1 & 1 \\ 2 & 0 & -2 \\ -1 & -1 & -1 \end{vmatrix} = 0,$$

$$D_3 = \begin{vmatrix} 1 & -2 & 1 \\ 2 & 1 & -0 \\ -1 & 1 & -1 \end{vmatrix} = -2,$$

因为 $D \neq 0$，由克拉默法则，方程组的解为

$$x_1 = \frac{D_1}{D} = \frac{1}{2}, \quad x_2 = \frac{D_2}{D} = 0, \quad x_3 = \frac{D_3}{D} = \frac{1}{2}$$

习题 4.2

1. 计算下列行列式的值：

(1) $\begin{vmatrix} 2 & 3 & 4 \\ 1 & -1 & 0 \\ 3 & -3 & 6 \end{vmatrix}$
　　　　　
(2) $\begin{vmatrix} 1 & 0 & -2 & 0 \\ 2 & 1 & -3 & 3 \\ 0 & 2 & -2 & 0 \\ -3 & 3 & -2 & 2 \end{vmatrix}$

(3) $\begin{vmatrix} 2 & 3 & 4 & 5 \\ 3 & 4 & 5 & 2 \\ 4 & 5 & 2 & 3 \\ 5 & 2 & 3 & 4 \end{vmatrix}$
　　　　　
(4) $\begin{vmatrix} 2x & x & 1 \\ 1 & x & 1 \\ 3 & 2 & x \end{vmatrix}$

2. 利用行列式的性质证明下列行列式能被 13 整除：

$$\begin{vmatrix} 1 & 4 & 3 \\ 3 & 2 & 5 \\ 6 & 1 & 1 \end{vmatrix}$$

3. 用克拉默法则求解下列线性方程组：

(1) $\begin{cases} 2x_1 + 2x_2 - x_3 = 6 \\ x_1 - 2x_2 + 4x_3 = 3 \\ 5x_1 + 7x_2 + x_3 = 28 \end{cases}$
　　　　　
(2) $\begin{cases} 2x_1 + x_2 + 3x_3 = 0 \\ 4x_1 + 5x_2 - x_3 = 8 \\ 2x_1 + x_2 + 4x_3 = -2 \end{cases}$

$$(3) \begin{cases} 2x_1 + x_2 - 5x_3 + x_4 = 8 \\ x_1 - 3x_2 - 6x_4 = 9 \\ 2x_2 - x_3 + 2x_4 = -5 \\ x_1 + 4x_2 - 7x_3 + 6x_4 = 0 \end{cases}$$

4.3 矩阵的概念与运算

4.3.1 矩阵的概念

从 4.1.2 节用消元法求解线性方程组的过程可以看出,对方程组实施同解变换,实质上只与未知数的系数以及常数项有关,而与未知数本身无关.因此在求解线性方程组时可省略未知数,而只按原来的顺序关系抽出未知数系数以及常数项以形成一张数表,进而只要对这张表施行同解变换即可实现解方程的目的.为此我们引入矩阵的概念.

定义 4.2 将由 $m \times n$ 个数 $a_{ij}(i=1, 2, \cdots, m; j=1, 2, \cdots, n)$ 排成的数表

$$\begin{bmatrix} a_{11} & a_{12} & \cdots & a_{1n} \\ a_{21} & a_{22} & \cdots & a_{2n} \\ \vdots & \vdots & & \vdots \\ a_{m1} & a_{m2} & \cdots & a_{mn} \end{bmatrix}$$

称为 m 行 n 列矩阵,也称为 $m \times n$ 矩阵,其中数 a_{ij} 称为矩阵的第 i 行第 j 列的元素 $(i=1, 2, \cdots, m; j=1, 2, \cdots, n)$. 通常用英文大写黑斜体字母 $\boldsymbol{A}$, $\boldsymbol{B}$, $\boldsymbol{C}$, $\cdots$ 表示矩阵,并可将上面的矩阵简记为

$$\boldsymbol{A} = (a_{ij})_{m \times n} \quad 或 \quad \boldsymbol{A}_{mn}$$

当 $m = n$ 时,称 $\boldsymbol{A}$ 为 n 阶方阵或 n 阶矩阵,对元素全为零的矩阵称为零矩阵,记作 $\boldsymbol{0}$.

注意:矩阵与行列式是两个完全不同的概念.行列式是一个数,矩阵是一张数表;行列式要求行数与列数相等,而矩阵的行数与列数可以不等.

4.3.2　矩阵的运算

矩阵作为一种表达数量关系和进行数量运算的有效工具,在数学的各个分支,在许多其他领域的理论研究和实践应用中有着非常广泛的应用.本节将介绍矩阵的相关运算.

1. 矩阵的加法和数乘

定义 4.3　称行数、列数分别对应相等的两个矩阵为同维矩阵.给定的两个同维的 $m \times n$ 矩阵 $\boldsymbol{A} = (a_{ij})_{m \times n}$ 和 $\boldsymbol{B} = (b_{ij})_{m \times n}$. 如果 $a_{ij} = b_{ij}(i = 1, 2, \cdots, m; j = 1, 2, \cdots, n)$,则称矩阵 $\boldsymbol{A}$ 与矩阵 $\boldsymbol{B}$ 相等,记作 $\boldsymbol{A} = \boldsymbol{B}$.

定义 4.4　将两个同维的 $m \times n$ 矩阵 $\boldsymbol{A} = (a_{ij})_{m \times n}$,$\boldsymbol{B} = (b_{ij})_{m \times n}$ 的和(记作 $\boldsymbol{A} + \boldsymbol{B}$)定义为

$$\boldsymbol{A} + \boldsymbol{B} = (a_{ij} + b_{ij})_{m \times n},\text{即}$$

$$
\begin{bmatrix}
a_{11} & a_{12} & \cdots & a_{1n} \\
a_{21} & a_{22} & \cdots & a_{2n} \\
\vdots & \vdots & & \vdots \\
a_{m1} & a_{m2} & \cdots & a_{mn}
\end{bmatrix}
+
\begin{bmatrix}
b_{11} & b_{12} & \cdots & b_{1n} \\
b_{21} & b_{22} & \cdots & b_{2n} \\
\vdots & \vdots & & \vdots \\
b_{m1} & b_{m2} & \cdots & b_{mn}
\end{bmatrix}
$$

$$
=
\begin{bmatrix}
a_{11} + b_{11} & a_{12} + b_{12} & \cdots & a_{1n} + b_{1n} \\
a_{21} + b_{21} & a_{22} + b_{22} & \cdots & a_{2n} + b_{2n} \\
\vdots & & \vdots & & \vdots \\
a_{m1}b_{m1} & a_{m2} + b_{m2} & \cdots & a_{mn} + b_{mn}
\end{bmatrix}
$$

定义 4.5　元素全为零的矩阵称为零矩阵,记为 $\boldsymbol{0}_{m \times n}$,或简记为 $\boldsymbol{0}$. 矩阵 $(-a_{ij})_{m \times n}$ 称为矩阵 $\boldsymbol{A} = (a_{ij})_{m \times n}$ 的负矩阵,记作 $-\boldsymbol{A}$.

注意:行数和列数不都相同的零矩阵是不同的矩阵.

与实数的加法运算类似,矩阵的加法运算满足以下运算律:

$$(\boldsymbol{A} + \boldsymbol{B}) + \boldsymbol{C} = \boldsymbol{A} + (\boldsymbol{B} + \boldsymbol{C})$$

$$\boldsymbol{A} + \boldsymbol{B} = \boldsymbol{B} + \boldsymbol{A}$$

$$\boldsymbol{A} + \boldsymbol{0} = \boldsymbol{A}$$

$$\boldsymbol{A} + (-\boldsymbol{A}) = \boldsymbol{0}$$

另外,由于定义了负矩阵,我们可以进一步地定义矩阵的减法

$$A - B = A + (-B)$$

定义 4.6   数 k 与矩阵 $A = (a_{ij})_{m \times n}$ 的乘积 kA 定义为

$$kA = (ka_{ij})_{m \times n}$$

即

$$
\begin{bmatrix}
ka_{11} & ka_{12} & \cdots & ka_{1n} \\
ka_{21} & ka_{22} & \cdots & ka_{2n} \\
\vdots & \vdots & & \vdots \\
ka_{m1} & ka_{m2} & \cdots & ka_{mn}
\end{bmatrix}
$$

这种运算简称为数乘运算.

类似于实数的乘法,数与矩阵的乘法满足以下运算律:

$$(k + l)A = kA + lA$$

$$k(A + B) = kA + kB$$

$$k(lA) = (kl)A$$

这里 A,B 为同维矩阵,k,$l \in \mathbf{R}$.

2. 矩阵的乘法

定义 4.7   矩阵 $A = (a_{ik})_{m \times n}$ 与矩阵 $B = (b_{kj})_{n \times p}$ 相乘定义为一个 m 行 p 列的矩阵 $C = (c_{ij})_{m \times p}$,其中

$$c_{ij} = a_{i1}b_{1j} + a_{i2}b_{2j} + \cdots + a_{in}b_{nj} \quad (i = 1, 2, \cdots, m; j = 1, 2, \cdots, p)$$

这里的 a_{i1},a_{i2},$\cdots$,a_{in} 为矩阵 A 中第 i 行的全部元素,b_{1j},b_{2j},$\cdots$,b_{nj} 为矩阵 B 中第 j 列的全部元素.将两串数的对应元素作积再求和,得出新矩阵 C 的元素 c_{ij}.

下面我们通过一个生活中的常见实例来体会矩阵乘法的意义:某地有 A、B 两个菜场,A 菜场里的青菜是 3 元/斤、萝卜是 2 元/斤、大米是 1 元/斤、猪肉是 20 元/斤,B 菜场里的青菜是 3 元/斤、萝卜是 4 元/斤、大米是 2 元/斤、猪肉是 15 元/斤.王阿姨要买 5 斤青菜、4 斤萝卜、10 斤大米、6 斤猪肉,如果她只能去一个菜场采购的话,她去哪个菜场比较划算?

因为矩阵的本质是一张数表,因此我们可以利用矩阵 $M = \begin{bmatrix} 3 & 2 & 1 & 20 \\ 3 & 4 & 2 & 15 \end{bmatrix}$

来表示每个菜场的各种菜的单价,其中第一行表示 A 菜场的菜单价,第二行表

示 B 菜场的菜单价;矩阵 $N = \begin{bmatrix} 5 \\ 4 \\ 10 \\ 6 \end{bmatrix}$ 表示王阿姨对于各种菜的需求.则王阿姨

在两个菜场的花费为 $MN = \begin{bmatrix} 3 & 2 & 1 & 20 \\ 3 & 4 & 2 & 15 \end{bmatrix} \begin{bmatrix} 5 \\ 4 \\ 10 \\ 6 \end{bmatrix} = \begin{bmatrix} 153 \\ 141 \end{bmatrix}$. 可以发现,王阿姨

应该选择 B 菜场更省钱.

由矩阵乘法的定义可知,在计算两个矩阵相乘时,要求前一个矩阵的列数
等于后一个矩阵的行数.看下面的例子.

设 $A = \begin{bmatrix} 1 & 3 & 2 \\ 2 & 1 & -2 \end{bmatrix}, B = \begin{bmatrix} 2 & 1 \\ -1 & 2 \end{bmatrix}$. 这里 A 是 2×3 矩阵,B 是 2×2 矩

阵,因 A 的列数不等于 B 的行数,所以 AB 无意义,但我们可以求 BA,即

$$BA = \begin{bmatrix} 2 & 1 \\ -1 & 2 \end{bmatrix} \begin{bmatrix} 1 & 3 & 2 \\ 2 & 1 & -2 \end{bmatrix}$$

$$= \begin{bmatrix} 2 \times 1 + 1 \times 2 & 2 \times 3 + 1 \times 1 & 2 \times 2 + 1 \times (-2) \\ -1 \times 1 + 2 \times 2 & -1 \times 3 + 2 \times 1 & -1 \times 2 + 2 \times (-2) \end{bmatrix}$$

$$= \begin{bmatrix} 4 & 7 & 2 \\ 3 & -1 & -6 \end{bmatrix}$$

在定义了矩阵乘法后,我们可以将 4.1.1 节中的方程组(4.1)表示为

$$\begin{bmatrix} a_{11} & a_{12} \\ a_{21} & a_{22} \end{bmatrix} \begin{bmatrix} x_1 \\ x_2 \end{bmatrix} = \begin{bmatrix} b_1 \\ b_2 \end{bmatrix}$$

想一想原因是什么? 另外三元线性方程组该如何用矩阵的形式表示?

再来考虑矩阵乘法的性质,实际上,我们可以证明矩阵的乘法运算满足以

下运算律：

$$(AB)C = A(BC)$$

$$A(B+C) = AB + AC$$

$$(A+B)C = AC + BC$$

$$k(AB) = (kA)B = A(kB)$$

在实数系或者复数系中，乘法满足交换律，但矩阵的乘法不满足交换律．

前面的例子中可以看到，当 AB 有意义时，BA 不一定有意义．再看一个例子．

$$A = \begin{bmatrix} 1 & 3 & 2 \\ 2 & 1 & -2 \end{bmatrix}, B = \begin{bmatrix} 2 & 1 \\ -1 & 2 \\ 0 & -1 \end{bmatrix}$$

可以知道 AB 为 2×2 矩阵，BA 为 3×3 矩阵，不可能相等．

如果两个矩阵 A、B 都为 $n\times n$ 矩阵，则 AB、BA 都仍为 $n\times n$ 矩阵，我们把这种行数与列数相同的矩阵称为方阵，或加上行、列数称之为 n 阶方阵．

但即使是两个 n 阶方阵作乘积，也不一定能保证 $AB = BA$．比如，对于

$$A = \begin{bmatrix} 1 & 2 \\ -1 & 1 \end{bmatrix}, B = \begin{bmatrix} 3 & 0 \\ 1 & 2 \end{bmatrix}$$

$$AB = \begin{bmatrix} 5 & 4 \\ -2 & 2 \end{bmatrix}, BA = \begin{bmatrix} 3 & 6 \\ -1 & 4 \end{bmatrix}, AB \neq BA.$$

我们知道，在数的乘法中，数 1 乘任何数还等于这个数．在矩阵乘法中，也有类似的特殊方阵，称为单位矩阵．

定义 4.8 主对角线上各元素为 1，其余元素为 0 的 $n\times n$ 方阵（n 阶方阵）称为 n 阶单位矩阵，记作 E_n 或 E，即

$$E = \begin{bmatrix} 1 & 0 & \cdots & 0 \\ 0 & 1 & \cdots & 0 \\ \vdots & \vdots & & \vdots \\ 0 & 0 & \cdots & 1 \end{bmatrix}$$

容易验证，对任何的 n 阶方阵 A，有

$$EA = AE = A$$

当然,这里的 E 也是 n 阶方阵.

n 阶方阵由 n^2 个数的元素组成,将这 n^2 个元素按照在矩阵中的位置关系组成的行列式称为矩阵 A 的行列式,记作 $\det A$ 或 $|A|$.

3. 矩阵的初等变换与逆矩阵

4.1.2 节中论述用消元法求解线性方程组时,提到对方程的三种基本操作,4.3.1 节的开头部分又提到解方程组实际上是对未知数系数和常数所组成的表(矩阵)的操作,这样前述的三种操作也可以看作对矩阵的操作或变换,以下明确矩阵的初等变换.

定义 4.9　矩阵的初等变换是指下列三种变换:

(1) 互换矩阵中的两行(或两列)的位置;

(2) 用一个非零的数乘矩阵的某一行(或列);

(3) 将矩阵某一行(或列)的 k 倍加到另一行(或列).

我们在 4.1.2 节中使用的方法基本上是针对行所作的变换.

在数的运算中,对一个非零数 a 都有一个倒数 $\dfrac{1}{a}$,即 a^{-1},满足 $a^{-1}a = aa^{-1} = 1$. 在矩阵中我们也可以引入类似的矩阵.

定义 4.10　对 n 阶方阵 A,如果存在 n 阶方阵 B,使得

$$AB = BA = E$$

则称 A 为可逆矩阵,B 称为 A 的逆矩阵,记作 A^{-1}.

容易知道,如果 B 是 A 的逆矩阵,则 A 是 B 的逆矩阵,且 $(A^{-1})^{-1} = A$.

逆矩阵是一个重要的概念,在矩阵的应用中发挥着重要的作用.因此我们必须要进一步地解决以下几个问题:

(1) 什么样的矩阵存在逆矩阵?

(2) 如果矩阵 A 的逆矩阵存在,那么它是唯一的吗?

(3) 如何求一个矩阵的逆矩阵?

对于第一个问题,我们有以下一个简单判别方法:n 阶方阵 $A = (a_{ij})_{n \times n}$ 可逆的充要条件是 $\det A \neq 0$. 当然这个问题还有其他的答案.

对于第二个问题,我们有结论:如果一个 n 阶矩阵可逆,则其逆矩阵是唯一的.

对于第三个问题,我们在此给出一种利用初等变换求逆矩阵的方法.

对于 n 阶方阵 A,先计算 $\det A$,以此判断矩阵 A 是否可逆.

如果 $\det A \neq 0$,则矩阵 A 可逆,我们在 n 阶方阵 A 的右侧添上一个 n 阶单位矩阵,组成一个 n 行、$2n$ 列的矩阵,即 $n \times 2n$ 矩阵.

接下来对这个 $n \times 2n$ 矩阵施行初等变换,使左侧的一半(矩阵 A 的元素构成的部分)化成 n 阶单位矩阵,这时变换后的右边部分即为矩阵 A 的逆矩阵 A^{-1}.

例 4.6　证明下述矩阵可逆并求其逆矩阵:

$$A = \begin{bmatrix} 1 & 2 & 0 \\ 3 & -1 & 2 \\ -2 & 0 & -1 \end{bmatrix}$$

解: 由于 $\det A = \begin{vmatrix} 1 & 2 & 0 \\ 3 & -1 & 2 \\ -2 & 0 & -1 \end{vmatrix} = -1 \neq 0$,

所以 A 可逆. 作矩阵 $\begin{bmatrix} 1 & 2 & 0 & 1 & 0 & 0 \\ 3 & -1 & 2 & 0 & 1 & 0 \\ -2 & 0 & -1 & 0 & 0 & 1 \end{bmatrix}$,并对这个矩阵进行一系列

的初等变换,得

$$\begin{bmatrix} 1 & 2 & 0 & 1 & 0 & 0 \\ 3 & -1 & 2 & 0 & 1 & 0 \\ -2 & 0 & -1 & 0 & 0 & 1 \end{bmatrix}$$

$$\xrightarrow[\text{第1行乘2后加到第3行}]{\text{第1行乘}(-3)\text{后加到第2行}} \begin{bmatrix} 1 & 2 & 0 & 1 & 0 & 0 \\ 0 & -7 & 2 & -3 & 1 & 0 \\ 0 & 4 & -1 & 2 & 0 & 1 \end{bmatrix}$$

$$\xrightarrow{\text{第3行乘2后加到第2行}} \begin{bmatrix} 1 & 2 & 0 & 1 & 0 & 0 \\ 0 & 1 & 0 & 1 & 1 & 2 \\ 0 & 4 & -1 & 2 & 0 & 1 \end{bmatrix}$$

$$\xrightarrow[\text{第2行乘}(-4)\text{后加到第3行}]{\text{第2行乘}(-2)\text{后加到第1行}} \begin{bmatrix} 1 & 0 & 0 & -1 & -2 & -4 \\ 0 & 1 & 0 & 1 & 1 & 2 \\ 0 & 0 & -1 & -2 & -4 & -7 \end{bmatrix}$$

$$\xrightarrow{\text{第 3 行乘}(-1)} \begin{bmatrix} 1 & 0 & 0 & -1 & -2 & -4 \\ 0 & 1 & 0 & 1 & 1 & 2 \\ 0 & 0 & 1 & 2 & 4 & 7 \end{bmatrix}$$

所以
$$\boldsymbol{A}^{-1} = \begin{bmatrix} -1 & -2 & -4 \\ 1 & 1 & 2 \\ 2 & 4 & 7 \end{bmatrix}.$$

4.3.3 矩阵的应用

矩阵有着广泛的应用,本节将关注如何用矩阵工具解线性方程组,下面介绍两种方法.

1. 利用矩阵的行初等变换求解线性方程组

利用矩阵工具解线性方程组的基本思想是将线性方程组中未知数的系数连同常数项按照方程中的顺序(当然要排列整齐,缺项用 0 表示)构建一个矩阵,称为方程组的增广矩阵,对增广矩阵进行初等变换,使之变成阶梯形矩阵,最后求出方程组的解.

与用克拉默法则求解线性方程组不同,利用矩阵的初等变换可以解未知数的个数与方程数不相等的方程组.

例 4.7 求解方程组 $\begin{cases} 3x_1 + 2x_2 - x_3 = -1 \\ -2x_1 + 3x_2 + x_3 = -3. \\ x_1 - 2x_2 + 3x_3 = 9 \end{cases}$

说明:这个方程组在 4.1.2 节中用消元法求解过,这里用矩阵工具来求解,两种方法本质上是一样的.

解:对该方程组的增广矩阵进行初等变换

$$\begin{bmatrix} 3 & 2 & -1 & -1 \\ -2 & 3 & 1 & -3 \\ 1 & -2 & 3 & 9 \end{bmatrix} \xrightarrow{\text{交换第 1,3 行}} \begin{bmatrix} 1 & -2 & 3 & 9 \\ -2 & 3 & 1 & -3 \\ 3 & 2 & -1 & -1 \end{bmatrix}$$

$$\xrightarrow[\text{第 1 行乘}(-3)\text{后加到第 3 行}]{\text{第 1 行乘 2 后加到第 2 行}} \begin{bmatrix} 1 & -2 & 3 & 9 \\ 0 & -1 & 7 & 15 \\ 0 & 8 & -10 & -28 \end{bmatrix}$$

$$\xrightarrow[\text{后自身乘}(-1)]{\text{第2行乘8加到第3行}} \begin{bmatrix} 1 & -2 & 3 & 9 \\ 0 & 1 & -7 & -15 \\ 0 & 0 & 46 & 92 \end{bmatrix}$$

$$\xrightarrow{\text{第3行除以}46} \begin{bmatrix} 1 & -2 & 3 & 9 \\ 0 & 1 & -7 & -15 \\ 0 & 0 & 1 & 2 \end{bmatrix}$$

$$\xrightarrow[\text{第3行乘7后加到第2行}]{\text{第3行乘}(-3)\text{后加到第1行}} \begin{bmatrix} 1 & -2 & 0 & 3 \\ 0 & 1 & 0 & -1 \\ 0 & 0 & 1 & 2 \end{bmatrix}$$

$$\xrightarrow{\text{第2行乘2后加到第1行}} \begin{bmatrix} 1 & 0 & 0 & 1 \\ 0 & 1 & 0 & -1 \\ 0 & 0 & 1 & 2 \end{bmatrix}$$

由此我们求得该方程组的解为

$$x_1 = 1,\ x_1 = -1,\ x_3 = 2$$

例 4.8 求解方程组 $\begin{cases} x_1 + x_2 - x_3 = 1 \\ x_1 + 2x_2 + x_3 = 1. \\ 3x_1 + 5x_2 + x_3 = 0 \end{cases}$

解：对增广矩阵施行初等变换

$$\begin{bmatrix} 1 & 1 & -1 & 1 \\ 1 & 2 & 1 & 1 \\ 3 & 5 & 1 & 0 \end{bmatrix} \xrightarrow[\text{第1行乘}(-3)\text{后加到第3行}]{\text{第1行乘}(-1)\text{后加到第2行}} \begin{bmatrix} 1 & 1 & -1 & 1 \\ 0 & 1 & 2 & 0 \\ 0 & 2 & 4 & -3 \end{bmatrix}$$

$$\xrightarrow{\text{第2行乘}(-2)\text{后加到第3行}} \begin{bmatrix} 1 & 1 & -1 & 1 \\ 0 & 1 & 2 & 0 \\ 0 & 0 & 0 & -3 \end{bmatrix}.$$

这一系列的变换意味着原方程组与方程组

$$\begin{cases} x_1 + x_2 - x_3 = 1 \\ x_2 + 2x_3 = 0 \\ 0 = -3 \end{cases}$$

同解.显然这个方程组无解,因此,原方程组无解.

如果我们计算一下例 4.8 中方程组的系数行列式,就能发现 $D=0$,不满足克拉默法则的条件,因此不能用克拉默法则求解,对这样的方程组用本节介绍的方法比较有用.

2. 利用矩阵方程求解线性方程组

在 4.3.2 节中,我们提到引入矩阵的乘法后,线性方程组也可以表示成矩阵的形式 $AX=B$,式中,A 为方程组的系数行列式,X 为未知数构成的列向量,B 为常数项构成的列向量.例如线性方程组

$$\begin{cases} 2x_1 + x_2 - x_3 = 0 \\ x_1 + 2x_2 - x_3 = -3 \\ -x_1 \quad\quad + x_3 = 1 \end{cases} \tag{4.12}$$

可以表示为

$$\begin{bmatrix} 2 & 1 & -1 \\ 1 & 2 & -1 \\ -1 & 0 & 1 \end{bmatrix} \begin{bmatrix} x_1 \\ x_2 \\ x_3 \end{bmatrix} = \begin{bmatrix} 0 \\ -3 \\ 1 \end{bmatrix}$$

我们通过这个例子来说明如何利用矩阵方程求解线性方程组(4.12).

为说明方便,简记上述线性方程组的矩阵形式为 $AX=B$.当 A^{-1} 存在时,我们在 $AX=B$ 的两端左侧同乘以 A^{-1} 得

$$A^{-1}AX = A^{-1}B$$

由 $A^{-1}A=E$,$EX=X$,得 $X=A^{-1}B$.

所以,当 A^{-1} 存在时,我们就能方便地得到方程组(4.12)的解.这样的方法称为线性方程组的矩阵方程解法.就本题而言,

$$由 \ |A| = \begin{vmatrix} 2 & 1 & -1 \\ 1 & 2 & -1 \\ -1 & 0 & 1 \end{vmatrix} = \begin{vmatrix} 1 & 1 & -1 \\ 0 & 2 & -1 \\ 0 & 0 & 1 \end{vmatrix} = \begin{vmatrix} 2 & -1 \\ 0 & 1 \end{vmatrix} = 2 \neq 0,$$

可知 A^{-1} 存在.

构建由 A 和 3 阶单位矩阵构成的 3×6 矩阵,施行初等变换,求出 A^{-1}.

$$\begin{bmatrix} 2 & 1 & -1 & 1 & 0 & 0 \\ 1 & 2 & -1 & 0 & 1 & 0 \\ -1 & 0 & 1 & 0 & 0 & 1 \end{bmatrix} \xrightarrow{\text{第 3 行加到第 1 行}} \begin{bmatrix} 1 & 1 & 0 & 1 & 0 & 1 \\ 1 & 2 & -1 & 0 & 1 & 0 \\ -1 & 0 & 1 & 0 & 0 & 1 \end{bmatrix}$$

$$\xrightarrow[\text{第 1 行加到第 3 行}]{\text{第 1 行乘}(-1)\text{后加到第 2 行}} \begin{bmatrix} 1 & 1 & 0 & 1 & 0 & 1 \\ 0 & 1 & -1 & -1 & 1 & -1 \\ 0 & 1 & 1 & 1 & 0 & 2 \end{bmatrix}$$

$$\xrightarrow{\text{第 2 行乘}(-1)\text{后加到第 3 行}} \begin{bmatrix} 1 & 1 & 0 & 1 & 0 & 1 \\ 0 & 1 & -1 & -1 & 1 & -1 \\ 0 & 0 & 2 & 2 & -1 & 3 \end{bmatrix}$$

$$\xrightarrow{\text{第 3 行除以 2}} \begin{bmatrix} 1 & 1 & 0 & 1 & 0 & 1 \\ 0 & 1 & -1 & -1 & 1 & -1 \\ 0 & 0 & 1 & 1 & -\dfrac{1}{2} & \dfrac{3}{2} \end{bmatrix}$$

$$\xrightarrow{\text{第 3 行加到第 2 行}} \begin{bmatrix} 1 & 1 & 0 & 1 & 0 & 1 \\ 0 & 1 & 0 & 0 & \dfrac{1}{2} & \dfrac{1}{2} \\ 0 & 0 & 1 & 1 & -\dfrac{1}{2} & \dfrac{3}{2} \end{bmatrix}$$

$$\xrightarrow{\text{第 2 行乘}(-1)\text{后加到第 1 行}} \begin{bmatrix} 1 & 1 & 0 & 1 & -\dfrac{1}{2} & \dfrac{1}{2} \\ 0 & 1 & 0 & 0 & \dfrac{1}{2} & \dfrac{1}{2} \\ 0 & 0 & 1 & 1 & -\dfrac{1}{2} & \dfrac{3}{2} \end{bmatrix}$$

即 $$\boldsymbol{A}^{-1} = \begin{bmatrix} 1 & -\dfrac{1}{2} & \dfrac{1}{2} \\ 0 & \dfrac{1}{2} & \dfrac{1}{2} \\ 1 & -\dfrac{1}{2} & \dfrac{3}{2} \end{bmatrix}$$

由于 $\boldsymbol{AX} = \boldsymbol{B}$，两端左侧同乘以 $\boldsymbol{A}^{-1}$ 得

$$A^{-1}AX = A^{-1}B$$

由 $\qquad\qquad A^{-1}A = E, \ EX = X$

可得 $X = A^{-1}B = \begin{bmatrix} 1 & -\dfrac{1}{2} & \dfrac{1}{2} \\ 0 & \dfrac{1}{2} & \dfrac{1}{2} \\ 1 & -\dfrac{1}{2} & \dfrac{3}{2} \end{bmatrix} \begin{bmatrix} 0 \\ -3 \\ 1 \end{bmatrix} = \begin{bmatrix} 2 \\ -1 \\ 3 \end{bmatrix}.$

所以原方程组(4.12)的解为

$$x_1 = 1, \ x_2 = 0, \ x_3 = -1$$

从解题过程可以看到,利用矩阵方程求解线性方程组因涉及到矩阵是否存在逆矩阵的判断、求逆矩阵等环节,当未知数的个数增加时,计算量会增加很多,但利用一些专用软件,比如 GeoGebra,求解同类型的线性方程组就会比较方便.

习题 4.3

1. 设 $A = \begin{bmatrix} 1 & 3 & -1 \\ 2 & 5 & 1 \end{bmatrix}$, $B = \begin{bmatrix} 1 & -2 & 1 \\ 3 & 0 & 1 \end{bmatrix}$, 求 $3A - 2B$.

2. 设 $A = \begin{bmatrix} -2 & 4 \\ 1 & 3 \\ 2 & -1 \end{bmatrix}$, $B = \begin{bmatrix} 1 & 0 & 4 \\ 2 & -3 & -1 \end{bmatrix}$, 求 AB 和 BA.

3. 判断下列矩阵是否可逆,如果可逆,求出其逆矩阵:

(1) $A = \begin{bmatrix} 1 & 3 & 2 \\ 3 & 5 & -2 \\ 1 & 4 & 3 \end{bmatrix}$ \qquad (2) $B = \begin{bmatrix} 1 & -2 & -1 \\ -3 & 1 & -3 \\ 2 & 0 & 3 \end{bmatrix}$

4. 用初等变换求解下列线性方程组:

(1) $\begin{cases} x_1 + 2x_2 + x_3 = 3 \\ -2x_1 + x_2 - x_3 = -3 \\ x_1 - 4x_2 + 2x_3 = -5 \end{cases}$ \qquad (2) $\begin{cases} x_1 + 3x_2 + 2x_3 = 3 \\ 3x_1 + 5x_2 + 2x_3 = 5 \\ x_1 + 4x_2 + 3x_3 = 2 \end{cases}$

5. 用矩阵方法求解线性方程组 $AX = B$，其中 $A = \begin{pmatrix} 1 & 1 & 1 \\ 2 & 3 & -1 \\ 4 & 9 & 1 \end{pmatrix}$，$X = \begin{pmatrix} x_1 \\ x_2 \\ x_3 \end{pmatrix}$，

$B = \begin{pmatrix} 6 \\ 5 \\ 25 \end{pmatrix}$.

阅读材料 D　线性代数发展简史

　　线性代数是高等代数的一大分支，是研究如何求解线性方程组而发展起来的. 线性代数的主要内容有行列式、矩阵、向量、线性方程组、线性空间、线性变换、欧氏空间和二次型等. 本书仅讲述了线性代数的最基本的内容：行列式、矩阵和线性方程组，历史简介也仅围绕这三个方面展开.

　　1. 行列式

　　行列式的出现与线性方程组的求解密切相关，它最早是一种速记的表达式，现在已经成为数学中一种非常有用的工具.

　　在西方，莱布尼茨被公认为是第一位研究行列式的数学家. 1693 年 4 月，莱布尼茨在写给数学家洛比达的一封信中独立地提出了行列式的概念，并给出了方程组的系数行列式为零的条件. 遗憾的是，直到他去世 150 年后，这封信才被公之于众，因此莱布尼茨对这门学科的发展并没有产生多大的影响.

　　有史料表明，在莱布尼茨之前，意大利数学家卡尔达诺（Cardano, 1501—1576）于 1545 年在他的著作《大法》里求解了来自贸易问题的两个线性方程组，用今天的符号表示的话，卡尔达诺求解了类似于

$$\begin{cases} a_{11}x_1 + a_{12}x_2 = b_1 \\ a_{21}x_1 + a_{22}x_2 = b_2 \end{cases}$$

的方程组，并给出了具体的计算方法，比如 x_1 的解为 $\dfrac{a_{22}(b_1/a_{12}) - b_2}{a_{22}(a_{11}/a_{12}) - a_{21}}$. 卡尔达诺的求解方法类似于今天的克拉默法则，但卡尔达诺没有继续往下深入

研究,他也没有提出行列式的概念,然而我们可以说是卡尔达诺使用了最古老的、用公式明确表达的行列式,这可以说是行列式思想的最初萌芽.

与莱布尼茨同时代的日本数学家关孝和(约 1642—1708)对行列式的理论也做出了贡献,他在其著作《解伏题元法》中提出了行列式的概念与算法.关孝和是日本历史上最著名的数学家(和算家),被日本人尊称为算圣.在《解伏题元法》中,关孝和发明了行列式展开法以解决多元高次方程组的消元问题.相对于西方行列式理论起源于线性方程组消元的数学背景,关孝和行列式理论起源于多元高次方程组的消元问题,是中国天元术、四元术代数传统的继续,富有东方数学的特色,因此在世界数学史上具有特殊的意义.但由于当时东西方文化交流的匮乏,关孝和的理论影响没有超出日本本土.

行列式理论为数学界熟悉,应该归功于克拉默(Cramer,1704—1752).克拉默是瑞士数学家,曾任日内瓦数学会会长.1750 年,克拉默在其著作《代数曲线的分析引论》中对行列式的定义和展开法则给出了比较完整和明确的阐述.

2. 矩阵

矩阵是线性代数中一个重要的基本概念,是代数学的主要研究对象,也是数学研究和应用的重要工具.

"矩阵"这个词是由英国数学家西尔维斯特(Sylvester,1814—1897)首先使用的,1850 年,他为了将数字的矩形阵列区别于行列式而发明了这个术语.西尔维斯特指出,矩阵是"表示由 m 行 n 列元素组成的矩形排列",由那个排列"我们能够形成各种行列式组".矩阵这个术语之后由西尔维斯特的朋友,英国数学家凯莱(Cayley,1821—1895)在论文中首次使用,凯莱也被公认为是矩阵论的创立者,因为他首先把矩阵作为一个独立的数学概念提出来,并首先发表了关于这个概念的一系列文章.1858 年,他发表了关于这一课题的第一篇论文《矩阵论的研究报告》,系统地阐述了关于矩阵的理论.文中他定义了矩阵的相等,给出了矩阵相乘、相加以及相减等运算法则,提出了矩阵的转置以及矩阵的逆等一系列基本概念,指出了矩阵加法的可交换性与可结合性.

3. 线性方程组

线性方程组的解法早在我国古代的数学著作《九章算术》的方程章中已有比较完整的论述.《九章算术》是我国最早的数学著作,共有 246 个问题,按问题内容分成九章.该书的第八章为方程章,共有 18 个问题,这些问题都是来自生

方程以御錯糅正負

今有上禾三秉中禾二秉下禾一秉實三十九斗上禾二秉中禾三秉下禾一秉實三十四斗上禾一秉中禾二秉下禾三秉實二十六斗問上中下禾實一秉各幾何

活实际的线性方程组的问题,我们来看其中的第一题.

今有上禾三秉,中禾二秉,下禾一秉,实三十九斗;上禾二秉,中禾三秉,下禾一秉,实三十四斗;上禾一秉,中禾二秉,下禾三秉,实二十六斗.问上、中、下禾实一秉各几何?

题中的"禾"指黍米,"上禾"的上指上等,依此类推."秉"指捆,而"实"指打下的粮食.本题相当于求解方程组

$$\begin{cases} 3x + 2y + z = 39 \\ 2x + 3y + z = 34 \\ x + 2y + 3z = 26 \end{cases}$$

《九章算术》中给出了求解这个方程组的"方程术",基本的思路是先用算筹摆出如表 D.1 所示的阵列,接着用右上角的 3 去乘中列中的每一个数("遍乘"),再用中列的新数连续减去右列对应的数("直除")直至中列最上边的数为 0.左列作同样的处理,这样就可以通过算筹操作将左列和中列的最上面的数变成 0(上禾所对应的行),如表 D.2 所示.

表 D.1

左列	中列	右列	
1	2	3	上禾
2	3	2	中禾
3	1	1	下禾
26	34	39	实

表 D.2

左列	中列	右列	
0	0	3	上禾
4	5	2	中禾
8	1	1	下禾
39	24	39	实

这样的操作可用于中禾所在行.将左列的 4、8、39 分别乘以中列的 5,得到新的左列,再将左列中的新数连续减去中列对应的数,直至左列的第二个新数 20(连减 5 次)变为 0,又得到如表 D.3 所示的新表.

表 D.3

左列	中列	右列	
0	0	3	上禾
0	5	2	中禾
4	1	1	下禾
11	24	39	实

这里反复使用"遍乘直除"可以得到表 D.4.

表 D.4

左列	中列	右列	
0	0	4	上禾
0	4	0	中禾
4	0	0	下禾
11	17	37	实

这样就可以方便地求出问题的解.可以看到这个过程(方程术)实质上相当于现代的对方程组的增广矩阵进行初等行变换从而消去未知量的方法,即高斯消元法.可以说《九章算术》的方程术是世界数学史上的一颗明珠.

在西方,普遍认为对线性方程组的研究是在 17 世纪后期由莱布尼茨开创的,他曾研究由含两个未知量的三个线性方程组组成的方程组.英国数学家麦克劳林(Maclaurin,1698—1746)在 18 世纪上半叶研究了具有二、三、四个未知量的线性方程组,于 1729 年得到了现在称为克拉默法则的结果,并写入了于 1748 年出版的遗作《代数学》.1750 年,克拉默在论文《代数曲线的分析引论》中独立地提出了线性代数方程组的行列式解法,这一解法通称克拉默法则.

解线性方程组最有效的办法是高斯消元法.高斯(Gauss,1777—1855)是德国数学家、物理学家,被誉为历史上最伟大的数学家之一.尽管克拉默法则在理论上很完美,但它有两个弱点,第一,计算行列式不那么容易,特别是高阶行列式,计算量很大;第二,当方程个数与未知数个数不等时,克拉默法则就不能用了.即使方程个数与未知数个数相同,但系数行列式为零时,克拉默法则同样不能使用.高斯消元法的基本思想是通过将原方程组转化为与其等价的线性方程组,自上而下依次减少方程组中方程所含未知数的个数,使之变成三角形(阶梯形),从而求解.

大量的科学技术问题最终往往归结为解线性方程组,因此在线性方程组的数值解法得到发展的同时,线性方程组解的结构等理论性工作也取得了令人满意的进展.现在,线性方程组的数值解法在计算数学中占有重要地位.

数学家介绍

克拉默

克拉默(Cramer,1704—1752)是瑞士数学家,生于日内瓦,卒于法国塞兹河畔巴尼奥勒.他早年在日内瓦读书,1724 年起在日内瓦加尔文学院任教,自 1727 年开始进行为期两年的旅行访学,在巴塞尔与约翰·伯努利、欧拉等人学习交流,结为挚友,后又到英国、荷兰、法国等地拜见许多数学名家,回国后在与他们的长期通信中,加强了数学家之间的联系,为数学宝库留下了大量有价值的文献.他于 1734 年任几何学教授,1750 年任哲学教授.他一生未婚,专心治学,平易近人且德高望重,先后当选为伦敦皇家学会、柏林研究院和法国、意大利等学会的成员.

克拉默的主要著作为 1750 年发表的《代数曲线的分析引论》,他首先定义了正则、非正则、超越曲线和无理曲线等概念,第一次正式引入坐标系的纵轴(y 轴),讨论曲线变换并依据曲线方程的阶数将曲线进行分类.为了确定经过 5 个点的一般二次曲线的系数,提出了著名的"克拉默法则",即由线性方程组的系数确定方程组解的表达式.该法则于 1729 年由英国数学家麦克劳林(Maclaurin,1698—1746)得到并发表,但克拉默的优越符号使之得以广泛流传.1744 年,克拉默在给欧拉的信中提出"9 个点唯一地确定一条三次曲线"与"两条三次曲线相交于九个点(Bozout 定理)"不能同时成立,这个发现被称为"克拉默悖论".

1748 年,欧拉发表了题为《关于曲线规律中的一个明显矛盾》的文章,解决了克拉默悖论,这个悖论的矛盾点在于 9 个点不见得能唯一确定一条三次曲线的方程,因为 9 个点虽然能够给出 9 个方程,不过所给出的 9 个方程中有些是"无用"的,线性代数这一数学分支学科就此正式诞生.

数学王子——高斯

高斯是德国著名数学家、物理学家、天文学家、大地测量学家.高斯被认为是历史上最重要的数学家之一,他的贡献遍及纯数学和应用数学的各个领域,成为世界数学界的光辉旗帜,被后人誉为"数学王子".

高斯的成就一方面来自天赋,另一方面来自勤奋.高斯出生于德国不伦瑞克的一个普通工人家庭,童年时期就表现出数学才华,据说他 3 岁时就发现父亲做账时的一个错误.高斯 7 岁入学,在小学期间学习十分刻苦,常点自制小油灯演算到深夜.据说高斯在 9 岁时就发明了一个快速计算等差数列求和的小技巧,在很短的时间内完成了他的小学老师给出的问题:计算从 1 到 100 这 100 个自然数之和.他所使用的方法是:将第 1 个数字与最后 1 个数字相加、第 2 个数字与倒数第 2 个数字相加……依此类推,可以得到 50 对 101,于是 101×50＝5 050 便是答案.11 岁时,他便发现了二项式定理.

少年高斯的聪颖早慧使他得到了当地公爵的垂青.公爵资助他读完高中,并进入卡洛林学院学习.在校三年间,高斯很快掌握了微积分理论,并在最小二乘法和数论中的二次互反律的研究上取得重要成果,这是高斯一生数学创作的开始.

1795 年,高斯选择到哥廷根大学学习.当时的哥廷根大学对学生而言可谓是个"四无世界":无必修科目,无指导教师,无考试和课堂的约束,无学生社团,因此高斯得以在学术自由的环境中成长.1796 年,19 岁的高斯的学术生涯中出现了第一个转折点:他敲开了自古希腊欧几里得时代起就困扰着数学家的尺规作图这一难题的大门,证明了正十七边形可用欧几里得型的圆规和直尺作图.这一难题的解决轰动了当时整个数学界,22 岁的高斯证明了当时许多数学家证明不出的代数基本定理,并因此获得了博士学位.

高斯在许多领域都卓有建树,如数论、超几何级数、复变函数论、椭圆函数论、统计数学、向量分析等.高斯关于数论的研究贡献殊多.1801 年,他发表了第一部科学论著《算术研究》,随即在国际数学界声名鹊起.他认为"数学是科学之王,数论是数学之王".19 世纪德国代数数论突飞猛进的发展是与高斯分不开的.他的曲面论是近代微分几何的开端,其曲面理论后来被他的学生黎曼所发展,成为爱因斯坦广义相对论的数学基础.

除了纯数学研究之外,高斯亦十分重视数学的应用.有人说"在数学世界里,高斯处处留芳",其大量著作与天文学、大地测量学、物理学有关,特别值得一提的是谷神星的发现.19 世纪的第一个凌晨,天文学家皮亚齐似乎发现了一颗"没有尾巴的彗星",他追踪观察 41 天,终因疲劳过度而累倒了,当他把测量结果告诉其他天文学家时,这颗星却已消逝了.24 岁的高斯得知后,经过几个星期的苦心钻研,创立了行星椭圆法,准确预测了行星的位置.这一事实充分展现了数学科学的威力.高斯在电磁学和光学方面亦有杰出的贡献.1830 年,高斯与物理学家威廉·爱德华·韦伯密切合作,在电磁学方面推动了电报的发展,磁通量密度单位就是以"高斯"来命名的.

高斯是一位自我要求严格的数学家,对待学问十分严谨,信奉"宁肯少些,但要好些"的原则,生前只公开发表过 155 篇论文,还有大量著作没有发表.有数学家相信,如果高斯能早些发布自己的研究成果,数学的发展要节省半个世纪或更多时间.

高斯的过分谨慎减弱了他对当时一些青年数学家的影响.尽管他称赞过阿贝尔、狄利克雷等人的工作,却对他们的信件和文章表现冷淡.因其与青年数学家缺乏接触和思想交流,因此在高斯周围没能形成一个人才济济、思想活跃的学派.一直到了魏尔斯特拉斯和希尔伯特时代,德国数学才形成了柏林学派和哥廷根学派,成为了世界数学的中心,但我们还是认为德国传统数学的奠基人是高斯.

高斯的人生是不平凡的人生,他的足迹几乎遍及数学的每个领域,后人常用他的事迹和格言鞭策自己.高斯于 1855 年 2 月 23 日逝世,终年 78 岁.他的墓碑耸立于绿蔓之上,朴实无华,适度装饰的雕刻中镶嵌着高斯的侧面铜像,仅镌刻"高斯"二字.

为纪念高斯,其故乡不伦瑞克改名为高斯堡,数学奇才高斯就安息在这里,与他工作终身的小城永远在一起.在其过世 22 年后,汉诺威王颁给高斯一个纪念奖章,上面刻着"汉诺威王乔治五世献给数学王子高斯".从此,高斯就有了"数学王子"之称.

第5章 概率论初步

进入 17 世纪后,由于对赌博、航海风险以及测量误差等领域的研究,概率论产生了.概率论是研究随机事件数量规律的一个数学分支.经过 18、19 世纪科学的发展,人们注意到某些生物、物理和社会现象与赌博之间具有某种相似性,即某种不确定性.这种不确定性充满了整个现实世界,表现为由于偶然因素的作用,事先无法对将要出现的情况进行确切描述,如何在含有偶然因素的前提下对将要出现的情况作出某种推断,是概率论研究的主要问题.本章仅介绍概率论中最基本的概念和方法,并尽量列举应用实例,为文科同学当前学习和日后工作提供帮助.

5.1 随机事件

5.1.1 随机现象和随机事件

自然界中常常会出现各种现象,这些现象按照其结果能否被准确预测来划分可分为两大类,一类是在一定的条件下必然会出现的现象,称为必然现象.例如,水从高处流向低处,太阳不会从西边升起,同性电荷必然互斥,这些都是必然现象.另一类是在一定条件下可能出现多种结果而事先不能预测出将出现哪种结果的现象,称为随机现象.例如,掷两颗骰子,出现的"点数之和为 4"是一个随机事件,在没有掷出两颗骰子之前,谁也无法确定这一事件是否发生,它是一个不确定事件;从一批含有正品和次品的产品中任意抽取一个产品,同样无法预测抽到的是正品还是次品;过马路交叉口时,可能遇上各种颜色的交通指挥灯,这些都是随机现象.

随机现象是大量存在的,人们经过长期的研究发现:虽然随机现象的结果事先根本无法预测,但是在大量的重复试验中,它的结果又必然呈现某种规律.例如,反复抛一枚硬币,当抛出的次数越多时,出现正面和反面的次数之比越接近1∶1.随机现象所呈现的这种规律性称为统计规律性.概率论就是研究随机现象的统计规律性的一个数学分支.

为了更好地研究随机现象的统计规律性,就需要进行大量的试验,比如掷骰子、抛硬币等试验,它们都具有以下的共同特征:

(1) 试验在相同条件下可以重复地进行;

(2) 试验的所有可能结果事先已经知道,并且不止一个;

(3) 试验前不能确定试验后会出现哪一种结果.

具有上述三个特征的试验称为随机试验,简称试验.在一次试验中每个可能出现的结果称为一个基本事件,由两个或两个以上的基本事件组成的试验结果的集合称为复合事件.基本事件和复合事件都称为这一随机试验的随机事件,简称为事件.随机事件通常用大写字母 A,B,C 等表示.在每次试验中一定会发生的事件称为必然事件,而在任何一次试验中都不会发生的事件称为不可能事件,一般用 Φ 来表示.

在一个随机试验中,每一个基本事件称为一个样本点,记作 ω.所有样本点的集合称为该试验的样本空间,记作 Ω.也就是说,样本空间的每一个元素就是一个样本点,也就是一个基本事件,而每个随机事件都是样本空间 Ω 的一个子集.

例 5.1　从 20 台彩电(18 件正品,2 件次品)中任意抽取 2 件,观察出现的次品数.在该随机试验中,基本事件记为

$$\omega_1 = \{没有次品\},\ \omega_2 = \{恰有一件次品\},\ \omega_3 = \{有两件次品\}$$

例 5.2　掷一枚骰子的试验,观察向上一面出现的点数.

$A = \{出现 1 点\}$ 为一个基本事件,$B = \{出现奇数点\}$ 为一个复合事件,$C = \{出现的点数为 100\}$ 是一个不可能事件,$D = \{出现的点数小于 8\}$ 为一个必然事件.如果令 $\omega_n = \{出现的点数为 n 点\}(n=1, 2, \cdots, 6)$,则该试验的样本

空间 $\Omega = \{\omega_1, \omega_2, \cdots, \omega_6\}$.

5.1.2 随机事件的关系和运算

在一次随机试验中有许多的随机事件,这些事件之间存在着各种各样的联系,分析事件之间的关系可以帮助我们更加深刻地认识随机事件,更加有助于我们讨论复杂的事件.由于事件是一个集合,事件的关系与运算就对应了集合的关系和运算.

1. 事件的包含

如果事件 A 发生必然导致事件 B 发生,则称事件 B 包含事件 A,或称事件 A 是事件 B 的子事件,记作 $B \supset A$ 或 $A \subset B$.例如,$A = \{2\}$,$B = \{2, 4, 6\}$,显然 $A \subset B$.

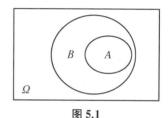

图 5.1

如果用集合表示事件,则 A 是 B 的子事件即 A 是 B 的子集合(集合 B 包含集合 A).如图 5.1 所示为包含关系的直观几何解释,设样本空间 Ω 是一个长方形,圆 A 与圆 B 分别表示事件 A 与事件 B,由于 A 中的点全在 B 中,所以事件 B 包含事件 A.

2. 事件的相等

如果有 $A \subset B$ 且 $B \subset A$,则称事件 A 与事件 B 相等,记作 $A = B$.易知,相等的两个事件 A、B 总是同时发生或同时不发生,亦即 $A = B$ 等价于它们是由相同的试验结果构成的.

例 5.2 中,若 $A = \{$骰子的标号为偶数$\}$,$B = \{$骰子的标号为 2、4、6$\}$,则显然有 $A = B$.所谓 $A = B$,就是 A、B 中含有相同的样本点.

对任一事件 A,有 $\Phi \subset A \subset \Omega$.

3. 事件的和

事件 A 与 B 中至少有一个事件发生,这样的一个事件叫作事件 A 与 B 的和,记作 $A + B$ 或者 $A \bigcup B$.

$A + B$ 由所有包含在 A 中或包含在 B 中的试验结果构成.

如果将事件用集合表示,则事件 A 与 B 的和事件 $A + B$ 即为集合 A 与 B 的并,如图 5.2 所示.

在例 5.2 中,若 $A = \{2, 4, 6\}$,$B = \{1, 2, 3, 4\}$,则 $C = A + B = \{1, 2,$

3，4，6｝.

事件的和可推广到有限多个事件和可列（数）无穷多个事件的情形.

用 $A_1 \bigcup A_2 \bigcup \cdots \bigcup A_n$ 或 $\overset{n}{\underset{i=1}{\bigcup}} A_i$ 表示 A_1，A_2，$\cdots$，A_n 中至少发生一个事件，用 $A_1 \bigcup A_2 \bigcup \cdots \bigcup A_n \bigcup \cdots$ 或 $\overset{\infty}{\underset{i=1}{\bigcup}} A_i$ 表示 A_1，A_2，$\cdots$，A_n，$\cdots$ 中至少发生一个事件.

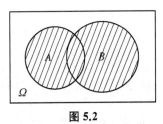

图 5.2   图 5.3

4. 事件的积

事件 A 与 B 同时发生，这样的事件称作事件 A 与 B 的积，记作 $A \bigcap B$ 或 AB. AB 由既包含在 A 中又包含在 B 中的试验结果构成，它对应于图 5.3 中的阴影部分.

在例 5.2 中，若 $A = \{2, 4, 6\}$，$B = \{1, 2, 3, 4\}$，则 $C = A \bigcap B = \{2, 4\}$.

如果将事件用集合表示，则事件 A 与 B 的积事件 C 即为集合 A 与 B 的交. 类似地，也可以将事件的积推广到有限多个和可列（数）无穷多个事件的情况. 用 $A_1 \bigcap A_2 \bigcap \cdots \bigcap A_n$ 或 $\overset{n}{\underset{i=1}{\bigcap}} A_i$ 表示事件 A_1，A_2，$\cdots$，A_n 同时发生；用 $A_1 \bigcap A_2 \bigcap \cdots \bigcap A_n \bigcap \cdots$ 或 $\overset{\infty}{\underset{i=1}{\bigcap}} A_i$ 表示事件 A_1，A_2，$\cdots$，A_n，$\cdots$ 同时发生.

5. 事件的差

事件 A 发生而事件 B 不发生，这样的事件称为事件 A 与 B 的差，记作 $A - B$. $A - B$ 由所有包含在 A 中而不包含在 B 中的试验结果构成，它对应于图 5.4 中的阴影部分.

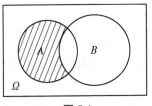

图 5.4

在例 5.2 中，若 $A = \{2, 4, 6\}$，$B = \{1, 2, 3, 4\}$，则 $C = A - B = \{6\}$.

由事件的差的定义可知，对于任意的事件 A，有 $A - A = \Phi$，$A - \Phi = A$，$A - \Omega = \Phi$.

6. 互不相容事件(或互斥事件)

如果事件 A 与事件 B 不能同时发生,也就是说 AB 是一个不可能事件,即 $AB=\Phi$,则称两个事件 A 与 B 是互不相容的(或互斥的).A 与 B 互不相容等价于它们不包含相同的试验结果.互不相容事件 A 与 B 没有公共的样本点,如图 5.5 所示.

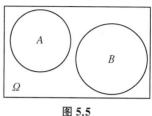

图 5.5

若用集合表示事件,则 A 与 B 互不相容即为 A 与 B 是不相交的.

如果在 n 个事件 A_1,A_2,$\cdots$,A_n 中,任意两个事件不可能同时发生,即

$$A_i A_j = \Phi \ (1 \leqslant i < j \leqslant n)$$

则称这 n 个事件 A_1,A_2,$\cdots$,A_n 是互不相容的(或互斥的).在任意一个随机试验中基本事件都是互不相容的.容易看出,事件 A 与 $B-A$ 也是互不相容的.

7. 对立事件(或互逆事件)

若 A 是一个事件,令 $\bar{A}=\Omega-A$,称 $\bar{A}$ 是 A 的对立事件或逆事件.容易知道,在一次试验中,若 A 发生,则 $\bar{A}$ 必不发生(反之亦然),即 A 与 $\bar{A}$ 中必然有一

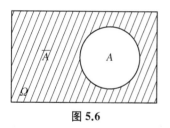

图 5.6

个发生,且仅有一个发生,即事件 A 与 $\bar{A}$ 满足条件

例 5.2 中,若 $A=\{2,4,6\}$,$B=\{1,3,5\}$,则 $\bar{A}=B$,$\bar{B}=A$,所以 A 与 B 互为对立事件.必然事件与不可能事件也互为对立事件.

若事件 A 与 B 互为对立事件,则 A 与 B 必互不相容,但反之不真.

由事件关系的定义看出,它与集合的关系是一致的,因此集合的运算性质对事件的运算也都适用.事件的运算法则如下.

(1)交换律:

$$A+B=B+A$$

$$AB=BA$$

(2)结合律:

$$A+B+C=A+(B+C)=(A+B)+C$$

$$ABC=(AB)C=A(BC)$$

（3）分配律：

$$A(B+C)=AB+AC$$

$$(A+B)C=AC+BC$$

（4）反演律：

$$\overline{A+B}=\overline{A}\,\overline{B}$$

$$\overline{AB}=\overline{A}+\overline{B}$$

例 5.3　进行掷一颗骰子的试验，观察出现的点数，事件 A 表示"出现的奇数点"，B 表示"出现的点数小于 5"，C 表示"出现小于 5 的偶数点"．用集合的列举法表示下列事件：Ω，A，B，C，$A+B$，$A-B$，AB，AC，$C-A$，$\overline{A}+B$．

解：$\Omega=\{1,2,3,4,5,6\}$，$A=\{1,3,5\}$，$B=\{1,2,3,4\}$，$C=\{2,4\}$，$A+B=\{1,2,3,4,5\}$，$A-B=\{5\}$，$AB=\{1,3\}$，$AC=\Phi$，$C-A=\{2,4\}$，$\overline{A}+B=\{1,2,3,4,6\}$．

例 5.4　设 A，B，C 是三个事件，用 A，B，C 的运算关系表示下列事件：

（1）B，C 都发生，而 A 不发生；

（2）A，B，C 中至少有一个发生；

（3）A，B，C 中恰有一个发生；

（4）A，B，C 中恰有两个发生；

（5）A，B，C 中不多于一个发生；

（6）A，B，C 中不多于两个发生．

解：（1）$\overline{A}BC$；（2）$A+B+C$；（3）$A\overline{B}\,\overline{C}+\overline{A}B\overline{C}+\overline{A}\,\overline{B}C$；（4）$AB\overline{C}+A\overline{B}C+\overline{A}BC$；（5）$\overline{A}\,\overline{B}\,\overline{C}+A\overline{B}\,\overline{C}+\overline{A}B\overline{C}+\overline{A}\,\overline{B}C$；（6）$\overline{A}+\overline{B}+\overline{C}$．

习题 5.1

1．A，B，C 表示三事件，用 A，B，C 的运算表示以下事件：

（1）A，B，C 三事件中仅事件 A 发生；

（2）A，B，C 三事件都发生；

（3）A，B，C 三事件都不发生；

（4）A，B，C 三事件不全发生；

（5）A，B，C 三事件只有一件发生；

(6) A，B，C 三事件中至少有一件发生.

2. 某射手射击目标三次，A_1 表示第 1 次射中，A_2 表示第 2 次射中，A_3 表示第 3 次射中，B_0 表示三次中射中 0 次，B_1 表示三次中射中 1 次，B_2 表示三次中射中 2 次，B_3 表示三次中射中 3 次.请用 A_1、A_2、A_3 的运算来表示 B_0、B_1、B_2、B_3.

3. 硬币有正反两面，连续抛三次，若 A_i 表示第 i 次正面朝上，用 A_i 表示下列事件：

(1) 前两次正面朝上，第三次正面朝下的事件 C；

(2) 至少有一次正面朝上的事件 D；

(3) 前两次正面朝上的事件 E.

5.2 概率的定义与性质

在概率论的发展历史上，人们曾针对不同的问题，从不同的角度给出定义概率和计算概率的各种方法.本节首先介绍概率的古典定义，接着介绍概率的性质和条件概率，最后给出概率乘法公式.

5.2.1 古典概型

1. 古典概型的定义

在较早的时候，人们利用研究对象的物理或几何性质所具有的对称性确定计算概率的一种方法称为概率的古典定义.为此，先介绍一个概念.

在有些随机试验中，每次试验可能发生的结果是有限的（样本空间中样本点的个数有限），由于某种对称性条件，使得每种试验结果发生的可能性是相等的（基本事件发生的可能性相等），则称这些事件是等可能的.

例如，在抛掷硬币试验中，样本空间 $\Omega=\{\omega_1，\omega_2\}$ 中有两个样本点，ω_1 表示正面朝上，ω_2 表示反面朝上，ω_1 和 ω_2 发生的可能性是相等的，因而可以规定 $P(\omega_1)=P(\omega_2)=1/2$. 又如，抽样检查产品时，一批产品中每一个产品被抽到的可能性在客观上是相同的，因而抽到任一产品是等可能的.再如，样本空间 $\Omega=\{1，2，\cdots，10\}$，Ω 中有 10 个样本点，且基本事件发生的可能性都是相等的.因而可以规定 $P(\{1\})=P(\{2\})=\cdots=P(\{10\})=1/10$.

一般情况下,给出如下古典概型及古典概率定义.

定义 5.1   如果随机试验 E 满足下述条件:

(1) 试验结果的个数是有限的,即样本空间的元素(即基本事件)只有有限个,设 $\Omega=\{\omega_1, \omega_2, \cdots, \omega_n\}$;

(2) 每个基本事件 $\{\omega_1\}, \{\omega_2\}, \cdots, \{\omega_n\}$ 的出现(发生)是等可能的.

则称这个问题为古典概型(或称这种数学模型为古典概型),任一随机事件 A 所包含的基本事件数 k 与基本事件总数 n 的比值叫作随机事件 A 的概率,记作 $P(A)$,即

$$P(A)=\frac{k}{n}=\frac{\text{事件 } A \text{ 包含的基本事件数}}{\text{基本事件总数}} \tag{5.1}$$

我们称由式(5.1)给出的概率为古典概率,概率的这种定义称为概率的古典定义.

对于古典概型应注意以下几点.

(1) 古典概型是学习概率统计的基础,因此它是非常重要的概率模型.

(2) 判断某一问题是否为古典概型的关键是每个基本事件的出现是否为等可能的.有限性较容易看出,但等可能性较难判定,一般在包含有 n 个元素的样本空间中,如果没有理由认为某些基本事件发生的可能性比另一些基本事件发生的可能性大,我们就可以认为每个基本事件出现的可能性相等,即都等于 $1/n$.更关键的一点是要把事件 A 包含的基本事件数量数准确、数足够.对于较简单情况,可以把试验 E 的所有基本事件全列出,这样就容易应用式(5.1)求出.当 n 较大时,不可能全列出,这就要求读者具有分析想象能力,还应熟悉关于排列与组合的基本知识,事件间的关系及运算亦要熟练,才能去计算古典概率.

(3) 在计算古典概率时,首先要判断该问题是否满足有限性和等可能性,其次要弄清楚样本空间是怎样构成的.对于复杂问题只要求出基本事件的总数 n,同时求出所讨论事件 A 包含的基本事件数,再利用式(5.1)计算出 $P(A)$ 即可.

如何应用式(5.1)计算概率的例子如下.

例 5.5   从一批由 45 件正品、5 件次品组成的产品中任取 3 件,求其中恰有 1 件次品的概率.

解：设所论事件为 A，基本事件的总数为 $n = C_{50}^3$，事件 A 包含的基本事件数为 $k = C_5^1 C_{45}^2$，所以

$$P(A) = \frac{C_5^1 C_{45}^2}{C_{50}^3} = 0.252$$

例 5.6 100 个产品中有 3 个废品，任取 5 个，求其中废品数分别为 0，1，2，3 的概率.

解：基本事件总数 $n = C_{100}^5$. 设事件 $A_i\,(i = 0,\ 1,\ 2,\ 3)$ 表示取出的 5 个产品中有 i 个废品，A_i 所包含的基本事件数 $k_i = C_3^i C_{97}^{5-i}\,(i = 0,\ 1,\ 2,\ 3)$.

所以 　$P(A_0) = C_{97}^5 / C_{100}^5 = 0.856$

$P(A_1) = C_3^1 C_{97}^4 / C_{100}^5 = 0.138\,06$

$P(A_2) = C_3^2 C_{97}^3 / C_{100}^5 = 0.005\,88$

$P(A_3) = C_3^3 C_{97}^2 / C_{100}^5 = 0.000\,061\,8$

例 5.7 设有 n 个不同的球，每一球等可能地落入 $N\,(N \geqslant n)$ 个盒子中的每一个盒子里（设每个盒子能容纳的球数是没有限制的），设 $A = \{$指定的 n 个盒子中各有一球$\}$，$B = \{$任何 n 个盒子中恰有一球$\}$，$C = \{$某指定的一个盒子中恰有 $m\,(m \leqslant n)$ 个球$\}$. 求：$P(A)$，$P(B)$，$P(C)$.

解：每一个球都可以放进这 N 个盒子中的任一个盒子，有 N 种放法，n 个球放进 N 个盒子就有 N^n 种放法，所以基本事件总数为 N^n.

（1）今固定 n 个盒，第一个球有 n 中放法，第 2 个球有 $n-1$ 种放法，$\cdots$，第 n 个球有 1 种放法，因此 A 包含的基本事件数为 $n!$，所以 $P(A) = n! / N^n$.

（2）因为任何 n 个盒可以从 N 个盒中任意选取，共有 C_N^n 种选法，这 n 个盒后，再由（1）知，事件 B 包含的基本事件数为

$$C_N^n n! = A_N^n,\ \text{所以}\ P(B) = C_N^n n! / N^n = A_N^n / N^n.$$

（3）因为 m 个球可以从 n 个球中任意选出，共有 C_n^m 种选法，其余 $n-m$ 个球可以任意落入其余的 $N-1$ 个盒中，共有 $(N-1)^{n-m}$ 种选法.根据乘法原理，因此事件 C 包含的基本事件数为 $C_n^m (N-1)^{n-m}$，所以 $P(C) = C_n^m (N-1)^{n-m} / N^n$.

这个例子是古典概型中一个很典型的问题，不少实际问题都可以归结为它.

例 5.8 一批产品中有 n 个正品，m 个次品，逐个进行检查，若已查明前

k ($k \leqslant n$) 个都是正品,求第 $k+1$ 次检查时仍是正品的概率是多少?

解: 由已知条件知基本事件总数为 $n+m-k$. 设事件 $A=\{$第 $k+1$ 次检查时仍是正品$\}$,则 A 包含的基本事件数为 $n-k$,所以 $P(A)=(n-k)/(n+m-k)$.

例 5.9 将 15 名新生平均分配到三个班级中去,这 15 名新生中有 3 名优秀生. 设 $A=\{$每一个班级各分配到一个优秀生$\}$,$B=\{$3 名优秀生分配到同一班$\}$,求 $P(A)$,$P(B)$.

解: 15 名新生平均分配到三个班中的分法总数为

$$n = 15!/(5!5!5!) = C_{15}^5 C_{10}^5 C_5^5$$

(1) 将 3 名优秀生分配到三个班级,使每个班级都有一名优秀生的分法共 3! 种. 对于每种分法,其余 12 名新生平均分配到三个班级中的分法共有 12!/(4!4!4!)种,因此事件 A 包含的基本事件数为 $k=3!12!/(4!4!4!)$,所以

$$P(A) = k/n = 25/91 = 0.274\ 7$$

(2) 将 3 名优秀生分配在同一班级内的分法共有 3 种,对于这每一种分法,其余 12 名新生的分法(一个班级 2 名,另一个班级 5 名)有 12!/(2!5!5!)种. 因此事件 B 包含的基本事件数为 $k=3 \times 12!/(2!5!5!)$,所以

$$P(B) = k/n = 6/91 = 0.065\ 9$$

2. 古典概型的性质

性质 5.1 设 A 为任一事件,则 $0 \leqslant P(A) \leqslant 1$.

性质 5.2 设 Ω 为必然事件,则 $P(\Omega)=1$.

性质 5.3(有限可加性) 设 A_1,A_2,A_3,$\cdots$,A_n 互不相容,则 $P(\bigcup_{i=1}^{n} A_i) = \sum_{i=1}^{n} P(A_i)$.

以上 3 条性质能对概率的计算带来很多方便,下面将举例说明这些性质的应用.

例 5.10 一袋中有 4 个白球,2 个红球,不放回地从袋中抽取两次,每次取一个. 设 $A=\{$取到的两个球颜色相同$\}$,$B=\{$取到的两个球中至少有一个白球$\}$,求 $P(A)$,$P(B)$.

解：设 $C = \{$取到的两个球都是白球$\}$，$D = \{$取到的两个球都是红球$\}$，则 $A = C \bigcup D, B = \bar{D}$.

易知 $P(C) = C_4^2 / C_6^2 = 0.4, P(D) = C_3^2 / C_6^2 = 0.067$.

所以 $P(A) = P(C \bigcup D) \xlongequal{CD = \Phi} P(C) + P(D) = 0.4 + 0.067 = 0.467$,

$P(B) = P(\bar{D}) = 1 - P(D) = 1 - 0.067 = 0.933$.

例 5.11　有 100 件产品，其中有 10 件是次品，任取 10 件，问至少有一件是次品的概率是多少？

解：方法一　设 $A_i = \{$有 i 件次品$\}$，$i = 0, 1, 2, \cdots, 10$. 显然

$$A_i A_j = \Phi, i \neq j$$

设 $A = \{$至少有一件次品$\}$，则

$$A = A_1 \bigcup A_2 \bigcup \cdots \bigcup A_{10}$$
$$P(A_1) = C_{10}^1 C_{90}^9 / C_{100}^{10}$$
$$P(A_2) = C_{10}^2 C_{90}^8 / C_{100}^{10}$$
$$\cdots$$
$$P(A_{10}) = C_{10}^{10} C_{10}^0 / C_{100}^{10}$$

所以 $P(A) = (C_{10}^1 C_{90}^9 + C_{10}^2 C_{90}^8 + \cdots + C_{10}^2 C_{90}^8) / C_{100}^{10}$.

可见，要用此方法计算 $P(A)$ 的最后结果是比较麻烦的.

方法二　事件 A 的对立（逆）事件为 $\bar{A} = A_0$，则有

$$P(A) = 1 - P(\bar{A}) = 1 - P(A_0) = 1 - C_{10}^{10} C_{10}^0 / C_{100}^{10} = 0.669\ 5$$

可见方法二比方法一更简便，计算量少多了.

小结：由此例可看出，应当善于利用公式 $P(A) = 1 - P(\bar{A})$. 为了计算事件 A 的概率，我们可以先计算对立事件 $\bar{A}$ 的概率，然后利用这个公式求得事件 A 的概率，这样往往可以使计算简化.

5.2.2　条件概率和乘法公式

1. 条件概率

直到现在，我们对 $P(A)$ 的讨论都是相对于某组确定的条件 S 而言的，

$P(A)$就是在条件组 S 实现的情况下事件 A 发生的概率(为简略起见,"条件组 S"通常不再提及),除了这组基本条件 S 之外,有时我们还要提出附加的限制条件,也就是要求"在事件 B 已经发生的前提下"事件 A 发生的概率,这就是条件概率问题.为此,先考虑下述问题.

例 5.12 某班有 30 名学生,其中 20 名为男生,10 名为女生,身高 1.70 米以上的学生有 15 名,其中 12 名为男生,3 名为女生.

(1) 任选一名学生,问该学生的身高在 1.70 米以上的概率是多少?

(2) 任选一名学生,选出后发现是个男生,问该同学的身高在 1.70 米以上的概率是多少?

答案是很容易求出的,(1)的答案是 $15/30=0.5$,(2)的答案是 $12/20=0.6$.

但是,这两个问题的提法是有区别的,第二个问题是一种新的提法."是男生"本身也是一个随机事件,记作 A,把在事件 A 发生(即是男生)的条件下,事件 B(身高 1.70 米以上)发生的概率叫作在事件 A 发生的条件下事件 B 的条件概率,记作 $P(B|A)$,即不同于 $P(AB)$.

注意到 $P(A)=20/30$,$P(AB)=12/30$,从而有

$$P(B \mid A)=12/20=\frac{12/30}{20/30}=\frac{P(AB)}{P(A)}$$

这个式子的直观含义是明显的,在 A 发生的条件下 B 发生当然是 A 发生且 B 发生,即 AB 发生,但是,现在 A 发生成了前提条件,因此应该以 A 作为整个样本空间,而排除 A 以外的样本点,因此 $P(B|A)$ 是 $P(AB)$ 与 $P(A)$ 之比.

对于古典概型,设样本空间 Ω 含有 n 个样本点(n 个可能的试验结果),事件 A 含 m 个样本点 $(m>0)$,AB 含 r 个样本点 $(r \leqslant m)$,而事件 A 发生的条件下事件 B 发生,即已知试验结果属于 A 中的 m 个结果的条件下,属于 B 中的 r 个结果,因而

$$P(B \mid A)=r/m=\frac{r/n}{m/n}=\frac{P(AB)}{P(A)} \tag{5.2}$$

下面再看一例.

例 5.13 盒中装有 16 个球.其中 6 个是玻璃球,另外 10 个是木质球.玻

璃球中有 2 个是红色的,4 个是蓝色的;木质球中有 3 个是红色的,7 个是蓝色的,现从中任取一个(这些就是所谓"条件组 S").记 $A = \{$取到蓝球$\}$,$B = \{$取到玻璃球$\}$,那么 $P(A)$,$P(B)$ 都是容易求得的,但是如果已知取到的是蓝球,那么该球是玻璃球的概率是多少呢? 也就是求在事件 A 已发生的前提下事件 B 发生的概率[此概率记为 $P(B\mid A)$].将盒中球的分配情况列表如下:

颜 色	材 质		
	玻 璃	木 质	不同材质球的和
红	2	3	5
蓝	4	7	11
不同颜色球的和	6	10	16

由古典概型的公式[式(5.1)]知

$$P(A) = 11/16,\ P(B) = 6/16,\ P(AB) = 4/16$$

至于 $P(B\mid A)$,也可以用古典概型来计算,因取到的是蓝球,我们知道蓝球共有 11 个而其中有 4 个是玻璃球,所以

$$P(B \mid A) = 4/11 = \frac{4/16}{11/16} = \frac{P(AB)}{P(A)}$$

定义 5.2 设 A,B 为随机试验 E 的两个事件,且 $P(A) > 0$,则称 $P(B \mid A) = \dfrac{P(AB)}{P(A)}$ 为在事件 A 发生的条件下事件 B 发生的条件概率.

注意 $P(B\mid A)$ 还是在一定条件下,事件 B 发生的概率,只是它的条件除原条件 S 外,又附加了一个条件(A 已发生),为区别这两者,后者就称为条件概率.

计算条件概率 $P(B\mid A)$ 有以下两种方法.

方法一:在样本空间 Ω 的缩减样本空间 Ω_A 中计算 B 发生的概率,就得 $P(B\mid A)$.

方法二:在样本空间 Ω 中,计算 $P(AB)$,$P(A)$ 然后按定义式求出 $P(B\mid A)$.

由条件概率的定义,易知下列性质成立.

性质 5.4 $P(\Phi \mid A) = 0$.

性质 5.5 $P(B \mid A) = 1 - P(\bar{B} \mid A)$.

性质 5.6 $P(B_1 \bigcup B_2 \mid A) = P(B_1 \mid A) + P(B_2 \mid A) - P(B_1 B_2 \mid A)$.

性质 5.7   若 $B_1 \subset B_2$，则 $P(B_1 \mid A) \leqslant P(B_2 \mid A)$.

例 5.14   盒中有五个球(三个新两个旧)，每次取一个不放回地取两次，求第一次取到新球的概率；第一次取到新球的条件下第二次取到新球的概率.

解：设 $A = \{$第一次取到新球$\}$，$B = \{$第二次取到新球$\}$.显然

$$P(A) = 3/5$$

现在计算第二个问题，当事件 A 发生后，由于不放回地抽取，故盒中只有四个球(两新两旧)，于是

$$P(B \mid A) = 2/4 = 1/2$$

再让我们在原样本空间中计算 $P(AB)$，它可用古典概率来解.事件 AB 表示第一次和第二次都抽到新球，由于抽取是不放回的，所以每次抽取一个连抽两次与一次抽取两个是一样的，因而

$$P(AB) = C_3^2 / C_5^2 = 3/10$$

于是 $P(B \mid A) = P(AB)/P(A) = (3/10)/(3/5) = 1/2$.

例 5.15   设某种动物由出生算起活到 20 岁以上的概率为 0.8,活到 25 岁以上的概率为 0.4,如果一只动物现在已经 20 岁,问它能活到 25 岁的概率为多少?

解：设 $A = \{$活到 20 岁$\}$，$B = \{$活到 25 岁$\}$，则

$$P(A) = 0.8, \ P(B) = 0.4$$

因为 $B \subset A$，所以 $P(AB) = P(B) = 0.4$.

由式(5.2)有

$$P(B/A) = P(AB)/P(A) = 0.4/0.8 = 0.5$$

2. 乘法公式

条件概率说明 $P(A)$，$P(AB)$，$P(B \mid A)$ 三个量之间的关系,由条件概率的定义可得到下述定理.

定理 5.1(乘法公式)   对于任意的事件 A，B，若 $P(A) > 0$，则有

$$P(AB) = P(A)P(B \mid A) \tag{5.3}$$

同样，若 $P(B) > 0$，则有

$$P(AB) = P(B)P(A \mid B) \tag{5.4}$$

上面两个式子都称为概率的乘法公式.

乘法公式可以推广到多(n)个事件的情形.

推论 5.1   设 A_1，A_2，$\cdots$，A_n 是 n 个事件，满足

$$P(A_1 A_2 \cdots A_n) = P(A_1)P(A_2 \mid A_1)P(A_3 \mid A_1 A_2)\cdots P(A_n \mid A_1 A_2 \cdots A_{n-1}) \tag{5.5}$$

特别当 $n = 3$ 时，对于三个事件 A，B，C，若 $P(AB) > 0$，则有

$$P(ABC) = P(A)P(B \mid A)P(C \mid AB)$$

例 5.16   今有 3 个布袋，其中 2 个为红布袋，1 个为绿布袋，在红布袋中装 60 个红球和 40 个绿球，在绿布袋中装 30 个红球和 50 个绿球.现在任取 1 袋，从中任取 1 球，问是红布袋中红球的概率为多少？

解：设 $A = \{$取红袋$\}$，$B = \{$取红球$\}$.我们要求的是 A 和 B 同时发生的概率，即 $P(AB)$.显然 $P(A) = 2/3$，$P(B \mid A)$ 是在取红袋的条件下取到红球的概率，也就是在红袋里取到红球的概率应为 $60/100 = 3/5$，即 $P(B \mid A) = 3/5$，由乘法公式可得

$$P(AB) = P(A)P(B \mid A) = \frac{2}{3} \times \frac{3}{5} = \frac{2}{5}$$

例 5.17   今有一张电影票，5 个人都想要，他们用抓阄的办法分这张票，试证明每人得到电影票的概率都是 1/5.

证明：设第 i 次抓阄的人为第 i 个人，设 $A_i = \{$第 i 个人抓到"有"$\}$，$i = 1$，2，3，4，5.

(1) 显然 $P(A_1) = 1/5$.

(2) 第二个人抓到"有"的必要条件是第一个人抓到"无"，所以 $A_2 = \overline{A_1} A_2$.因而 $P(A_2) = P(\overline{A_1} A_2) = P(\overline{A_1})P(A_2 \mid \overline{A_1}) = \frac{4}{5} \times \frac{1}{4} = \frac{1}{5}$.

式中,$P(A_2|\overline{A_1})$是在$\overline{A_1}$发生的条件下A_2发生的概率,即在第一个人没有抓到的条件下第二个人抓到的概率,此时只剩 4 个阄,其中有一个是"有",故$P(A_2 \mid \overline{A_1}) = 1/4$.

(3) 类似地,$A_3 = \overline{A_1}\,\overline{A_2}A_3$.

所以 $P(A_3) = P(\overline{A_1})P(\overline{A_2} \mid \overline{A_1})P(A_3 \mid \overline{A_1}\,\overline{A_2}) = \dfrac{4}{5} \times \dfrac{3}{4} \times \dfrac{1}{3} = \dfrac{1}{5}$.

(4) 同样地 $A_4 = \overline{A_1}\,\overline{A_2}\,\overline{A_3}A_4$,所以

$$
\begin{aligned}
P(A_4) &= P(\overline{A_1}\,\overline{A_2}\,\overline{A_3}A_4) \\
&= P(\overline{A_1})P(\overline{A_2} \mid \overline{A_1})P(\overline{A_3} \mid \overline{A_1}\,\overline{A_2})P(A_4 \mid \overline{A_1}\,\overline{A_2}\,\overline{A_3}) \\
&= \frac{4}{5} \times \frac{3}{4} \times \frac{2}{3} \times \frac{1}{2} = \frac{1}{5}
\end{aligned}
$$

(5) $P(A_5) = P(\overline{A_1}\,\overline{A_2}\,\overline{A_3}\,\overline{A_4}A_5) = \dfrac{4}{5} \times \dfrac{3}{4} \times \dfrac{2}{3} \times \dfrac{1}{2} = \dfrac{1}{5}$

此例可推广到 n 个人抓阄分物的情况,n 个阄,其中有一个"有",$n-1$ 个"无",n 个人排队抓阄,每人抓到"有"的概率都是 $1/n$.

若 n 个阄中有 m $(m < n)$ 个"有",$n-m$ 个"无",则每个人抓到"有"的概率都是 m/n.

由此例可以说明:抽签(抓阄)不分先后,概率都一样,不必争先恐后.

例 5.18 设 100 件产品中有 5 件是不合格品,用下列两种方法抽取两件,求两件都是合格品的概率:

(1) 不放回地顺序抽取;

(2) 放回地顺序抽取.

解:设 $A = \{$第一次取得的是合格品$\}$,$B = \{$第二次取得的是合格品$\}$. 我们的问题是求 $P(AB)$.

(1) 由题设,不放回地抽取时,

$$P(A) = 95/100, \quad P(B \mid A) = 94/99$$

由乘法公式算得

$$P(AB) = P(A)P(B \mid A) = \frac{95}{100} \times \frac{94}{99} = 0.9$$

（2）由题设，放回地抽取时，

$$P(A)=95/100,\ P(B\mid A)=95/100$$

由乘法公式可得

$$P(AB)=P(A)P(B\mid A)=\frac{95}{100}\times\frac{95}{100}=0.902\,5$$

在（2）的假设下，我们可以求得 $P(B)=95/100$，其结果等于 $P(B\mid A)$，即 $P(B)=P(B\mid A)$，这说明事件 A 发生与否不影响事件 B 发生的概率.该结论从（2）的假设中可以直接看到，因为此时第二次抽取时的条件与第一次抽取时完全相同，即第一次抽取的结果完全不影响第二次抽取.

习题 5.2

1. 甲、乙、丙三人去住三间房子.求：

    （1）每间恰有一人的概率是多少？

    （2）空一间的概率是多少？

2. 袋中装有 10 个红球，5 个白球，从中随机地一次摸出 3 个球，分别求摸出的 3 个球全是红球的概率，摸出的全是白球的概率，摸出的是一个红球、两个白球的概率.

3. 盒子中有 6 只灯泡，其中有 2 只次品、4 只正品，不放回地从中任取两次，每次取一只，求：

    （1）所取两只都是正品的概率；

    （2）取到两只中有一只是正品另一只是次品的概率.

4. 把 1，2，3，4，5 五个数各写在一张纸片上，任取其中三个自左而右排成一个三位数.问：

    （1）所得三位数是偶数的概率是多少？

    （2）所得三位数不小于 200 的概率是多少？

5. 把 10 本书任意地放在书架上，求其中指定的三本书放在一起的概率是多少？

6. 一袋中有 4 个白球、2 个红球，从袋中取两次，每次取一个球，求取到的两个球都是白球的概率？

7. 随机地向四个邮筒投寄两封信,求第二个邮筒恰好投入一封信的概率.

8. 设 50 件产品中有 5 件为次品,每次抽一件,不放回地抽取 3 件,A_i 表示第 i 次抽到次品 $(i=1,2,3)$,求 $P(A_1)$,$P(A_1 A_2)$,$P(A_1 \overline{A_2} A_3)$.

5.3   随机变量及其分布

5.3.1   随机变量的概念

在许多试验中,观察的对象常常是一个随机取值的量.例如掷一颗骰子出现的点数,它本身就是一个数值,因此 $P(A)$ 这个函数可以看作是普通函数(定义域和值域都是数字).但是观察硬币出现正面还是反面就不能简单理解为普通函数,但我们可以通过下面的方法使它与数值联系起来:当出现正面时,规定其对应数为"1";而出现反面时,规定其对应数为"0".于是

$$X = X(\omega) = \begin{cases} 1 & \text{当正面出现} \\ 0 & \text{当反面出现} \end{cases}$$

式中,X 称为随机变量.又由于 X 是随着试验结果(基本事件 ω)不同而变化的,所以 X 实际上是基本事件 ω 的函数,即 $X = X(\omega)$.同时事件 A 包含了一定量的 ω(例如古典概型中 A 包含了 ω_1,ω_2,$\cdots$,ω_m 共 m 个基本事件),于是 $P(A)$ 可以由 $P[X(\omega)]$ 计算,这是一个普通函数.

在测试灯泡寿命的试验中,每一个灯泡的实际使用寿命可能是 $[0,+\infty)$ 中任何一个实数,若用 X 表示灯泡的寿命(小时),则 X 是定义在样本空间 $S = \{t \mid t \geqslant 0\}$ 上的函数,即 $X = X(t) = t$,是随机变量.

定义 5.3   设试验的样本空间为 Ω,如果对 Ω 中每个事件 ω 都有唯一的实数值 $X = X(\omega)$ 与之对应,则称 $X = X(\omega)$ 为随机变量,简记为 X.

有了随机变量,就可以通过它来描述随机试验中的各种事件,能全面反映试验的情况.这就使得我们对随机现象的研究,从事件与事件的概率的研究扩大到对随机变量的研究,这样高等数学的方法也可用来研究随机现象了.

一个随机变量所可能取到的值只有有限个(如掷骰子出现的点数)或可列

无穷多个,则称该随机变量为离散型随机变量.像灯泡寿命这样的随机变量,它的取值连续地充满了一个区间,称为连续型随机变量.

随机变量与高等数学中的函数相比较具有如下特征:

(1) 都是实值函数,但前者在试验前只知道它可能取值的范围,而不能预先肯定它将取哪个值;

(2) 试验结果的出现有一定的概率,故前者取每个值和每个确定范围内的值也有一定的概率.

5.3.2　离散型随机变量及其概率分布律

设离散型随机变量 X 所有可能取值为 $x_i(i=1,2,\cdots)$,且 X 取以上各值的概率分别为 $p_1,p_2,\cdots,p_k,\cdots$,即

$$P\{X=x_i\}=p_i(i=1,2,\cdots)$$

称为离散型随机变量 X 的概率分布律或分布列.

离散型随机变量的概率分布律也可以用如下表格表示:

X	x_1	x_2	$\cdots$	x_n	$\cdots$
p_i	p_1	p_2	$\cdots$	p_n	$\cdots$

显然离散型随机变量的分布律满足下列性质.

(1) 非负性:即 $p_k \geqslant 0\ (k=1,2,\cdots)$.

(2) 规范性:即 $\sum_k p_k = 1\ (k=1,2,\cdots)$.

例 5.19　设离散型随机变量 X 的分布律为

X	0	1	2
p_i	0.2	c	0.5

,求常数 c.

解: 由分布律的性质知 $1=0.2+c+0.5$,解得 $c=0.3$.

例 5.20　某系统有两台机器相互独立地运转.设第一台与第二台机器发生故障的概率分别为 0.1 和 0.2,以 X 表示系统中发生故障的机器数,求 X 的分布律.

解: 设 A_i 表示事件"第 i 台机器发生故障",$i=1,2$,则有

$$P\{X=0\}=P(\overline{A_1}\,\overline{A_2})=0.9\times 0.8=0.72$$

$$P\{X=1\}=P(A_1\overline{A_2})+P(\overline{A_1}A_2)=0.1\times0.8+0.9\times0.2=0.26$$

$$P\{X=2\}=P(A_1A_2)=0.1\times0.2=0.02$$

故所求分布律为

X	0	1	2
p_i	0.72	0.26	0.02

5.3.3 随机变量的分布函数

对于离散型随机变量 X,它的分布律能够完全刻画其统计特性,也可用分布律得到我们关心的事件,如 $\{X>0\}$,$\{a\leqslant X\leqslant b\}$ 等事件的概率.而对于非离散型的随机变量,就无法用分布律来描述它了.首先,我们不能将其可能的取值一一列举出来,如连续型随机变量的取值可充满数轴上的一个区间 (a,b),甚至是几个区间,也可以是无穷区间;其次,对于连续型随机变量 X,取任一指定的实数值 x 的概率都等于 0,即 $P\{X=x\}=0$. 于是,如何刻画一般的随机变量的统计规律成了我们的首要问题.

定义 5.4 设 X 为随机变量,称函数 $F(x)=P\{X\leqslant x\}$,$x\in(-\infty,+\infty)$ 为 X 的分布函数.

注意,随机变量的分布函数的定义适应于任意的随机变量,其中也包含了离散型随机变量,即离散型随机变量既有分布律也有分布函数,两者都能完全描述它的统计规律性.

例 5.21 设离散型随机变量 X 的分布律为

X	-1	0	1	2
p_i	0.125	0.125	0.25	0.5

求 X 的分布函数 $F(x)$.

解:$F(x)=P(X\leqslant x)$

当 $x<-1$ 时,$P\{X\leqslant x\}=0$,故 $F(x)=0$;

当 $-1\leqslant x<1$ 时,$P\{X\leqslant x\}=P\{X=-1\}=0.125$,故 $F(x)=0.125$;

当 $0\leqslant x<1$ 时,$P\{X\leqslant x\}=P\{X=-1$ 或 $0\}=0.25$,故 $F(x)=0.25$;

当 $1 \leqslant x < 2$ 时，$P\{X \leqslant x\} = P\{X = -1 \text{ 或 } 0 \text{ 或 } 1\} = 0.75$，故 $F(x) = 0.5$；

当 $2 \leqslant x$ 时，$P\{X \leqslant x\} = P\{X = -1 \text{ 或 } 0 \text{ 或 } 1 \text{ 或 } 2\} = 1$，故 $F(x) = 1$.

所以
$$F(x) = \begin{cases} 0 & x < -1 \\ 0.125 & -1 \leqslant x < 0 \\ 0.25 & 0 \leqslant x < 1 \\ 0.5 & 1 \leqslant x < 2 \\ 1 & x \geqslant 2 \end{cases}$$

一般地，对于离散型随机变量 X，它的分布函数 $F(x)$ 在 X 的可能值 x_k（$k = 1, 2, \cdots$）处具有跳跃，跳跃值恰为该处的概率 $p_k = P\{X = x_k\}$，$F(x)$ 的图形是阶梯形曲线，$F(x)$ 为分段函数，分段点仍是 x_k（$k = 1, 2, \cdots$）. 另一方面，由例 5.21 中分布函数的求法可见，分布函数本质上是一种累计概率.

5.3.4　连续型随机变量

前面我们已经看到，离散型随机变量的取值可以一一列举出来，但连续型随机变量 X 的取值不可能一一列举，对于这一类随机变量，我们通常关心的不是它取某一个值的概率，而是更关注 X 取值于某个区间的概率，如前面灯泡的寿命问题.

定义 5.5　设 $F(x)$ 是随机变量 X 的分布函数，若存在非负函数 $f(x)$，$x \in \mathbf{R}$，使得对任意实数 x 有

$$F(x) = \int_{-\infty}^{x} f(x) \mathrm{d}x$$

则称 X 为连续型随机变量，$f(x)$ 称为 X 的概率密度函数或密度函数，简称概率密度. $f(x)$ 的图形是一条曲线，称为密度（分布）曲线. 连续型随机变量 X 由其密度函数唯一确定.

由上式可知，连续型随机变量的分布函数 $F(x)$ 是连续函数.

密度函数 $f(x)$ 具有下面 4 个性质：

(1) $f(x) \geqslant 0$；

(2) $\int_{-\infty}^{+\infty} f(x) = 1$；

(3) $P(x_1 < X \leqslant x_2) = F(x_2) - F(x_1) = \int_{x_1}^{x_2} a f(x) \mathrm{d}x$；

(4) 若 $f(x)$ 在 x 处连续,则有 $F'(x) = f(x)$.

$F(+\infty) = \int_{-\infty}^{+\infty} f(x) = 1$ 的几何意义:在横轴上面、密度曲线下面的全部面积等于 1.

如果一个函数满足密度函数的性质(1)和性质(2),则它一定是某个随机变量的密度函数.

由密度函数的性质(3)可知

$$P(x < X \leqslant x + \mathrm{d}x) \approx f(x)\mathrm{d}x$$

它在连续型随机变量理论中所起的作用与 $P\{X = x_k\} = p_k$ 在离散型随机变量理论中所起的作用类似.

例 5.22 设 X 是连续型随机变量,已知 X 的概率密度为

$$f(x) = \begin{cases} A\mathrm{e}^{-3x} & x > 0 \\ 0 & x \leqslant 0 \end{cases}$$

式中,A 为正的常数.试确定常数 A,并求 $P\{X > 0.1\}$.

解: 由密度函数的性质(2)可得

$$1 = \int_{-\infty}^{+\infty} f(x)\mathrm{d}x = \int_{-\infty}^{0} 0\mathrm{d}x + \int_{0}^{+\infty} A\mathrm{e}^{-3x}\mathrm{d}x = 0 + \frac{A}{3}$$

所以 $A = 3$,

$$P\{X > 0.1\} = \int_{0.1}^{+\infty} f(x)\mathrm{d}x = \int_{0.1}^{+\infty} 3\mathrm{e}^{-3x}\mathrm{d}x = 0.740\,8$$

例 5.23 已知连续型随机变量 X 的概率密度为

$$f(x) = \begin{cases} kx & 0 \leqslant x < 3 \\ 2 - \dfrac{x}{2} & 3 \leqslant x \leqslant 4 \\ 0 & \text{其他} \end{cases}$$

(1) 确定常数 k; (2) 求 X 的分布函数 $F(x)$; (3) 求 $P\left\{1 < X \leqslant \dfrac{7}{2}\right\}$.

解: (1) 由密度函数的性质(2)可得

$$1 = \int_{-\infty}^{+\infty} f(x)\mathrm{d}x = \int_{0}^{3} kx\,\mathrm{d}x + \int_{3}^{4}\left(2 - \frac{x}{2}\right)\mathrm{d}x = \frac{9k}{2} + \frac{1}{4}$$

所以 $k = \dfrac{1}{6}$，

X 的概率密度为 $f(x) = \begin{cases} \dfrac{x}{6} & 0 \leqslant x < 3 \\ 2 - \dfrac{x}{2} & 3 \leqslant x \leqslant 4 \\ 0 & \text{其他} \end{cases}$.

（2）X 的分布函数为

$$F(x) = \begin{cases} 0 & x < 0 \\ \displaystyle\int_0^x \dfrac{t}{6} \mathrm{d}t & 0 \leqslant x < 3 \\ \displaystyle\int_0^3 \dfrac{t}{6} \mathrm{d}t + \int_3^x \left(2 - \dfrac{t}{2}\right) \mathrm{d}t & 3 \leqslant x < 4 \\ 1 & x \geqslant 4 \end{cases}$$

所以 $F(x) = \begin{cases} 0 & x < 0 \\ \dfrac{x^2}{12} & 0 \leqslant x < 3 \\ -3 + 2x - \dfrac{x^2}{4} & 3 \leqslant x < 4 \\ 1 & x \geqslant 4 \end{cases}$.

（3）$P\left\{1 < X \leqslant \dfrac{7}{2}\right\} = F\left(\dfrac{7}{2}\right) - F(1) = P\left\{1 < X \leqslant \dfrac{7}{2}\right\} = \dfrac{41}{48}$.

例 5.24（正态分布）　若随机变量 X 的概率密度函数为

$$f(x) = \frac{1}{\sqrt{2\pi}\,\sigma} \mathrm{e}^{-\frac{(x-\mu)^2}{2\sigma^2}} \quad (-\infty < x < +\infty)$$

式中，$\mu > 0$，$\sigma > 0$，且都为常数，则称随机变量 X 服从参数为 μ、σ 的正态分布或高斯分布，记为 $X \sim N(\mu, \sigma^2)$.

$f(x)$ 具有如下性质.

（1）$f(x)$ 的图形是关于 $x = \mu$ 对称的，如图 5.7 所示为正态分布密度函数曲线.

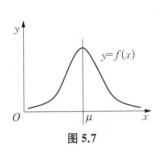

图 5.7

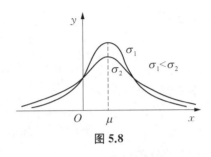

图 5.8

(2) 当 $x=\mu$ 时, $f(\mu)=\dfrac{1}{\sqrt{2\pi}\,\sigma}$ 为最大值.

(3) $f(x)$ 以 x 轴为渐近线,当 σ 固定、改变 μ 时, $f(x)$ 的图形形状不变, 只是集体沿 x 轴平行移动,所以 μ 又称为位置参数.当 μ 固定、改变 σ 时, $f(x)$ 的图形形状会发生变化,随 σ 变大, $f(x)$ 图形的形状变得平坦(不同 σ 的 密度曲线的比较见图 5.8),所以又称 σ 为形状参数.

若 $X\sim N(\mu,\sigma^2)$,则 X 的分布函数为

$$F(x)=\frac{1}{\sqrt{2\pi}\,\sigma}\int_{-\infty}^{x}\mathrm{e}^{-\frac{(t-\mu)^2}{2\sigma^2}}\,\mathrm{d}t \quad (-\infty<x<\infty)$$

参数 $\mu=0$, $\sigma=1$ 时的正态分布称为标准正态分布,记为 $X\sim N(0,1)$, 其密度函数记为

$$\varphi(x)=\frac{1}{\sqrt{2\pi}}\mathrm{e}^{-\frac{x^2}{2}} \quad (-\infty<x<+\infty)$$

标准正态分布密度函数曲线如图 5.9 所示.

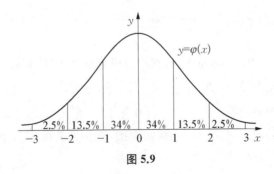

图 5.9

分布函数为

$$\Phi(x)=\frac{1}{\sqrt{2\pi}}\int_{-\infty}^{x}\mathrm{e}^{-\frac{t^2}{2}}\,\mathrm{d}t\quad(-\infty<x<\infty)$$

$\Phi(x)$ 是不可求积函数，其函数值分布可见文后附表.

$\varphi(x)$ 和 $\Phi(x)$ 的性质如下：

(1) $\varphi(x)$ 是偶函数，$\varphi(-x)=\varphi(x)$；

(2) 当 $x=0$ 时，$\varphi(x)=\dfrac{1}{\sqrt{2\pi}}$ 为最大值；

(3) $\Phi(-x)=1-\Phi(x)$ 且 $\Phi(0)=\dfrac{1}{2}$.

如果 $X\sim N(\mu,\sigma^2)$，则 $\dfrac{X-\mu}{\sigma}\sim N(0,1)$，所以我们可以通过变换将 $F(x)$ 的计算转化为 $\Phi(x)$ 的计算，即

$$P(x_1<X\leqslant x_2)=\Phi\left(\frac{x_2-\mu}{\sigma}\right)-\Phi\left(\frac{x_1-\mu}{\sigma}\right)$$

而 $\Phi(x)$ 的值是可以通过查表得到的.

　　一般来说，一个随机变量如果受到许多随机因素的影响，而其中每一个因素都不起主导作用（作用很小），则它服从正态分布.这是正态分布在实践中得以广泛应用的原因.例如，产品的质量指标、元件的尺寸、某地区成年男子的身高和体重、测量误差、射击目标的水平或垂直偏差、信号噪声、农作物的产量等，都服从或近似服从正态分布.而在实际问题中，许多非正态分布的随机变量和正态分布的随机变量有着密切的联系，所以，正态分布是概率中最重要的连续型分布.由于正态分布在 19 世纪前叶由高斯加以推广，因此又称高斯分布.

习题 5.3

1. 一袋中有 5 只小球，编号分别为 1，2，3，4，5，在其中同时取 3 只，以 X 表示取出的 3 只球中的最大号码，写出随机变量 X 的分布律.

2. 设在 15 只同类型零件中有 2 只是次品，在其中取 3 次，每次任取 1 只，作不放回抽样，以 X 表示取出次品的只数.(1) 求 X 的分布律；(2) 画出分

布律的图形.

3. 设 $\dfrac{X}{p_i}\begin{array}{|ccc} 0 & 1 & 2 \\ 1/3 & 1/6 & 1/2 \end{array}$，求 $F(x)$.

4. 设随机变量 X 的分布函数为 $F(x)=\begin{cases} 0 & x<1 \\ 9/19 & 1\leqslant x<2 \\ 15/19 & 2\leqslant x<3 \\ 1 & x\geqslant 3 \end{cases}$，求 X 的概率

分布.

5. 以 X 表示某商店从早晨开始营业起到第一顾客到达的等待时间(以分计)，X 的分布函数为

$$F(x)=\begin{cases} 1-\mathrm{e}^{-0.4x} & x\geqslant 0 \\ 0 & x<0 \end{cases}$$

求下述概率：

(1) $P\{$至多 3 分钟$\}$；(2) $P\{$至少 4 分钟$\}$；(3) $P\{3$ 分钟至 4 分钟之间$\}$；

(4) $P\{$至多 3 分钟或至少 4 分钟$\}$；(5) $P\{$恰好 2.5 分钟$\}$.

6. 已知 $X\sim N(8,0.5^2)$，求：

(1) $F(9),F(7)$ (2) $P\{7.5\leqslant X\leqslant 10\}$

(3) $P\{\mid X-8\mid\leqslant 1\}$ (4) $P\{\mid X-9\mid<0.5\}$

7. 设随机变量 X 具有概率密度 $f(t)=\begin{cases} kx & 0\leqslant x<1 \\ 2-x & 1\leqslant x\leqslant 2. \\ 0 & 其他 \end{cases}$

(1) 确定常数 k；(2) 求 X 的分布函数 $F(x)$；(3) 求 $P\{1<X\leqslant 7/2\}$.

5.4　随机变量的数字特征

前面讨论了随机变量的分布函数，从中知道随机变量的分布函数能完整地描述随机变量的统计规律性.但在许多实际问题中，人们并不需要去全面考察随机变量的变化情况，而只要知道它的某些数字特征即可.例如，在评价某

地区粮食产量的水平时,通常只要知道该地区粮食的平均产量;又如,在评价一批棉花的质量时,既要注意纤维的平均长度,又要注意纤维长度与平均长度之间的偏离程度,平均长度较大、偏离程度较小,则质量较好.

实际上,描述随机变量的平均值和偏离程度的某些数字特征在理论和实践上都具有重要的意义,它们能更直接、更简洁、更清晰和更实用地反映出随机变量的本质.

本节将要讨论的随机变量的常用数字特征包括数学期望和方差.

5.4.1 随机变量的期望

1. 离散型随机变量的数学期望

平均值是日常生活中最常用的一个数字特征,它对评判事物、作出决策等具有重要作用.

定义 5.6 设 X 是离散型随机变量的概率分布为 $P\{X=x_i\}=p_i (i=1,2,\cdots)$,如果 $\sum_{i=1}^{\infty} x_i p_i$ 绝对收敛,则定义 X 的数学期望(又称均值)为 $E(X)=\sum_{i=1}^{\infty} x_i p_i$.

2. 连续型随机变量的数学期望

定义 5.7 设 X 是连续型随机变量,其密度函数为 $f(x)$,如果 $\int_{-\infty}^{\infty} x f(x) \mathrm{d}x$ 绝对收敛,则定义 X 的数学期望为 $E(x)=\int_{-\infty}^{\infty} x f(x) \mathrm{d}x$.

3. 数学期望的性质

数学期望有如下性质:

(1) 若 C 为常数,则 $E(C)=C$;

(2) 若 k 为常数,则 $E(kX)=kE(X)$;

(3) $E(X_1+X_2)=E(X_1)+E(X_2)$.

例 5.25 两名学生在军训射击比赛中的得分分别为 X_1,X_2,其分布律分别为

X_1	0	1	2
p_i	0	0.2	0.8

和

X_2	0	1	2
p_i	0.6	0.3	0.1

,问谁的平均分高?

解：由计算公式得 $E(X) = \sum\limits_{i=1}^{\infty} x_i p_i$，则

$$E(X_1) = 0 \times 0.0 + 1 \times 0.2 + 2 \times 0.8 = 1.8$$

$$E(X_2) = 0 \times 0.6 + 1 \times 0.3 + 2 \times 0.1 = 0.5$$

这表明，他们得分的平均值分别为 1.8 和 0.5，可见第一个人打得好.

例 5.26　某射击队共有 9 名队员，技术不相上下，每人射击中靶的概率均为 0.8.现开展射击比赛，各自打中靶为止，但限制每人最多打 3 次，问大约要为他们准备多少发子弹？

解：设 ξ_i 为第 i 名队员所需子弹数，9 名队员所需子弹数目为 $\sum\limits_{i=1}^{9} \xi_i$，9 名队员所需子弹数目的均值为 $E(\xi) = E(\sum\limits_{i=1}^{9} \xi_i) = \sum\limits_{i=1}^{9} E(\xi_i)$ $(\xi_i = 1, 2, 3)$，它的分布律为

ξ_i	1	2	3
p_i	0.8	0.2×0.8	$0.2 \times 0.2 \times 0.8$

，故 $E(\xi_i) = 1 \times 0.8 + 2 \times 0.16 + 3 \times 0.032 = 1.216.$ 因此

$$E(\xi) = \sum\limits_{i=1}^{9} E(\xi_i) = 9 \times 1.216 = 10.944 (发)$$

即大约需要为他们准备 11 发子弹.

5.4.2　随机变量的方差

随机变量的数学期望是对随机变量取值水平的综合评价，而随机变量取值的稳定性是判断随机现象性质的另一个十分重要的指标.

1. 随机变量方差的定义

定义 5.8　设 X 是一个随机变量，若 $E[X - E(X)]^2$ 存在，则称它为 X 的方差，记为 $D(X) = E[X - E(X)]^2$. 方差的算术平方根 $\sqrt{D(X)}$ 称为标准差或均方差，它与 X 具有相同的度量单位，在实际应用中经常使用.方差刻画了随机变量 X 的取值与数学期望的偏离程度，它的大小可以衡量随机变量取值的稳定性.从方差的定义可见：① 若 X 的取值比较集中，则方差较小；② 若 X 的取值比较分散，则方差较大；③ 若方差 $D(X) = 0$，则随机变量 X 以概率 1

取常数值,此时 X 也就不是随机变量了.

2. 随机变量方差的计算

若 X 是离散型随机变量,且其概率分布为 $P\{X=x_i\}=p_i(i=1,2,\cdots)$

则 $D(X)=\sum_{i=1}^{\infty}[x_i-E(X)]^2 p_i$;若 X 是连续型随机变量,且其概率密度为

$f(x)$,则 $D(X)=\int_{-\infty}^{\infty}[x_i-E(X)]^2 f(x)\mathrm{d}x$. 利用数学期望的性质,易得计

算方差的一个简化公式:$D(X)=E(X^2)-[E(X)]^2$.

3. 随机变量方差的性质

随机变量方差有如下性质:

(1) 设 C 常数,则 $D(C)=0$;

(2) 若 X 是随机变量,C 是常数,则 $D(CX)=C^2 D(X)$;

(3) 设 X,Y 是两个随机向量,则

$$D(X\pm Y)=D(X)+D(Y)\pm 2E\{[X-E(X)][Y-E(Y)]\}$$

例 5.27 设随机变量 X 具有数学期望 $E(X)=\mu$,方差 $D(X)=\sigma^2\neq 0$.

记 $X^*=\dfrac{X-\mu}{\sigma}$,计算 X^* 的期望和方差.

解:$E(X^*)=\dfrac{1}{\sigma}E(X-\mu)=\dfrac{1}{\sigma}[E(X)-\mu]=0$, $D(X^*)=E(X^{*2})-$

$[E(X^*)]^2=E\left[\left(\dfrac{X-\mu}{\sigma}\right)^2\right]=\dfrac{1}{\sigma^2}E[(X-\mu)^2]=\dfrac{\sigma^2}{\sigma^2}=1$

即 $X^*=\dfrac{X-\mu}{\sigma}$ 的数学期望为 0,方差为 $1.X^*$ 称为 X 的标准化变量.

数学期望和方差(或标准差)是随机变量的两个数学特征,除这两个外,随机变量还有其他的数学特征,但这两个是最重要、最常用的特征.

习题 5.4

1. 100 个考生考试,有 10 人 100 分,有 20 人 90 分,有 40 人 80 分,有 20 人 70 分,有 10 人 60 分,求这 100 个考生考试成绩的期望.

2. 已知随机变量 X 的分布函数

$$F(x) = \begin{cases} 0 & x \leqslant 0 \\ x/4 & 0 < x \leqslant 4 \\ 1 & x > 4 \end{cases}$$

求 $E(X)$.

3. 设随机变量 $X \sim f(x)$，$E(X) = \dfrac{7}{12}$，且

$$f(x) = \begin{cases} ax + b & 0 \leqslant x \leqslant 1 \\ 0 & \text{其他} \end{cases}$$

求 a 与 b 的值，并求分布函数 $F(x)$.

4. 设随机变量 X 服从指数分布，其概率密度为

$$f(x) = \begin{cases} \dfrac{1}{\theta} e^{-x/\theta} & x > 0 \\ 0 & x \leqslant 0 \end{cases}$$

式中，$\theta > 0$，求 $E(X)$，$D(X)$.

5. 设连续型随机变量 X 的概率密度函数为

$$f(x) = \begin{cases} ax^2 + bx + c & 0 \leqslant x \leqslant 1 \\ 0 & \text{其他} \end{cases}$$

且已知 $EX = 0.5$，$DX = 0.15$，求系数 a，b，c.

阅读材料 E 概率论发展简史

概率反映了随机事件出现的可能性大小.随机事件是指在相同条件下，可能出现也可能不出现的事件.例如，从一批有正品和次品的商品中随意抽取一件，"抽得的商品是次品"就是一个随机事件.对某一随机现象进行了 n 次试验与观察，其中 A 事件出现了 m 次，即其出现的频率为 m/n.经过大量反复试验，常常会发现 m/n 越来越接近于某个确定的常数，该常数即为事件 A 出现的概率，常用 $P(A)$ 表示.概率诞生于 17 世纪中叶，它来源于对机会游戏和赌

博的研究.若随机事件的概率是通过长期观察或大量重复试验来确定,则这种概率为统计概率或经验概率.

研究支配随机事件的内在规律的学科叫概率论,属于数学的一个分支.概率论揭示了偶然现象所包含的内部规律的表现形式.1654年,德莫尔爵士向帕斯卡提出了有趣的赌博问题——合理分配赌注问题(即得分问题).帕斯卡与费马在通信中讨论了这一问题.由此而引发的这一段工作时期称为古典概率时期,计算概率的工具主要是排列组合.

此后,德国数学家棣莫弗由二项式公式推出了正态分布曲线,1812年,拉普拉斯出版了《解析概率论》,以微积分为工具来研究概率,这一时期称为分析概率时期.1933年,苏联数学家科尔莫戈罗夫出版了《概率论的基本概念》,给出了概率的公理化定义,从而进一步完善了概率论体系,将其纳入现代数学的范畴.

概率对人们认识自然现象和社会现象有重要的作用.随着信息化时代的到来,概率统计的理论和方法已广泛应用于经济、管理、工程、技术、物理、化学、生物、环境、天文、地理、卫生、教育、语言、国防等领域,特别是随着计算机的普及,概率统计已成为处理信息、制定决策、实验设计的重要理论和方法.

概率的四种定义如下.

1) 古典定义

如果一个试验满足下面两个条件:① 试验只有有限个基本结果;② 试验的每个基本结果出现的可能性是相同的.这样的试验便是古典试验.对于古典试验中的事件 A,它的概率定义为 $P(A) = \dfrac{k}{n}$,式中,n 表示该试验中所有可能出现的基本结果的总数目,k 表示事件 A 包含的试验基本结果数.这种定义概率的方法称为概率的古典定义.

2) 频率定义

随着人们遇到问题的复杂程度的增加,古典定义逐渐暴露出它的弱点,特别是对于同一事件,可以从不同的等可能性角度算出不同的概率,从而产生了种种悖论.另一方面,随着经验的积累,人们逐渐认识到,在做大量重复试验时,随着试验次数的增加,一个事件出现的频率总在一个固定数的附近摆动,显示出一定的稳定性.奥地利数学家、空气动力学家米泽斯把这个固定数定义为该事件的概率,这就是概率的频率定义.从理论上讲,概率的频率定义是不够严谨的.

3) 统计定义

在一定条件下重复做 n 次试验,n_A 为 n 次试验中事件 A 发生的次数,如果随着 n 逐渐增大,频率 n_A/n 逐渐稳定在某一数值 p 附近,则数值 p 称为事件 A 在该条件下发生的概率,记做 $P(A)=p$.这个定义称为概率的统计定义.在历史上,第一个对"当试验次数 n 逐渐增大,频率 n_A/n 稳定在其概率 p 上"这一论断给以严格的意义和数学证明的是瑞士数学家雅各布·伯努利.

从概率的统计定义可以看到,数值 p 就是在该条件下刻画事件 A 发生可能性大小的一个数量指标.由于频率 n_A/n 总是介于 0 和 1 之间,从概率的统计定义可知,对任意事件 A,皆有 $0\leqslant P(A)\leqslant 1$,$P(\Omega)=1$,$P(\Phi)=0$,式中,$\Omega$、$\Phi$ 分别表示必然事件(在一定条件下必然发生的事件)和不可能事件(在一定条件下必然不发生的事件).

4) 公理化定义

苏联数学家科尔莫戈罗夫于 1933 年给出了如下概率的公理化定义:

设 E 为随机试验,S 是它的样本空间.对 E 的每一事件 A 赋予一个实数,记为 $P(A)$,称为事件 A 的概率.这里 $P(A)$ 是一个集合函数,$P(A)$ 要满足下列条件.

(1) 非负性:对于每一个事件 A,有 $P(A)\geqslant 0$.

(2) 规范性:对于必然事件,有 $P(\Omega)=1$.

(3) 可列可加性:设 A_1,A_2,A_3,…是两两互不相容的事件,即对于 $i\neq j$,$A_i\cap A_j=\Phi(i,j=1,2,\cdots)$,则有 $P(A_1\cup A_2\cup\cdots)=P(A_1)+P(A_2)+\cdots$

概率的公理化定义使概率论体系得以进一步完善,并将其纳入现代数学的范畴.

数学家介绍

柯尔莫哥洛夫

柯尔莫哥洛夫(Колмогóров,1903—1987)是俄国数学家,1903 年 4 月 25

日生于俄罗斯顿巴夫市,1987 年 10 月 20 日卒.

　　柯尔莫哥洛夫的父亲是位农艺师,母亲在生产时不幸去世,他由其姨母抚养成人.柯尔莫哥洛夫于 1920 年进入莫斯科大学学习,上大学前在铁路上当过列车员.在莫斯科大学学习期间,师从著名数学家卢津.

　　柯尔莫哥洛夫 1925 年本科毕业,1929 年研究生毕业,之后成为莫斯科大学数学研究所研究员.1930 年 6 月至 1931 年 3 月访问哥廷根、慕尼黑及巴黎.1931 年任莫斯科大学教授,1933 年任该校数学力学研究所所长,1935 年获物理数学博士学位,1939 年当选为苏联科学院院士,1966 年当选为苏联教育科学院院士.他还被选为荷兰皇家学会、英国皇家学会、美国国家科学院、法国科学院、罗马尼亚科学院以及其他多个国家科学院的会员或院士,并获得不少国外著名大学的荣誉博士称号.

　　柯尔莫哥洛夫是 20 世纪最有影响的数学家之一,对开创现代数学的多个分支都做出了重大贡献.柯尔莫哥洛夫是现代概率论的开拓者之一.柯尔莫哥洛夫与辛钦共同把实变函数的方法应用于概率论.1933 年,柯尔莫哥洛夫的专著《概率论的基础》出版,书中第一次在测度论基础上建立了概率论的严密公理体系,这一光辉成就使他名垂史册.这一专著不仅提出了概率论的公理定义,在公理的框架内系统地给出了概率论理论体系,而且给出并证明了相容的有限维概率分布族决定无穷维概率分布的"相容性定理",解决了随机过程的概率分布的存在问题.此专著还提出了现代的一般的条件概率和条件期望的概念并导出了它们的基本性质,使马尔可夫过程以及很多关于随机过程的概念得以严格地定义并论证.这就奠定了近代概率论的基础,从而使概率论建立在完全严格的数学基础之上.

　　20 世纪 20 年代,他在概率论方面还做了关于强大数律、重对数律的基本工作:他和辛钦成功地找到了具有相互独立的随机变量的项的级数收敛的充分必要条件;证明了大数法则的充分必要条件;证明了在项上加上极宽的条件时独立随机变量的重对数法则;得到了在独立同分布项情形下强大数法则的充分必要条件.柯尔莫哥洛夫是随机过程论的奠基人之一.20 世纪 30 年代,他建立了马尔可夫过程的两个基本方程.他的论文《概率论的解析方法》为现代马尔可夫随机过程论和揭示概率论与常微分方程及二阶偏微分方程的深刻联系奠定了基础.

柯尔莫哥洛夫还创立了具有可数状态的马尔可夫链理论.他找到了连续的分布函数与它的经验分布函数之差的上确界的极限分布,这个结果是非参数统计中分布函数拟合检验的理论依据,成为了统计学的核心之一.1949年,格涅坚科和柯尔莫哥洛夫发表了专著《相互独立随机变数之和的极限分布》,这是一部论述20世纪30年代以来柯尔莫哥洛夫和辛钦等以无穷可分律和稳定律为中心的独立随机变量和的弱极限理论的总结性著作.20世纪30至40年代,柯尔莫哥洛夫建立了希尔伯特空间几何与平稳随机过程和平稳随机增量过程的一系列问题之间的联系,给出了这两种过程的谱表示,完整地研究了它们的结构以及平稳随机过程的内插与外推问题等.他的平稳过程的结果(维纳也得到了平行的结果)创造了一个全新的随机过程论的分支,在科学和技术上有广泛的应用,而他的关于平稳增量随机过程的理论对于各向同性湍流的研究有深刻的影响.20世纪60年代,他还将概率论用于研究语言学并取得了颇具启迪性的成果,即作诗的概率方法和用概率实验法确定俄语语音的熵.此外,他还开创了预报理论.

柯尔莫哥洛夫在数学的许多分支都提出了不少独创的思想,导入了崭新的方法,构成了新的理论,对推动现代数学的发展做出了卓越的贡献.他的学术特点是把抽象的数学理论与自然科学实验融为一体.他既是理论家又是实践家;他既是一个抽象的概率论公理学者又是从事一般产品质量统计检验的研究人员;他既研究理论流体力学,又亲自参加海洋考察队.柯尔莫哥洛夫认为:"数学是现实世界中的数量关系与空间形式的科学".他还认为:"数学的应用是多种多样的,从原理上讲数学方法的应用范围是无边际的,即物质的所有类型的运动都可以用数学加以研究.但是数学方法的作用与意义在不同情况下是不同的,用单一的模式来包罗现象的所有侧面是不可能的".

柯尔莫哥洛夫不但是杰出的数学家,也是优秀的教育家,他指导过60多名博士和副博士.他认为在大学的数学教育中,好的教师应该具有以下能力:① 讲课高明,比如能用其他科学领域的例子来吸引学生;② 能以清晰的解释和宽广的数学知识来吸引学生;③ 善于做个别指导,清楚每个学生的能力,在其能力范围内安排学习内容,使学生增强信心.他还说:"只有那些自己对数学充满热情并且将之看成一门活的发展科学的人,才能真正教好数学."柯尔莫哥洛夫非常关心和重视基础教育,并亲自领导了中学数学教科书的编写工作.

他培养了许多优秀的数学家,如盖尔范德、马尔采夫、格涅坚科、阿诺尔德等.柯尔莫哥洛夫胸襟开朗,他总是具有把青年人吸引到他研究工作中去的魅力,并形成以他为首的学派.

柯尔莫哥洛夫的论著总计有 230 多篇,涉及实变函数论、测度论、集论、积分论、三角级数、数学基础论、拓扑空间论、泛函分析、概率论、动力系统、统计力学、数理统计、信息论等多个分支,其中,《概率论的基础》《函数论与泛函分析初步》《相互独立随机变数纸盒的极限分布》《几何》《数学·算术》等被译成了中文.

由于柯尔莫哥洛夫的卓越成就,他七次荣膺列宁勋章,被授予苏联社会主义劳动英雄的称号,并获得了列宁奖金和国家奖金.此外,他还于 1980 年荣获了沃尔夫奖,于 1986 年荣获了罗巴切夫斯基奖.

第 6 章 常微分方程初步

我们知道含有未知数的等式称为方程,两个或两个以上的方程并列形成方程组.在中学阶段,我们先后学习了一元一次方程和一元二次方程的求解方法.第 4 章我们介绍了利用克拉默法则和消元法求解线性方程组,注意到这些方程的表达式均为一元或多元初等函数.在不定积分的学习中,给定关系式 $y'(x)=f(x)$ 求解原函数,这种含有未知函数的导数的方程即是微分方程.

常微分方程是伴随着微积分发展起来的,牛顿通过求解常微分方程形式的运动方程,成功解决了二体问题,海王星的发现和拉格朗日理论力学的发展都与常微分方程及其求解密不可分.现代社会中,常微分方程在物理学、生物学、医学、经济学和管理学等学科的关键问题中有着大量的应用.

本章将首先介绍常微分方程的基本概念,再给出几类可简单求解的常微分方程,最后举例说明常微分方程的实际应用.

6.1 基本概念

下面我们通过分别与几何和物理相关的两个例子来说明常微分方程是什么.

例 6.1 一曲线通过点 $(0,1)$,且曲线上任一点 (x,y) 处的切线的斜率等于 $\sin x$,求此曲线方程.

解:设所求曲线的方程为 $y=y(x)$. 根据曲线上一点的切线斜率即为导数这一几何意义,未知函数 $y=y(x)$ 在点 (x,y) 处满足关系式

$$\frac{\mathrm{d}y}{\mathrm{d}x} = \sin x \qquad (6.1)$$

对式(6.1)两端关于 x 积分,得到

$$y = \int \sin x \, \mathrm{d}x = -\cos x + C \qquad (6.2)$$

式中,C 为常数.因为曲线经过点$(0,1)$,即

$$y(0) = 1 \qquad (6.3)$$

代入式(6.2)得到

$$-\cos 0 + C = 1,\ C = 2$$

因此所求曲线方程为

$$y = -\cos x + 2 \qquad (6.4)$$

例 6.2　一重球从某中心大厦顶层自由落下,经过 11.3 秒到达地面.问该球体从多高的位置落下?

解: 以重球下落起点为原点,垂直向下为正方向,建立路程轴.设重球下落的位移函数为 $s = s(t)$,则运动的加速度满足

$$\frac{\mathrm{d}^2 s}{\mathrm{d} t^2} = g \qquad (6.5)$$

式中,$g = 9.8$ 米/秒^2,为重力加速度.对式(6.5)两端关于 t 积分,得到

$$\frac{\mathrm{d}s}{\mathrm{d}t} = gt + C_1 \qquad (6.6)$$

进一步,对式(6.6)两端关于 t 积分,得到

$$s(t) = \frac{1}{2} g t^2 + C_1 t + C_2 \qquad (6.7)$$

另一方面,我们知道物体的初始位置和初始速度均为零,即

$$s(0) = 0,\ \left. \frac{\mathrm{d}s}{\mathrm{d}t} \right|_{t=0} = 0 \qquad (6.8)$$

代入式(6.7)可得

$$C_1 = C_2 = 0$$

因此重球运动的轨迹方程为

$$s(t) = \frac{1}{2} g t^2 \tag{6.9}$$

将 $t = 11.3$ 代入式(6.9),得到重球从距离地面

$$s(11.3) = \frac{1}{2} \times 9.8 \times 11.3^2 \approx 626 (\text{米})$$

的位置自由下落.

上面两个例子中,式(6.1)和式(6.5)分别含有未知函数的一阶导数和二阶导数.一般地,包含自变量 x、未知函数 y 及其导数 y', y'', $\cdots$, $y^{(n)}$ 的方程

$$F[x, y, y', \cdots, y^{(n)}] = 0 \tag{6.10}$$

称为常微分方程,或简称为方程,其中出现的导数的最高阶数 n 称为方程 (6.10)的阶.如果自变量 x 不显含在方程(6.10)中,则称此方程是自治的.否则,称为非自治的.例如,方程(6.1)是一阶非自治常微分方程,方程(6.5)是二阶自治常微分方程.如果方程(6.10)中函数 F 关于 y 及其各阶导数是一次的,即

$$y^{(n)} + a_{n-1}(x) y^{(n-1)} + \cdots + a_2(x)y' + a_1(x)y + a_0(x) = 0$$

式中,$a_0(x)$, $a_1(x)$, $\cdots$, $a_{n-1}(x)$ 是关于 x 的已知函数,则称此方程是线性的,否则称为非线性的.例如 $xy' + y - 3x^2 = 0$ 是线性的,$y'' + yy' - x = 0$ 是非线性的.

若函数 $\varphi(x)$ 在区间 I 上有 n 阶导数,且等式

$$F[x, \varphi(x), \varphi'(x), \cdots, \varphi^{(n)}(x)] = 0$$

对任意的 $x \in I$ 恒成立,则称 $y = \varphi(x)$ 是微分方程(6.10)在区间 I 上的解.包含 n 个相互独立任意常数的解称为 n 阶微分方程(6.10)的通解,不含任意常数的解称为特解.例如,式(6.2)和式(6.4)分别是方程(6.1)的通解和特解,式(6.7)和式(6.9)分别是方程(6.5)的通解和特解.

用来确定通解中任意常数的条件,例如,例 6.1 中的条件式(6.3)和例 6.2 中的条件式(6.8),被称为初值条件.求解带有初值条件的微分方程问题叫作初

值问题,或称柯西问题.事实上,例 6.2 可表述为如下形式的初值问题:

$$\begin{cases} \dfrac{\mathrm{d}^2 s}{\mathrm{d}t^2} = g \\ s(0) = s'(0) = 0 \end{cases}$$

例 6.3　验证下列函数是所给微分方程的通解:

(1) $y' + 3y = 4x\,\mathrm{e}^{-x}$, $y = C\mathrm{e}^{-3x} + (2x - 1)\,\mathrm{e}^{-x}$;

(2) $y'' - 2y' + 5y = 0$, $y = (C_1\cos 2x + C_2\sin 2x)\,\mathrm{e}^x$.

证明: (1) 直接计算 $y = C\mathrm{e}^{-3x} + (2x - 1)\,\mathrm{e}^{-x}$ 的导数得

$$y' = -3C\mathrm{e}^{-3x} + (3 - 2x)\,\mathrm{e}^{-x}$$

代入微分方程左端得到

$$y' + 3y = -3C\mathrm{e}^{-3x} + (3 - 2x)\,\mathrm{e}^{-x} + 3[C\mathrm{e}^{-3x} + (2x - 1)\,\mathrm{e}^{-x}] \equiv 4x\,\mathrm{e}^{-x}$$

得证.

(2) 对 $y = (C_1\cos 2x + C_2\sin 2x)\,\mathrm{e}^x$ 分别求一阶和二阶导数得

$$y' = [(C_1 + 2C_2)\cos 2x + (C_2 - 2C_1)\sin 2x]\,\mathrm{e}^x$$

$$y'' = [(4C_2 - 3C_1)\cos 2x - (4C_1 + 3C_2)\sin 2x]\,\mathrm{e}^x$$

代入微分方程左端得到

$$y'' - 2y' + 5y = [(4C_2 - 3C_1) - 2(C_1 + 2C_2) + 5C_1]\cos 2x\,\mathrm{e}^x$$
$$+ [-(4C_1 + 3C_2) - 2(C_2 - 2C_1) + 5C_2]\sin 2x\,\mathrm{e}^x \equiv 0$$

得证.

例 6.4　在长沙马王堆汉墓考古研究过程中,测得棺盖板所用杉木的碳 14 含量是现代杉木的碳 14 含量的 76.7%.已知生物体内放射性物质碳 14 的半衰期为 5 730 年,即每 5 730 年衰减一半.试推算马王堆汉墓的年代.

解: 设 $N = N(t)$ 为 t 时刻生物体所含碳 14 的原子数.根据物理知识,我们知道放射性物质的衰变速度与当时未衰变的原子数成正比,即

$$\frac{\mathrm{d}N(t)}{\mathrm{d}t} = -kN(t) \tag{6.11}$$

式中, $k > 0$, 为衰变常数. 将式(6.11)写成微分形式

$$\frac{1}{N(t)} \mathrm{d}N(t) = -k\,\mathrm{d}t$$

对两边积分得到

$$\ln|N(t)| = -kt + C_1 \quad \text{或者} \quad N(t) = C\mathrm{e}^{-kt}$$

式中, C_1 和 C 为任意常数. 记初始时刻碳 14 的原子数为 $N(0) = N_0$, 则

$$N(t) = N_0\,\mathrm{e}^{-kt}$$

由于碳 14 的半衰期为 5 730 年, 有 $N(5\,730) = N_0/2$, 从而

$$\frac{1}{2} = \mathrm{e}^{-k \times 5\,730}$$

可得 $k \approx 1.21 \times 10^{-4}$. 当碳 14 含量为原来的 76.7% 时, 我们有

$$\frac{N(t)}{N(0)} = \mathrm{e}^{-1.21 \times 10^{-4}t} = 0.767$$

解得 $t \approx 2\,193$ 年, 即马王堆汉墓距今近 2 200 年.

习题 6.1

1. 指出下列微分方程的阶数, 并判断是否为自治的和线性的:

   (1) $xy' + 2y = 0$

   (2) $y''' + 3y'' + 3y' + y = 0$

   (3) $yy' - xy - x^3 = 0$

   (4) $y' = 1 + ay^2$ (a 为常数)

2. 验证下列函数是所给微分方程的特解或通解:

   (1) $y' = (x - y)^2$, $y = \left(\mathrm{e}^{2x} + \dfrac{1}{2}\right)^{-1} + x - 1$

   (2) $y' - x^3y^3 + xy = 0$, $y = (C\mathrm{e}^{x^2} + x^2 + 1)^{-1/2}$

   (3) $y'' - 2y' + y = 0$, $y = x\mathrm{e}^x$

   (4) $y'' + 4y = x\cos x$, $y = C_1\cos 2x + C_2\sin 2x + \dfrac{1}{9}(3x\cos x + 2\sin x)$

3. 写出符合下列条件的曲线所满足的微分方程:

(1) 曲线在点 (x,y) 处的切线的斜率等于该点横坐标的正切,且经过原点;

(2) 曲线上点 $P(x,y)$ 处的法线与 y 轴的交点为 Q,且线段 PQ 被 x 轴所平分.

4. 求下列微分方程的解:

(1) $y' = \sin^2 x$, $y(0) = 1$

(2) $y' = x \ln x$, $y(1) = \dfrac{3}{4}$

(3) $y''' = \cos x$, $y(0) = \pi$, $y'(0) = 0$, $y''(0) = 2$

(4) $y' = (2x + 1)^3$, $y(0) = 0$

5. 在气温固定的条件下,假设雪球融化时体积的变化率与表面积成正比,且在融化过程中始终为球体.设一半径为 30 厘米的雪球经过 1 小时,半径缩小为 20 厘米.问雪球完全融化需要多久?

6.2　微分方程求解

上一节我们给出了常微分方程及其解的定义,本节将介绍一阶常微分方程

$$\frac{\mathrm{d}y}{\mathrm{d}x} = f(x,y) \tag{6.12}$$

的几个特殊类型的求解方法.

1. 可变量分离的方程

如果方程(6.12)右端的二元函数 $f(x,y)$ 能够表示为只含 x 的函数与只含 y 的函数的乘积,即写成

$$f(x,y) = \frac{g(x)}{h(y)}$$

的形式,那么该方程或者方程

$$\frac{\mathrm{d}y}{\mathrm{d}x} = \frac{g(x)}{h(y)} \tag{6.13}$$

称为可分离变量的方程.

假设 $g(x)$ 在区间 I 上连续，$h(y)$ 在区间 J 上连续且非零.将方程(6.13)两端同时乘以 $h(y)\mathrm{d}x$，得到

$$h(y)\mathrm{d}y = g(x)\mathrm{d}x \tag{6.14}$$

再对式(6.14)左右两端分别关于 y 和 x 积分，得

$$\int h(y)\mathrm{d}y = \int g(x)\mathrm{d}x$$

记 $H(y)$ 和 $G(x)$ 分别为 $h(y)$ 和 $g(x)$ 的原函数，则方程 6.13 有隐式通解

$$H(y) = G(x) + C$$

由于 $h(y) \neq 0$，可以证明 $H(y)$ 存在反函数(应用隐函数定理)，得显式通解

$$y = H^{-1}[G(x) + C] \tag{6.15}$$

式(6.15)是微分方程(6.13)的通解，任意常数 C 可根据需要简化.在给定初值条件 $y(x_0) = y_0$ 时，将点 (x_0, y_0) 代入式(6.15)可确定 C，即可得特解.

例 6.5　求解微分方程

$$\frac{\mathrm{d}y}{\mathrm{d}x} = \frac{(x^2-1)(y^2-1)}{xy} \tag{6.16}$$

解：注意到方程(6.16)的右端函数可变量分离，取

$$g(x) = \frac{x^2-1}{x}, \quad h(y) = \frac{y}{y^2-1}$$

可得等价方程

$$\frac{y}{y^2-1}\mathrm{d}y = \frac{x^2-1}{x}\mathrm{d}x$$

两边积分得

$$\frac{1}{2}\ln|y^2-1| = \frac{1}{2}x^2 - \ln|x| + C_1$$

整理可得

$$|y^2-1| = \mathrm{e}^{2C_1} \cdot \frac{\mathrm{e}^{x^2}}{x^2}$$

亦即

$$y^2 = C\,\frac{e^{x^2}}{x^2} + 1$$

式中，$C = \pm e^{2C_1}$，为任意非零常数. 又 $y = \pm 1$ 也是方程的解，从而原方程 (6.16) 的通解为

$$y^2 = C\,\frac{e^{x^2}}{x^2} + 1 \quad (C \text{ 为任意常数})$$

例 6.6　求解带初值条件的微分方程：

$$\frac{\mathrm{d}y}{\mathrm{d}x} = -\frac{4x}{y}, \ y(0) = 2 \tag{6.17}$$

解：将方程(6.17)写成对称形式，即

$$y\,\mathrm{d}y = -4x\,\mathrm{d}x$$

对两边积分得

$$\frac{1}{2}\,y^2 = -2\,x^2 + C \tag{6.18}$$

将初值条件 $y(0)=2$ 代入式(6.18)，得 $C=2$. 所以方程的特解为

$$x^2 + \frac{y^2}{4} = 1$$

例 6.7　某一种群生长具有常数出生率 λ 和平均死亡率 μ. 假设在 $t=0$ 时，种群数量为 N_0. 计算在任意时刻 t 的种群数量 $N(t)$.

解：根据题意，种群数量的变化率满足微分方程：

$$\frac{\mathrm{d}N}{\mathrm{d}t} = \lambda - \mu N \tag{6.19}$$

对方程(6.19)进行变量分离，再两边积分得

$$\ln|\lambda - \mu N| = -\mu t + C_1$$

整理可得

$$N(t) = \frac{\lambda}{\mu} - \frac{e^{C_1}}{\mu}\,e^{-\mu t}$$

注意到 $N = \lambda/\mu$ 是方程(6.19)的特解,因此方程的通解是

$$N(t) = \frac{\lambda}{\mu} - Ce^{-\mu t} \qquad (6.20)$$

式中,C 为任意常数.将初值条件 $N(0) = N_0$ 代入式(6.20),从而得到特解

$$N(t) = \frac{\lambda}{\mu} - \left(\frac{\lambda}{\mu} - N_0\right)e^{-\mu t}$$

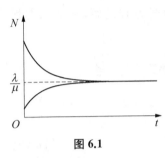

图 6.1

由此可见,不论种群初始数量是多少,最终规模都会达到 λ/μ(见图 6.1).

2. 齐次方程

形如

$$\frac{\mathrm{d}y}{\mathrm{d}x} = f\left(\frac{y}{x}\right) \qquad (6.21)$$

的方程被称为齐次方程.这里右端 f 是关于 y/x 的函数,一般无法直接变量分离.

引入新的未知函数

$$u = \frac{y}{x} \qquad (6.22)$$

则 $y = ux$,对两边关于 x 求导得

$$\frac{\mathrm{d}y}{\mathrm{d}x} = x\frac{\mathrm{d}u}{\mathrm{d}x} + u$$

代入方程(6.21),得

$$x\frac{\mathrm{d}u}{\mathrm{d}x} + u = f(u)$$

整理得可分离变量方程:

$$\frac{\mathrm{d}u}{\mathrm{d}x} = \frac{f(u) - u}{x}$$

它的解为

$$\int \frac{\mathrm{d}u}{f(u) - u} = \ln |x| + C$$

解出 u，再以式(6.22)替换 u，即得齐次方程(6.21)的通解.

例 6.8　求解微分方程：

$$x\,\frac{\mathrm{d}y}{\mathrm{d}x}=y\ln\frac{x}{y}$$

解： 原方程可写为

$$\frac{\mathrm{d}y}{\mathrm{d}x}=-\frac{y}{x}\ln\frac{y}{x}$$

它是齐次微分方程.令 $u=\dfrac{y}{x}$，则 $f(u)=-u\ln u$，于是

$$x\,\frac{\mathrm{d}u}{\mathrm{d}x}+u=-u\ln u$$

分离变量再积分得

$$\int\frac{\mathrm{d}u}{u(\ln u+1)}=-\int\frac{\mathrm{d}x}{x}$$

化简得

$$\ln\mid\ln u+1\mid=-\ln\mid x\mid+C_1\quad\text{或者}\quad x(\ln u+1)=\pm\mathrm{e}^{C_1}$$

注意到 $\dfrac{y}{x}=\mathrm{e}^{-1}$ 是原方程的特解，因此，所给方程的通解为

$$\ln\frac{y}{x}=-1+\frac{C}{x}$$

式中，C 为任意常数.

下面介绍一类可通过对自变量和未知函数作线性变换转化为齐次的方程：

$$\frac{\mathrm{d}y}{\mathrm{d}x}=\frac{a_1x+b_1y+c_1}{a_2x+b_2y+c_2} \tag{6.23}$$

(1) 当 $c_1=c_2=0$ 时，此时方程(6.23)是可求解的齐次方程：

$$\frac{\mathrm{d}y}{\mathrm{d}x}=\frac{a_1x+b_1y}{a_2x+b_2y}=\frac{a_1+b_1\dfrac{y}{x}}{a_2+b_2\dfrac{y}{x}}$$

(2) 当 $c_1 \neq 0$ 或者 $c_2 \neq 0$ 时,此时分两种情况讨论:

a) 当 $a_1 b_2 - a_2 b_1 \neq 0$ 时,作变换

$$x = X + h, \quad y = Y + k$$

式中,h 和 k 为待定的常数,代入方程(6.23)得

$$\frac{dY}{dX} = \frac{a_1 X + b_1 Y + (a_1 h + b_1 k + c_1)}{a_2 X + b_2 Y + (a_2 h + b_2 k + c_2)} \tag{6.24}$$

令方程(6.24)右端表达式的分子和分母中的常数项为零,得

$$\begin{cases} a_1 h + b_1 k + c_1 = 0 \\ a_2 h + b_2 k + c_2 = 0 \end{cases}$$

直接计算可知该二元一次线性方程组有唯一解,记为 $(\tilde{h}, \tilde{k})$.因此变换

$$x = X + \tilde{h}, \quad y = Y + \tilde{k} \tag{6.25}$$

可将方程(6.23)变为齐次方程

$$\frac{dY}{dX} = \frac{a_1 X + b_1 Y}{a_2 X + b_2 Y}$$

求出上述方程解后,再将式(6.25)代入即得原方程(6.23)的通解.

b) 当 $a_1 b_2 - a_2 b_1 = 0$ 时,此时记 $\lambda = \dfrac{a_1}{a_2} = \dfrac{b_1}{b_2}$,方程(6.23)可写成

$$\frac{dy}{dx} = \frac{\lambda(a_2 x + b_2 y) + c_1}{(a_2 x + b_2 y) + c_2} \tag{6.26}$$

引入新的未知函数

$$u = a_2 x + b_2 y$$

对两边关于 x 求导得

$$\frac{du}{dx} = a_2 + b_2 \frac{dy}{dx}$$

将式(6.26)代入上式得

$$\frac{du}{dx} = a_2 + b_2 \frac{\lambda u + c_1}{u + c_2}$$

它是一个可分离变量求解的方程.

上述方法显然也适用于求解更一般的方程

$$\frac{\mathrm{d}y}{\mathrm{d}x} = f\left(\frac{a_1 x + b_1 y + c_1}{a_2 x + b_2 y + c_2}\right) \quad 和 \quad \frac{\mathrm{d}y}{\mathrm{d}x} = f(ax + by)$$

例 6.9　求解微分方程

$$\frac{\mathrm{d}y}{\mathrm{d}x} = \frac{2x - 5y + 3}{2x + 4y - 6}$$

解：令 $x = X + h$，$y = Y + k$，代入方程得

$$\frac{\mathrm{d}Y}{\mathrm{d}X} = \frac{2X - 5Y + (2h - 5k + 3)}{2X + 4Y + (2h + 4k - 6)}$$

解线性方程组

$$\begin{cases} 2h - 5k + 3 = 0 \\ 2h + 4k - 6 = 0 \end{cases}$$

得 $h = 1$，$k = 1$. 因此经过变换 $x = X + 1$，$y = Y + 1$，原方程变为

$$\frac{\mathrm{d}Y}{\mathrm{d}X} = \frac{2X - 5Y}{2X + 4Y} = \frac{2 - 5\dfrac{Y}{X}}{2 + 4\dfrac{Y}{X}}$$

令 $u = \dfrac{Y}{X}$，则 $Y = uX$，代入上面方程得

$$u + X\frac{\mathrm{d}u}{\mathrm{d}X} = \frac{2 - 5u}{2 + 4u}$$

整理得

$$\frac{2 + 4u}{4u^2 + 7u - 2}\mathrm{d}u = -\frac{\mathrm{d}X}{X}$$

两边积分得

$$\frac{1}{3}\ln|4u - 1| + \frac{2}{3}\ln|u + 2| = -\ln|X| + C_1$$

亦即

$$(4u-1)(u+2)^2 X^3 = C \quad 或者 \quad (4Y-X)(Y+2X)^2 = C$$

因此原方程的通解为

$$(4y-x-3)(y+2x-3)^2 = C$$

3. 一阶线性微分方程

假设 $p(x)$ 及 $q(x)$ 是 x 的连续函数,当且仅当 $q(x) \equiv 0$ 时,一阶线性微分方程

$$\frac{dy}{dx} + p(x)y = q(x) \tag{6.27}$$

被称为齐次的,否则称为非齐次的.

对于齐次线性方程

$$\frac{dy}{dx} + p(x)y = 0 \tag{6.28}$$

应用分离变量法解得

$$y = C_1 e^{-\int p(x)dx} \tag{6.29}$$

下面使用常数变易法来求解非齐次方程(6.27),这需要将齐次情形的通解式(6.29)中的常数 C_1 看作 x 的函数,并假设

$$y = C_1(x) e^{-\int p(x)dx} \tag{6.30}$$

是方程(6.27)的通解.对式(6.30)两边求导得

$$\frac{dy}{dx} = C_1'(x) e^{-\int p(x)dx} + C_1(x) e^{-\int p(x)dx}[-p(x)]$$

$$= -p(x)y + C_1'(x) e^{-\int p(x)dx}$$

与方程(6.27)比较得

$$q(x) = C_1'(x) e^{-\int p(x)dx} \quad 或者 \quad C_1'(x) = q(x) e^{\int p(x)dx}$$

对两边积分得

$$C_1(x) = \int q(x) e^{\int p(x)dx} dx + C$$

这样一阶非齐次方程(6.27)的通解为

$$y = \mathrm{e}^{-\int p(x)\mathrm{d}x}\left[\int q(x)\,\mathrm{e}^{\int p(x)\mathrm{d}x}\,\mathrm{d}x + C\right] \tag{6.31}$$

容易验证式(6.31)的确是方程(6.27)的解.特别地,当 $C=0$ 时可得到方程的一个特解,因此一阶非齐次方程的通解是由它的一个特解与它对应的齐次方程的通解求和得到的.

例 6.10 求解微分方程 $x^2\dfrac{\mathrm{d}y}{\mathrm{d}x} + 2xy = \ln x$.

解: 两边除以 x^2,整理得一阶非齐次线性微分方程

$$\frac{\mathrm{d}y}{\mathrm{d}x} + \frac{2}{x}y = \frac{\ln x}{x^2}$$

这里 $p(x) = \dfrac{2}{x}$,$q(x) = \dfrac{\ln x}{x^2}$,代入式(6.31)得通解

$$y = \mathrm{e}^{-\int \frac{2}{x}\mathrm{d}x}\left(\int \frac{\ln x}{x^2}\,\mathrm{e}^{\int \frac{2}{x}\mathrm{d}x}\,\mathrm{d}x + C\right)$$

$$= \frac{1}{x^2}\left(\int \ln x\,\mathrm{d}x + C\right) = \frac{\ln x - 1}{x} + \frac{C}{x^2}$$

例 6.11 求解伯努利方程

$$\frac{\mathrm{d}y}{\mathrm{d}x} + P(x)y = Q(x)\,y^n$$

式中,n 为常数且不等于 0 和 1,$P(x)$ 和 $Q(x)$ 在区间 I 上连续.

解: 方程两边同乘以 $(1-n)y^{-n}$,得

$$(1-n)y^{-n}\frac{\mathrm{d}y}{\mathrm{d}x} + P(x)(1-n)y^{1-n} = (1-n)Q(x)$$

令 $z = y^{1-n}$,则上述方程变为一阶线性方程

$$\frac{\mathrm{d}z}{\mathrm{d}x} + (1-n)P(x)z = (1-n)Q(x)$$

选取 $p(x) = (1-n)P(x)$,$q(x) = (1-n)Q(x)$,代入式(6.31)可解出.

早期常微分方程研究主要集中在初等积分法,即将微分方程的求解问题转化为积分问题的方法.牛顿、莱布尼茨、雅各布·伯努利、约翰·伯努利、欧拉、拉格朗日等发展出一系列技巧和方法来求解特定类型的微分方程(组).直到法国数学家刘维尔(Liouville,1809—1882)于 1841 年证明了绝大部分微分方程不能通过初等积分法求解,才使人们把注意力转移到研究微分方程初值问题的解的存在性、唯一性和稳定性,进而发展出微分方程定性理论.20 世纪以来,微分方程在物理、化学、工程制造、航空航天、生物、医学、环境、气象、经济等各个领域有着越来越多的应用,提出了诸多新型的微分方程系统,反过来带动了微分方程自身理论的发展.计算机特别是高性能计算机的出现,大大推进了微分方程数值解法的研究与应用.

习题 6.2

1. 用分离变量法求解下列微分方程:

(1) $y' + x^2 y^3 = 0$

(2) $y' - e^{x+2y} = 0$

(3) $y' + (1 - x)(1 + y^2) = 0$

(4) $y' + (\cos x \cos y)^2 = 0$

2. 构造适当的变换,求解下列微分方程:

(1) $(x^2 + y^2)dx - xy\,dy = 0$

(2) $(x + 3y)dx - (3x - y)dy = 0$

(3) $y' - \cos(x - y) = 0$

(4) $(2x + 4y)dx - (x + 2y + 5)dy = 0$

(5) $(2x - 3y + 4)dx + (3x - 2y + 1)dy = 0$

3. 求解下列一阶线性微分方程:

(1) $y' - 3xy = 6x$

(2) $xy' + 2y = \sqrt{x}$

(3) $y' + y = \cos(e^x)$

(4) $y' + y\tan x = \sec x$

(5) $xy' - 2y = x^3 \sin x$

4. 求解下列伯努利方程:

(1) $y' - 2xy = xy^2$

(2) $y' + xy = x^3y^3$

(3) $y' - y = (\sin x - \cos x)y^2$

5. 已知一条曲线经过原点,并且它在点 (x,y) 处的切线斜率为 $x + 2y$,求此曲线的方程.

6. 一生物反应器中盛有溶液 100 L,含营养物 500 g.现以 2 L/min 的速度向容器注入 3 g/L 的溶液.假设反应器中有一搅拌装置,能够将新注入的溶液与原有溶液瞬间混合为均匀溶液.容器中生物反应以 5 g/min 的速度消耗营养物.此外,为保持反应器容积恒定,混合液以 2 L/min 的速度流出.求混合液中营养物含量随时间的变化规律.

6.3　应用举例

前面我们介绍了几类一阶微分方程的解法,本节将结合几个源自实际问题的数学模型来着重说明微分方程的广泛应用.

例 6.12 (人口增长模型)　英国人口学家马尔萨斯 (Thomas Malthus,1766—1834) 在 1798 年出版的《人口原理》一书中,认为人口的平均增长率为常数,即单位时间内人口的增长量与当时的人口总量成正比.记 $N(t)$ 为 t 时刻的人口数量,b 和 d 分别表示人均出生率和死亡率,则有

$$\frac{1}{N}\frac{\mathrm{d}N}{\mathrm{d}t} = r \tag{6.32}$$

式中,$r = b - d$,称为内禀增长率.方程 (6.32) 就是著名的马尔萨斯人口模型,又称人口指数增长模型,它的解为

$$N(t) = N(0)\,\mathrm{e}^{rt}$$

图 6.2 给出了美国 1790—1860 年的实际人口数据 (圆圈) 和利用马尔萨斯人口模型预测的结果 (实线),可以看到马尔萨斯人口模型尽管形式简单,但能够较好地描述和预测人口数量在短期内的变化.

当 $t \to +\infty$ 时,依据马尔萨斯人口模型,人口数量满足

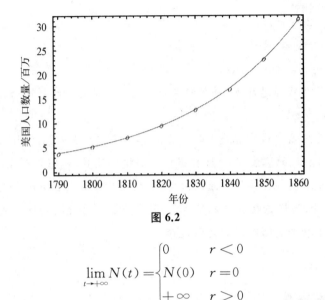

图 6.2

$$\lim_{t \to +\infty} N(t) = \begin{cases} 0 & r < 0 \\ N(0) & r = 0 \\ +\infty & r > 0 \end{cases}$$

特别地,只要增长率 r 大于零,人口数量都将爆炸增长并趋于无穷大.这显然是不切实际的.

现实中,种群生存和繁衍所必需的资源总量是有限的,当种群规模小时,平均资源充沛,种群数量在短时间内接近指数增长.随着种群数量的指数增长和资源的线性增长,平均资源获取量锐减,导致种群增长率减小.考虑到种群内部竞争或密度制约效应,比利时数学家韦吕勒(Verhulst,1804—1849)认为人均增长率随种群数量的增加而线性减少,于 1838 年提出了种群生态学中著名的 logistic 模型

$$\frac{1}{N} \frac{\mathrm{d}N}{\mathrm{d}t} = r\left(1 - \frac{N}{K}\right) \tag{6.33}$$

式中,K 为环境容纳量,指一定环境中所能承载的种群数量的最大值.对方程 (6.33) 变量分离,整理得

$$\left(\frac{1}{N} + \frac{1}{K - N}\right) \mathrm{d}N = r\,\mathrm{d}t$$

对两边积分知

$$N(t) = \frac{N(0)\,\mathrm{e}^{rt}}{1 + N(0)(\mathrm{e}^{rt} - 1)/K} = \frac{K}{1 + [K/N(0) - 1]\,\mathrm{e}^{-rt}}$$

当 $r>0$, $K>0$ 时,对任意正初始值 $N(0)>0$,恒有 $N(t)\to K$ $(t\to+\infty)$,即种群规模最终趋于环境容纳量(见图 6.3).特别地,当 $N(0)=K$ 时,$N(t)\equiv K$,即此时种群数量不随时间而变化,这样的解称为平衡点.

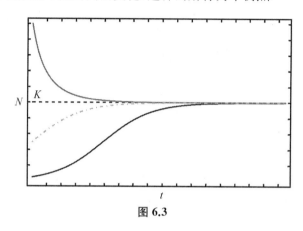

图 6.3

Logistic 模型可以比较准确地预测种群规模中长期的变化情况.例如,图 6.4 展示了美国 1790—2000 年的两百多年间人口统计数据(圆圈)和利用 logistic 模型拟合的结果(实线),两者能较好地稳合.一个地区人口数量变化是由出生、死亡和迁徙等因素联合决定的,更现实的模型还应考虑移民.

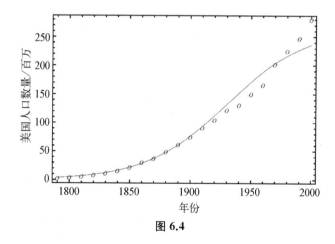

图 6.4

例 6.13(种群收获模型) 生物资源如森林、草场、渔场等资源是可再生的,如果利用得当可保证长久获取.反之,如果过度开发,则会造成资源枯竭,难以为继.因此,一种既能保证资源可持久又能实现收益最大化,即获得最大可持续产量(maximum sustainable yield)的资源管理方式是值得期待的.

以渔业资源为例,记 t 时刻的鱼类存量为 $N(t)$. 假设单位时间内收获数量为捕捉的难易程度 q、努力量(比如出海渔船数、下钓钩或渔网数)E 和存量 $N(t)$ 的乘积,即 qEN,称为常数努力收获率,则我们基于 logistic 模型可得到

$$\frac{\mathrm{d}N}{\mathrm{d}t} = rN\left(1 - \frac{N}{K}\right) - qEN \tag{6.34}$$

直接计算知,方程(6.34)总有零平衡点,当且仅当 $r > qE$ 时有正平衡点

$$N^* = K\left(1 - \frac{qE}{r}\right)$$

由例 6.12 知,当 $r > qE$ 时,对任意正初值 $N(0) > 0$,恒有 $N(t) \to N^* (t \to +\infty)$. 对应平衡点 N^* 的可持续产量为

$$Y = qEN^* = qEK\left(1 - \frac{qE}{r}\right) \quad (qE < r) \tag{6.35}$$

就实际而言,参数 r、K 和 q 相对固定,努力量 E 可变.因此我们考虑 Y 为 E 的函数,寻找使得产量 Y 最大的 E. 对式(6.35)关于 E 求导得

$$\frac{\mathrm{d}Y}{\mathrm{d}E} = qK\left(1 - \frac{2qE}{r}\right) \quad \left(E < \frac{r}{q}\right)$$

所以最优努力量和对应的最大可持续产量分别为

$$E_{\mathrm{MSY}} = \frac{r}{2q}, \quad \mathrm{MSY} = \frac{rK}{4}$$

例 6.14(传染病模型) 我们将总人口 $N(t)$ 分为易感者 $S(t)$ 和染病者 $I(t)$ 两类,其中易感者不带病但可以通过接触染病者被感染,染病者带病且有传染性.假设单位时间内一个染病者与他人接触次数线性依赖于总人口,记作 cN,则他与易感者接触次数为 $cN \times \dfrac{S}{N}$. 设易感者每次接触染病者被传染的概率为 p,那么单位时间内所有染病者能感染易感者的数量为

$$cN \times \frac{S}{N} \times p \times I = \beta SI, \ \beta = cp$$

脑炎、淋病、流感等传染病患者康复后不具有免疫力,重新成为易感者.据此,英国生物化学家克马克(Kermack,1898—1970)和传染病学家麦肯德里克(McKendrick,1876—1943)于 1932 年提出了不考虑人口出生与死亡的 SIS 模型

$$\begin{cases} \dfrac{dS}{dt} = -\beta SI + \gamma I \\[2mm] \dfrac{dI}{dt} = \beta SI - \gamma I \end{cases} \tag{6.36}$$

式中,γ 为恢复率,$1/\gamma$ 即为病程持续时间.注意到 $N'(t) = S'(t) + I'(t) = 0$,从而 $N(t) \equiv N(0) = N_0$,即人口总数量保持不变.将 $S(t) = N_0 - I(t)$ 代入模型(6.36)的第二个方程得

$$\frac{dI}{dt} = \beta I(N_0 - I) - \gamma I = [(\beta N_0 - \gamma) - \beta I]I \tag{6.37}$$

它在数学上等价于 logistic 模型.当 $\beta N_0 - \gamma > 0$,亦即

$$\mathcal{R}_0 = \frac{\beta N_0}{\gamma} > 1$$

对任意正初始值 $I(0) > 0$,恒有 $I(t) \to I^* = N_0 \left(1 - \dfrac{1}{\mathcal{R}_0}\right)$ $(t \to +\infty)$. 当 $\mathcal{R}_0 \leqslant 1$ 时,恒有 $I(t) \to 0$ $(t \to +\infty)$. 这里的 $\mathcal{R}_0$ 在传染病学中有一个专门名称,叫作基本再生数(basic reproduction number),它表示一个染病者在其染病期间所能感染的成员数,用于衡量传染病的传播潜力和持久性.一般地,当 $\mathcal{R}_0 > 1$ 时,传染病一直流行;当 $\mathcal{R}_0 < 1$ 时,传染病最终消亡.

天花、麻疹、水痘等疾病的染病者康复后将获得终身免疫力,这样我们需要引入恢复者类,记为 $R(t)$.克马克和麦肯德里克在 1927 年提出后来以他们名字命名的 Kermack-McKendrick 模型,这里介绍它的一个特殊情形:

$$\begin{cases} \dfrac{dS}{dt} = -\beta SI \\[2mm] \dfrac{dI}{dt} = \beta SI - \gamma I \\[2mm] \dfrac{dR}{dt} = \gamma I \end{cases} \tag{6.38}$$

同样地,总人口 $N(t)=S(t)+I(t)+R(t)\equiv N(0)=N_0$. 假设初始时刻易感者和染病者数量为正但恢复者数量为零,即初值条件满足

$$S(0)=S_0>0,\ I(0)=I_0>0,\ R(0)=0$$

由式(6.38)的第一个方程知 $S'(t)<0$,故 $S(t)$ 严格单调递减,则 $\lim\limits_{t\to\infty}S(t)=S_\infty$ 存在.

下面基于与模型(6.37)相同的基本再生数 $\mathcal{R}_0$ 分两种情形加以分析.

(1) 当 $\mathcal{R}_0\leqslant 1$ 时,对任意 $t\geqslant 0$ 有

$$I'(t)=I(t)[\beta S(t)-\gamma]\leqslant I(t)(\beta S_0-\gamma)<I(t)(\beta N_0-\gamma)\leqslant 0 \tag{6.39}$$

即 $I(t)$ 严格单调递减,并且

$$\lim_{t\to\infty}I(t)=I_\infty=0$$

此时疾病不会爆发且最终消亡.

(2) 当 $\mathcal{R}_0>1$ 时,由方程(6.39)知 $I(t)$ 起始时单调增加,导致传染病疫情爆发;随着 $S(t)$ 减少至 $k=\gamma/\beta$,$I(t)$ 达到最大值;之后随着 $S(t)$ 继续减少,$I(t)$ 转而单调递减并最终趋于零.即疾病会爆发但最终消亡.

如果疾病会流行,那么一个自然而有趣的问题是最终会有多少人被传染,是否会无一幸免? 将模型(6.38)的前两个方程相除,整理得到

$$\mathrm{d}I=\left(-1+\frac{k}{S}\right)\mathrm{d}S$$

对两边从 0 到 t 积分,

$$I(t)-I(0)=-[S(t)-S(0)]+k[\ln S(t)-\ln S(0)]$$

亦即

$$I(t)+S(t)-k\ln S(t)=I_0+S_0-k\ln S_0$$

令 $t\to\infty$,得到

$$I_\infty+S_\infty-k\ln S_\infty=I_0+S_0-k\ln S_0$$

因为 $N_0=I_0+S_0$ 和 $I_\infty=0$,由上式可得

$$N_0 - S_\infty + k \ln \frac{S_\infty}{S_0} = 0 \qquad\qquad (6.40)$$

下面证明关于 S_∞ 的方程(6.40)存在唯一正实根.定义

$$F(x) = N_0 - x + k \ln \frac{x}{S_0} \quad (x \in (0, S_0])$$

注意到 $F(S_0) = I_0 > 0$ 和 $F(0+) = -\infty$,由连续函数的零点定理知 $F(x) = 0$ 在区间 $(0, S_0)$ 上至少存在一个根.当 $\mathcal{R}_0 \leqslant 1$ 时,有

$$F'(x) = -1 + \frac{k}{x} \geqslant -1 + \frac{k}{S_0} > 0 \quad (x \in (0, S_0])$$

即 $F(x)$ 在 $(0, S_0]$ 上严格单调递增,因此零点唯一.当 $\mathcal{R}_0 > 1$ 时,有 $F(x)$ 在 $(0, k]$ 上严格单调递增,在 $x = k$ 处取最大值,在 $(k, S_0]$ 上严格单调递减,在 $x = S_0$ 处取正值,因此零点落在区间 $(0, k]$ 且依然唯一.

当 S_0,N_0 和 k 已知时,从方程(6.40)可以数值计算出 S_∞,进而确定最终感染人数 $R_\infty = N_0 - S_\infty$.同时我们得知 $0 < S_\infty < S_0$,即总会有一部分人不被感染.当 $S_0 \approx N_0$ 时,式(6.40)近似于

$$N_0 - S_\infty + k \ln \frac{S_\infty}{N_0} = 0 \quad \text{或} \quad \mathcal{R}_0 = -\frac{\ln \dfrac{S_\infty}{N_0}}{1 - \dfrac{S_\infty}{N_0}} = -\frac{\ln(1-z)}{z}$$

式中,$z = \dfrac{R_\infty}{N_0} = 1 - \dfrac{S_\infty}{N_0}$ 为最终感染过的人口占总人口的比例,或称最终规模(final size).从图 6.5 可以看出,最终规模 z 随着基本再生数 $\mathcal{R}_0$ 的增大而增

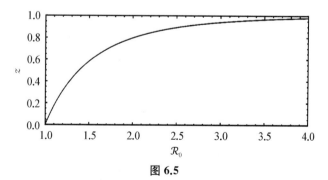

图 6.5

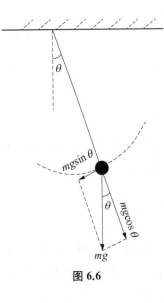

图 6.6

长,即一种疾病的传播潜力越大,则最终感染人口比例越高.

例 6.15(单摆运动模型)　将一根长度为 l 的不可伸缩、质量可忽略不计的细线一端固定,另一端系上一质量为 m 的质点.在重力作用下,质点在铅垂平面上做周期运动.这样一个简单的装置被称为单摆或数学摆,下面我们来推导单摆的运动方程.

分析: 取逆时针方向为正方向,设单摆与铅垂线的夹角为 θ.把质点受到的重力 mg 分解为沿着细线和垂直于细线两个方向上的分量 $mg\cos\theta$ 和 $mg\sin\theta$(见图 6.6).由牛顿第二定律知

$$F = -mg\sin\theta = ma \quad 或 \quad a = -g\sin\theta$$

式中,a 为切向加速度.另一方面,设质点运动的线速度为

$$v = \frac{\mathrm{d}}{\mathrm{d}t}(l\theta) = l\,\frac{\mathrm{d}\theta}{\mathrm{d}t}$$

从而质点的线加速度为

$$a = \frac{\mathrm{d}v}{\mathrm{d}t} = l\,\frac{\mathrm{d}^2\theta}{\mathrm{d}t^2}$$

比较两个加速度关系式得单摆的运动方程:

$$\frac{\mathrm{d}^2\theta}{\mathrm{d}t^2} + \frac{g}{l}\sin\theta = 0 \tag{6.41}$$

当摆角 θ 很小时(小于 5°),由两个重要极限的前一个知

$$\sin\theta \approx \theta$$

这时方程(6.41)近似等价于

$$\frac{\mathrm{d}^2\theta}{\mathrm{d}t^2} + \frac{g}{l}\theta = 0 \tag{6.42}$$

假设初始角度为 $\theta_0 > 0$，初始速度为 0，即

$$\theta(0) = \theta_0, \quad \frac{\mathrm{d}\theta}{\mathrm{d}t}(0) = 0 \tag{6.43}$$

下面求解初值问题. 令 $\alpha = \dfrac{\mathrm{d}\theta}{\mathrm{d}t}$，则方程(6.42)等价于

$$\begin{cases} \dfrac{\mathrm{d}\theta}{\mathrm{d}t} = \alpha \\[2mm] \dfrac{\mathrm{d}\alpha}{\mathrm{d}t} = -\dfrac{g}{l}\theta \end{cases}$$

两个方程相除得

$$\frac{\mathrm{d}\alpha}{\mathrm{d}\theta} = -\frac{g}{l} \cdot \frac{\theta}{\alpha}$$

变量分离积分得

$$\alpha^2 = -\frac{g}{l}\theta^2 + C_1 \quad \text{或} \quad \left(\frac{\mathrm{d}\theta}{\mathrm{d}t}\right)^2 = -\frac{g}{l}\theta^2(t) + C_1$$

将式(6.43)代入得 $C_1 = \dfrac{g}{l}\theta_0^2$，所以

$$\frac{\mathrm{d}\theta}{\mathrm{d}t} = \pm\sqrt{\frac{g}{l}}\sqrt{\theta_0^2 - \theta^2(t)}$$

再次变量分离积分得

$$\arcsin\frac{\theta}{\theta_0} = \pm\sqrt{\frac{g}{l}}\,t + C_2$$

再将 $\theta(0) = \theta_0$ 代入得 $C_2 = \dfrac{\pi}{2}$，所以最终

$$\theta(t) = \theta_0\cos\left(\sqrt{\frac{g}{l}}\,t\right) \quad (\theta_0 \ll 1)$$

也就是说，当摆角很小时，单摆随时间按余弦函数规律振动，称作简谐振动，它的周期为

$$T = 2\pi\sqrt{\frac{l}{g}} \qquad\qquad (6.44)$$

即单摆运动的周期与摆长的平方根成正比,与摆球质量和初始时刻摆角无关.

历史上,伽利略于 1602 年最早发现单摆振动的等时性,惠更斯在 1656 年制成了世界上第一个摆钟.单摆不仅可以计时,还可以测算重力加速度.事实上,我们从式(6.44)可导出

$$g = \frac{4\pi^2 l}{T^2}$$

其中摆长 l 和周期 T 均容易测得.

现实环境是复杂多样的,微分方程模型总是基于一系列假设,对实际问题或现象进行简化,预测结果出现误差甚至错误往往是在所难免的.例如,在人口模型中,技术革新、管理改进、新领地开拓等因素可以扩大环境容纳量,自然灾害、战争、流行病等因素会减少环境容纳量;在收获模型中,资源繁衍的季节性、休渔期和气候气象等因素会影响种群生长和收获;传染病模型中,出生、因病死亡、迁徙、行为变化、预防和控制措施等会对疾病传播起到增强或减弱的作用.在单摆实验中,摆球尺寸、绳的质量和空气摩擦的影响有时不容忽视,诚如英国统计学家博克斯(Box,1919—2013)所言:"所有的模型都是错误的,但有些是有用的".

习题 6.3

1. 生物医学家在研究中发现某些肿瘤的生长速度符合 Gompertz 方程

$$\frac{dN}{dt} = \alpha N \ln\left(\frac{K}{N}\right), \ N(0) = N_0$$

式中,$N(t)$ 为肿瘤的大小,α 为与细胞增殖能力相关的常数,K 为环境容纳量.试求肿瘤大小与时间的函数关系.

2. 对某些物种,当种群规模较小时,种群中个体交配、防御天敌或捕食会出现困难,不利于种群的繁衍与存活.为此美国生态学家 Allee 提出如下被称为带有 Allee 效应的种群模型

$$\frac{\mathrm{d}N}{\mathrm{d}t} = rN\left(\frac{N}{A} - 1\right)\left(1 - \frac{N}{K}\right)$$

式中, r 为内禀增长率; K 为环境容纳量; $A \in (0, K)$, 为临界值. 试分析不同正初值条件下种群数量的变化情况.

3. 假设鱼类生长符合 Gompertz 方程, 同时受到常数努力收获率的影响, 对应模型为

$$\frac{\mathrm{d}N}{\mathrm{d}t} = \alpha N \ln\left(\frac{K}{N}\right) - qEN$$

问在捕捞率 qE 为多大时可达到最大可持续产量.

4. 某物种数量以 logistic 规律增长, 假设单位时间内收获量为正常数, 得到种群模型

$$\frac{\mathrm{d}N}{\mathrm{d}t} = rN\left(1 - \frac{N}{K}\right) - h$$

式中, 常数 $h > 0$, 为收获率. 问如何选取收获率以实现最大可持续产量.

5. 假设在初始出现个别染病者时, 单位时间内一个染病者与他人接触次数为常数. 随着染病者数量增加, 由于媒体宣传和心理效应, 易感者采取勤洗手、戴口罩、避免去公共场所等方式减少与他人特别是染病者的接触. 据此提出一个考虑媒体效应的 SIS 传染病模型

$$\begin{cases} \dfrac{\mathrm{d}S}{\mathrm{d}t} = -\beta\left(1 - \delta\,\dfrac{I}{N}\right)\dfrac{I}{N}S + \gamma I \\ \dfrac{\mathrm{d}I}{\mathrm{d}t} = \beta\left(1 - \delta\,\dfrac{I}{N}\right)\dfrac{I}{N}S - \gamma I \end{cases}$$

式中, $N = S + I$ 为总人口; β 为无病情形下的传播系数; $\delta \in (0, 1)$, 为行为变化所能导致的传播系数的最大降幅比例. 试分析疾病在基本再生数 $\mathcal{R}_0 = \beta/\gamma$ 大于 1 和小于 1 两种情形下的传播趋势, 并与无行为变化 ($\delta = 0$) 的模型分析结果相比较.

6. 在制造探照灯或汽车前灯的反射镜面时, 要求点光源射出的光线被镜面平行地反射出去, 从而保证探照灯具有良好的方向性. 试求反射镜面的几何形状 (旋转面).

阅读材料 F   常微分方程发展简史

　　方程是含有未知数的等式,多个方程联立则形成方程组.古埃及人、希腊人、中国人、印度人、巴比伦人等很早就开始研究方程的求解.中国古代第一部数学专著《九章算术》成书于公元 1 世纪左右,其中有"方程"一章,提出了世界上最早的完整地求解线性方程组的方法.利用未知数列高次方程(组)的一般方法——天元术和四元术在金、元朝时被发明,领先欧洲三百多年.物理学、化学、天文学、生物学、经济学以及工程技术等学科和领域的大量问题都可以表述为方程问题.方程类型多样,常见的有代数方程、丢番图方程、超越方程、差分方程、微分方程、积分方程等.微分方程可分为常微分方程和偏微分方程,它们的未知函数分别是一元的和多元的.

　　常微分方程起源于 17 世纪,它伴随着微积分的诞生而出现.事实上,不定积分 $y'(x)=f(x)$ 的求解就是最简单的常微分方程求解问题.当人们用微积分来研究几何学、物理学、力学、天文学等相关问题时,便自然地涌现了大量的微分方程.一般认为常微分方程的研究始于伽利略,他在研究自由落体运动时求解微分方程而得到物体的运动规律.牛顿在 1671 年撰写的著作《流数法与无穷级数》中列出了三大类微分方程,并用无穷级数的方法进行了求解.1690 年,雅各布·伯努利研究了等时曲线问题并提出了悬链线问题.莱布尼茨于 1691 年提出变量分离法,并引入变换 $y=ux$ 解决了齐次方程 $y'(x)=f(y/x)$ 的求解问题.1694 年,莱布尼茨和约翰·伯努利提出了等角轨线问题.1695 年,雅各布·伯努利提出了后来以他名字命名的伯努利方程,随后被莱布尼茨通过变量代换法解决.1715 年,泰勒在其著作《正和反的增量法》中提出奇解的概念,后来克莱罗(Clairaut,1713—1765)和欧拉等全面研究了奇解.1734 年,欧拉提出了恰当方程的概念和条件,并进一步的引入积分因子法.1743—1750 年,欧拉解决了任意阶常系数齐次线性方程,并首次引入通解和特解的概念.1754 年,拉格朗日在解决等时曲线问题过程中创立了变分法.1763 年达朗贝尔发现非齐次线性方程的通解等于齐次方程的通解加上一个非齐次方程的特解.1774—1775 年,拉格朗日提出了常数变易法求解任意阶变系数非齐次线性常

微分方程.此后除 18 世纪末出现的算子法和拉普拉斯变换法外,一般的积分方法
鲜有大的进展,常微分方程发展的经典阶段结束,成为了一个独立的数学分支.

意大利数学家黎卡提(Riccati,1676—1754)于 1724 年提出如下方程

$$\frac{\mathrm{d}y}{\mathrm{d}x} = p(x) \, y^2 + q(x)y + r(x)$$

式中,$p(x)$,$q(x)$ 和 $r(x)$ 在区间 I 上连续,并且 $p(x) \not\equiv 0$. 这是形式上最
简单的一类非线性方程,称为黎卡提方程.丹尼尔·伯努利、欧拉、达朗贝尔等
相继试图求解该方程,但只得到了一些特殊条件的解.直到 1841 年,刘维尔证
明了在一般情形下,黎卡提方程的解是无法用初等函数的积分来表达的,这一
重大发现在微分方程发展史上具有里程碑意义,可以与代数学中阿贝尔证明
一般五次或以上的代数方程没有根式解比肩.既然形式如此简单的常微分方
程求通解都极其困难,甚至不可能,这便迫使人们转而研究满足某些附加条件
的特解.19 世纪初期至中期,发展出一套包括解的存在性、唯一性、延伸性,以
及解的整体存在性、解对初值和参数的连续依赖性和可微性等基本理论的适
定性理论体系.柯西在 1820 年最早证明了微分方程初值问题解的存在和唯一
性定理.1876 年,李卜西兹(Lipschitz,1832—1903)减少了柯西定理的条件,提
出了所谓的李卜西兹条件.1890 年,皮亚诺(Peano,1858—1932)证明了更广泛
条件下解的存在性.1893 年,毕卡(Picard,1856—1941)利用逐次逼近法简化了
李卜西兹条件下柯西定理的证明.1898 年,奥斯古德(Osgood,1864—1943)减
弱了李卜西兹条件.此外,斯托姆(Sturm,1803—1855)于 19 世纪 30 年代研究
了常微分方程边值问题和特征值问题,建立了著名的斯托姆比较定理.挪威数
学家索菲斯·李(Sophus Lie,1842—1899)于 1874 年将群的概念应用于常微
分方程,解决了解的可积性问题.

19 世纪,常微分方程的解析理论研究兴起.事实上,早在 17 世纪,牛顿和
莱布尼茨等就曾用无穷级数来求解某些微分方程.勒让德、贝塞尔(Bessel,
1784—1846)、埃尔米特(Hermite,1822—1901)、高斯、切比雪夫(Chebyshev,
1821—1894)等先后采用幂级数法和广义幂级数法来求部分二阶线性微分方程
的幂级数解.当微分方程的系数具有奇异性时,人们常研究奇点附近的解的性
质,对此,黎曼和富克斯(Fuchs,1833—1902)创立了 Riemann-Fuchs 奇点理论.

19 世纪末 20 世纪初,常微分方程定性理论和稳定性理论快速发展,其中以法国数学家庞加莱和俄国数学家李雅普诺夫(Lyapunov,1857—1918)的贡献最为突出.庞加莱开创了常微分方程实域定性理论,对奇点进行了分类,研究了奇点附近解的性态等.1901 年,挪威数学家本迪克松(Bendixson,1861—1935)发表了论文《由微分方程定义的曲线》,证明了平面系统上著名的 Poincaré-Bendixson 定理,并提出了本迪克松准则.1892 年,李雅普洛夫在其博士论文《运动稳定性的一般问题》中,定义了稳定性和 Lyapunov 函数,提出了两类研究稳定性的方法.1937 年,安德罗诺夫(Andronov,1901—1952)和庞特里亚金(Pontryagin,1908—1988)得到了平面动力系统结构稳定性的充分必要条件.20 世纪中期以后,随着计算机的出现和普及,常微分方程数值解法研究得到很大的发展与推广.Lyapunov 函数适用于控制论中系统的稳定性,带动了Lyapunov 第二方法的广泛应用和构造技巧上的很大突破.利用泛函分析方法将常微分方程理论发展到无穷维空间中,建立了一套抽象空间常微分方程理论.

常微分方程历经 300 多年的发展,在基本理论和方法上取得了巨大成就.需要指出的是,常微分方程中依然有许多未解的难题,例如 1900 年提出的著名的希尔伯特第 16 问题,即平面系统

$$\frac{\mathrm{d}x}{\mathrm{d}t} = P_n(x, y), \qquad \frac{\mathrm{d}y}{\mathrm{d}t} = Q_n(x, y)$$

最多有多少个极限环(孤立的周期解),它们的分布如何? 这里 $P_n(x, y)$ 和 $Q_n(x, y)$ 是关于 x, y 的 n 次多项式.1923 年,迪拉克(Dulac,1870—1955)给出了极限环个数是有限个的证明,后来依廖申科(Ilyashenko,1943—)于 1982 年发现其证明有缺陷,并与埃加勒(Écalle,1950—)分别独立地于 1991 年和 1992 年进行了新的证明.即便对于二次系统($n=2$),极限环个数的上界问题至今仍未解决,而中国数学家在这一问题上取得了一系列出色成果,在 20 世纪 70 年代末,构造出具有不少于四个极限环的二次系统.再比如生态学中的三维竞争的 Lotka-Volterra 系统,由赫希(Hirsch,1933—)的负载单形理论可知不会出现混沌现象,但极限环的个数问题并未彻底解决.常微分方程有着广泛的应用和大量待解决的理论问题,是有活力和前景的,它吸引着一代代数学家持续努力,使之不断得以改进和完善.

数学家介绍

庞加莱

我们用逻辑去证明,但用直觉去发现.知道如何挑剔是好的,知道如何创造更好.

——亨利·庞加莱

庞加莱(Poincaré, 1854—1912)是历史上最伟大的数学家之一,同时也是卓越的理论物理学家和科学哲学家.1854 年 4 月 29 日,庞加莱出生于法国洛林地区的南锡,父亲是南锡大学的医学教授,母亲来自一个乡绅家庭.庞加莱幼年时受到母亲的悉心照料,九个月学会说话,拥有超凡的记忆力,但是他的协调能力差并患深度近视.五岁时因患白喉,长达两个月不能行走,近七个月不能说话,这使他在很长时间里表现得虚弱而胆小.庞加莱 8 岁入学,除了音乐和体育表现一般外,其余每门功课都成绩优异.他多次获得小学数学优等生竞赛一等奖,数学老师形容他是一只"数学怪兽".1871 年,17 岁的庞加莱通过毕业考试,获得文学和理学学士学位.1873 年,庞加莱抱着成为工程师的打算,以入学考试第一名的成绩进入巴黎综合理工学院学习,在那里他如鱼得水,表现出色,甚至于 1874 年发表了他的第一篇数学论文《曲面因子特性的新展示》.当时几乎所有理工学院的一流毕业生都选择去巴黎高等矿业学院继续深造,之后就能获得一份收入丰厚、地位崇高的工作,庞加莱也不例外,他于 1875 年以综合成绩第二名的表现毕业后,开始在矿业学院学习矿业工程,并于 1879 年取得采矿工程师资格.在此期间,他利用闲暇时间研究数学,在埃尔米特的指导下,于 1879 年获得巴黎大学数学博士学位.在短暂担任法国矿业集团的矿业巡视员的职务后,庞加莱于 1879 年 12 月获聘为卡昂大学的数学分析讲师.在卡昂大学,他取得了他的第一项重大数学发现——自守函数.1881 年 4 月,时年 27 岁的庞加莱与珍妮·安德西相识并结婚,婚后他们育有一子三女.自 1881 年秋季开始并直到其去世,庞加莱都在巴黎大学任教,先是担任分析副教授,后来陆续被任命为力学与实验物理、数学物理与概率论、天体力学和天文学等方向的讲座教授,他的教学以不断更换课程主题和讲授物理学不同分支的关键问题而闻名.

庞加莱的正式研究始于 1878 年发表的博士论文,终于他 1912 年的离世.在这相对短促的 34 年研究生涯中,他共发表了近 500 篇论文,出版了 30 多部科学著作,还有大量的关于科学哲学的通俗文章和名著.庞加莱的研究和贡献涉及数学的四个主要部分——算术、分析、代数和几何,囊括了当时所有的数学分支,被誉为最后一位数学通才.例如,庞加莱创立了自守函数理论,揭示了分析与几何、代数与数论的内在联系.庞加莱是多复变函数论的先驱之一,提出和证明了一般的单值化定理,并研究了整函数的亏格.在 1895 年至 1904 年发表的六篇论文中,庞加莱开创了代数拓扑学,不夸张地说,直到 1933 年高阶同伦群提出前,整个代数拓扑学的发展都遵循着庞加莱的思想和方法.在数论中,庞加莱定义了曲线的秩数,成为丢番图几何的重要研究对象.在代数中,他引入群代数、左理想和右理想的概念,定义了李代数的包络代数,证明了李代数第三基本定理以及坎贝尔-豪斯多夫公式.在阿贝尔函数研究中,他证明了一般的完全可约性定理.在概率论中,庞加莱最早使用遍历性的概念,成为统计力学的基础.在微分方程领域,庞加莱最杰出的贡献是创立了微分方程定性理论,他将奇点分为焦点、鞍点、结点和中心四种类型以研究解在奇点附近的性态.庞加莱对三体问题的研究首次给出了动力系统中混沌性态的数学描述,后来证明了庞加莱回归定理.在偏微分方程和数学物理方面,庞加莱研究了拉普拉斯算子的特征值问题,证明了狄利克雷问题解的存在性.此外,庞加莱在理论物理和天体物理方面也多有建树,他发展和命名了洛伦兹变换群,阐明了相对性原理,对狭义相对论的创立有很大贡献.庞加莱还是约定主义的代表人物和直觉主义的先驱者之一,出版了《科学与假设》《科学的价值》《科学与方法》等有重大影响的哲学著作.与庞加莱同时代的一位数学史家对他这样形容道:"有些人仿佛生下来就是为了证明天才的存在似的,每次看到亨利,我就会听见这个恼人的声音在我耳边响起".

值得一提的是,庞加莱在 1904 年发表的名为《对位相分析学的第 5 次补充》的论文中提出了一个拓扑学的猜想:任一单连通的、闭的三维流形都与三维球面同胚.庞加莱这一猜想给出了最简单的三维空间的拓扑刻画,成为代数拓扑学中一个带有基本意义的命题.庞加莱一度认为自己证明了它,但很快发现了错误.历史上,怀特海(Whitehead,1904—1960)、德拉姆(de Rham,1903—
1990)、宾(Bing,1914—1986)、哈肯(Haken,1928—)、莫伊泽(Moise,1918—
1998)、帕帕奇拉克普罗斯(Papakyriakopoulos,1914—1976)等有影响力的数
学家都曾宣称解决了庞加莱猜想,后来均撤回了证明.一次次的失败尝试和问
题本身的重要性,使庞加莱猜想成为著名的数学难题之一.三维的庞加莱猜想
困难重重,那么高维情形如何呢? 1961 年,斯梅尔(Smale,1930—)突破维数
的障碍,证明了五维及以上空间中的广义庞加莱猜想,由此获得了 1966 年的
菲尔茨奖.1983 年,福里德曼(Michael Freedman,1951—)进一步证明了四维
版本的广义庞加莱猜想,获得了 1986 年的菲尔茨奖.但是,人们对于原始的三
维庞加莱猜想却仍束手无策,需要开创新的理论和工具.后来的发展表明瑟斯
顿(Thurston,1946—2012)提出的一般三维空间的几何化猜想和哈密尔顿
(Hamilton,1943—)在流形上引入的 Ricci 曲率流发挥了关键作用.2000 年,美
国克雷数学研究所把庞加莱猜想列为七个千禧年数学难题之一,悬赏一百万
美元征解.出人意料的是,从 2002 年 11 月至 2003 年 7 月,俄罗斯数学家佩雷
尔曼(Perelman,1966—)在预印本网站 arXiv 发布了三篇研究手稿,声称证明
了几何化猜想,这意味着作为直接推论的庞加莱猜想被攻克.有三个数学小组
仔细阅读了证明,最终一致认为佩雷尔曼完全解决了这一百年猜想.2006 年,
国际数学家大会决定授予佩雷尔曼菲尔茨奖,2010 年,克雷数学研究所决定奖
励佩雷尔曼一百万美元,但均遭到他的拒绝,理由是"我对金钱或名气不感兴
趣,我不想像动物园里的动物一样展出,我也不是数学的英雄,我甚至不是那
么成功".

1887 年,32 岁的庞加莱当选法兰西科学院院士,并于 1906 年担任科学院
主席.因为他在科普方面的出色写作能力,庞加莱于 1908 年成为法兰西学术院
院士.他还被欧洲和美国的主要科学团体和研究院聘为院士,获得的重要奖项
包括瑞典与挪威奥斯卡国王奖(1887 年)、法国荣誉军团勋章(1894 年和 1903
年)、英国皇家天文学会金质奖章(1900 年)、西尔维斯特奖(1901 年)、波尔约
奖(1905 年)、马泰乌奇奖(1905 年)、布鲁斯奖(1911 年)等,同时,他也是三次
国际数学家大会报告人(1897 年、1900 年和 1908 年).

1908 年,庞加莱在参加意大利罗马的国际数学家大会期间,因为前列腺增
大接受手术,解除了症状.回国后,他继续像从前一样全身心地投入工作.1911

年,庞加莱感觉身体不适、精力衰退,他担心自己将不久于人世,遂给数学杂志的编辑写信,希望发表一项尚未完成的关于三体问题周期解的论文[1913 年由美国数学家伯克霍夫(Birkhoff,1884—1944)完成].1912 年 7 月 9 日,庞加莱接受了第二次手术,这次手术似乎相当成功,然而在同年 7 月 17 日早晨,他在穿衣时因为栓塞突然去世,享年 58 岁.庞加莱是 19 世纪后四分之一和 20 世纪初的领袖数学家,他的过早逝世是数学界的巨大损失,他的贡献和影响将长存于世.

习题参考答案与提示

第 1 章

习题 1.1

1. (1) 不同,第一个函数定义域为 $x \neq 0$,第二个函数定义域为 $x > 0$;

(2) 不同,第一个函数定义域为 $x \neq 1$ 的任意实数,第二个函数定义域为 x 取任意实数;

(3) 不同,第一个函数 $y = |x-1|$;

(4) 相同,两个函数的定义域和对应法则相同.

2. (1) $y = \sqrt{u}$, $u = x^2 - 3x + 2$, 定义域为 $(-\infty, 1] \bigcup [2, +\infty)$;

(2) $y = \ln u$, $u = x^2 - 1$, 定义域为 $(-\infty, -1) \bigcup (1, +\infty)$;

(3) $y = 3^u$, $u = \arctan v$, $v = \sqrt{x}$, 定义域为 $[0, +\infty)$;

(4) $y = \dfrac{1}{u}$, $u = \sin v$, $v = x - 1$, 定义域为 $x \neq k\pi + 1$, $k \in \mathbf{Z}$.

3. $f(x) = x + 1 + \dfrac{1}{x+1}$.

4. $f(x+1) = x^2 + 2x + 3$.

5. $\left[0, \dfrac{1}{2}\right]$.

6. $f[g(x)] = 12x - 11$, $g[f(x)] = 12x + 11$.

7. (1) $y = \dfrac{1}{2}(x+3)$；(2) $y = x^2 - 2x + 3$；(3) 当 $x \in [0, 3]$ 时,反函数为

$y = \sqrt{9 - x^2}$；(4) $y = \dfrac{1+x}{1-x}$.

8. $f[f(2)] = 2$.

9. $y = -\left(2 + \dfrac{\pi}{2}\right)x^2 + lx \quad \left(0 < x < \dfrac{l}{\pi+2}\right)$.

10. $y = (50 + x - 40)(50 - x) = -(x-20)^2 + 900 \ (0 < x < 50)$. 当 $x = 20$ 时,最大利润为 900 元.

习题 1.2

1. (1) 收敛,极限为 0；(2) 收敛,极限为 1；(3) 不收敛；(4) 不收敛.

2. 略.

3. (1) 1；(2) $\dfrac{1}{2}$；(3) e；(4) 2.

4. (1) $\dfrac{1}{2}$；(2) $\dfrac{1}{4}$；(3) $\dfrac{4}{3}$；(4) ∞；(5) 0；(6) 0.

5. (1) 1；(2) 0；(3) 1；(4) 1；(5) e^2；(6) e^{-6}；(7) e^{-4}；(8) e^3；(9) 1；

(10) $\dfrac{1}{3}$.

6. (1) 等价无穷小；(2) 同阶,不等价.

习题 1.3

1. (1) $x = 1$ 是可去间断点,补充定义 $f(1) = \dfrac{1}{2}$, $x = -3$ 是第二类间断点；

(2) $x = 0$, $x = \dfrac{\pi}{2}$ 都是可去间断点,补充定义 $f(0) = 1$, $f\left(\dfrac{\pi}{2}\right) = 0$；

(3) $x = 0$ 是第一类(跳跃)间断点.

2. (1) 1；(2) $\ln 2$；(3) $\dfrac{3}{2}$；(4) $\dfrac{1}{2}$；(5) e^{-2}；(6) $\dfrac{1}{2}$.

3. $a = e^2$.

4. 提示：令 $f(x) = x^3 - 4x + 1$,利用零点定理.

第 2 章

习题 2.1

1. (1) $f'(x)=\dfrac{1}{2\sqrt{x}}$; (2) $f'(x)=-\sin x$; (3) $f'(x)=-\dfrac{1}{x^2}$.

2. $3\sqrt{3}\,x+6y-(3+\sqrt{3}\,\pi)=0$, $12\sqrt{3}\,x-18y+9-4\sqrt{3}\,\pi=0$.

3. 连续但不可导.

4. $a=2$, $b=-1$.

5. 略.

6. (1) $4x+\dfrac{1}{3}x^{-\frac{2}{3}}$; (2) $\dfrac{3}{\sqrt{1-x^2}}+5\sec^2 x-2^x\ln 2$; (3) $\dfrac{3}{4}x^{-\frac{1}{4}}$;

(4) $5x^4+5^x\ln 5$; (5) $2x-5$; (6) $\dfrac{1}{x^3}(1-2\ln x)$.

7. (1) $\sqrt{2}-2$; (2) -1; (3) $\dfrac{a}{2}\sqrt{3}$.

8. (1) $-3\cos(2-3x)$; (2) $-2xe^{-x^2}$; (3) $\dfrac{2}{1+2x}$; (4) $\dfrac{2e^{2x}}{1+e^{4x}}$;

(5) $3x^2\cos(x^3)$; (6) $12(3x+1)^3$; (7) $(1+x^2)^{-\frac{1}{2}}$; (8) $\dfrac{1}{2}(1-x)^{-\frac{3}{2}}$;

(9) $\dfrac{e^{\arctan\sqrt{x}}}{2\sqrt{x}\,(1+x)}$; (10) $2\sin x\left[\cos x\cos(x^2)-x\sin x\sin(x^2)\right]$;

(11) $y=\dfrac{3}{5x^2-2x+2}$; (12) $\dfrac{1}{x\ln x}$.

9. (1) $\dfrac{2(e^{2x}-xy)}{x^2-\cos y}$; (2) $\dfrac{5-ye^{xy}}{xe^{xy}+2y}$; (3) $\dfrac{1+e^{x+y}}{2y-e^{x+y}}$.

10. (1) $\sin x^{\cos x}(\cos x\cot x-\sin x\ln\sin x)$;

(2) $\dfrac{\sqrt{x+1}(2-x)^3}{(2x-1)^4}\left[\dfrac{1}{2(x+1)}-\dfrac{3}{2-x}-\dfrac{8}{2x-1}\right]$;

(3) $\left(\dfrac{x}{x-1}\right)^{x}\left(\ln\dfrac{x}{x-1}-\dfrac{1}{x-1}\right)$.

11. (1) $2(3+2e^{2x})$; (2) $2(2x^2-1)e^{-x^2+1}$; (3) $2e^x\cos x$;

(4) $-2x(1+x^2)^{-2}$; (5) $-(1-x^2)^{-\frac{3}{2}}$; (6) $-x(1+x^2)^{-\frac{3}{2}}$.

12. (1) $64e^{2x+1}$; (2) $x^2\sin x-40x\cos x-380\sin x$.

13. (1) $(-2)^n\alpha(\alpha-1)\cdots(\alpha-n+1)(3-2x)^{\alpha-n}$; (2) $(-1)^{n-1}\dfrac{(n-1)!\,2^n}{(1+2x)^n}$.

14. (1) $2x(\tan 2x+x\sec^2 2x)dx$; (2) $\left[\ln(1+x)+\dfrac{x}{1+x}\right]dx$;

(3) $-e^{-x}(\sin x+\cos x)dx$; (4) $\dfrac{dx}{2\sqrt{x}(1+x)}$;

(5) $-\dfrac{x\,dx}{(2-x^2)\sqrt{1-x^2}}$; (6) $\dfrac{2dx}{1-x^2}$.

15. (1) 0.600 6; (2) 0.523 8; (3) 0.874 8; (4) 9.99.

习题 2.2

1. 略.

2. $\xi\approx 0.522\,7$.

3. 略.

4. 略.

5. 提示：利用柯西中值定理.

习题 2.3

1. (1) 1; (2) $\dfrac{3}{2}$; (3) -1; (4) 1; (5) $\dfrac{1}{2}$; (6) $\dfrac{1}{3}$; (7) 0; (8) $-\dfrac{1}{2}$; (9) $\dfrac{1}{6}$;

(10) e^{-1}

2. (1) 单调减区间为$(-\infty,1)$,单调增区间为$(1,+\infty)$;

(2) 单调增区间为$(-\infty,1)$和$(2,+\infty)$,单调减区间为$(1,2)$;

(3) 单调增区间为$\left(-\infty,-\dfrac{3}{2}\right)$和$\left(-\dfrac{1}{2},+\infty\right)$,单调减区间为$\left(-\dfrac{3}{2},-\dfrac{1}{2}\right)$.

3. 略.

4. (1) 凹区间为 $(-\infty,\,0)$ 和 $\left(\dfrac{2}{3},\,+\infty\right)$, 凸区间为 $\left(0,\,\dfrac{2}{3}\right)$, 拐点为 $(0,\,1)$

　　　　和 $\left(\dfrac{2}{3},\,\dfrac{11}{27}\right)$.

　　(2) 凹区间为 $\left(-\dfrac{1}{\sqrt{2}},\,\dfrac{1}{\sqrt{2}}\right)$, 凸区间为 $\left(-\infty,\,-\dfrac{1}{\sqrt{2}}\right)$ 和 $\left(\dfrac{1}{\sqrt{2}},\,+\infty\right)$, 拐

　　　　点为 $\left(\pm\dfrac{1}{\sqrt{2}},\,1-\mathrm{e}^{\frac{-1}{2}}\right)$.

5. (1) 极小值为 $f(0)=-\dfrac{1}{3}$;

　　(2) 极大值为 $f(-1)=-4$, 极小值为 $f(1)=4$;

　　(3) 极小值为 $f(0)=0$, 无极大值.

6. (1) 最大值为 $f(4)=142$, 最小值为 $f(1)=7$;

　　(2) 最大值为 $f(0)=0$, 无最小值.

7. 每月每套租金为 1 800 元时收入最大.

第 3 章

习题 3.1

1. (1) $\arctan x + \ln|x| + C$; (2) $-\dfrac{1}{4}x^{-4} + 6\mathrm{e}^x + C$;

　　(3) $\dfrac{x}{2} - \dfrac{\sin x}{2} + C$; (4) $\tan x - \cot x + C$.

2. (1) $\ln|\sin x| + C$; (2) $\dfrac{1}{2}\arctan\dfrac{x}{2} + C$; (3) $x + \ln(1+x^2) + C$;

　　(4) $\dfrac{6}{7}x^{\frac{7}{6}} - \dfrac{6}{5}x^{\frac{5}{6}} + 2x^{\frac{1}{2}} - 6x^{\frac{1}{6}} + 6\arctan x^{\frac{1}{6}} + C$;

　　(5) $\ln|\sec x + \tan x| + C$; (6) $\arctan \mathrm{e}^x + C$;

(7) $\dfrac{1}{2a^3}\arctan\dfrac{x}{a}+\dfrac{x}{2a^2(a^2+x^2)}+C$; (8) $\ln(8x^2+1)+C$;

(9) $2\mathrm{e}^{\sqrt{x}}+C$; (10) $\dfrac{1}{4}\arccos\dfrac{4}{x}+C$.

3. (1) $\dfrac{1}{2}\mathrm{e}^x(\sin x-\cos x)+C$; (2) $(x^3-3x^2+7x-7)\mathrm{e}^x+C$;

(3) $2\sqrt{x+5}\,\mathrm{e}^{\sqrt{x+5}}-2\mathrm{e}^{\sqrt{x+5}}+C$; (4) $x\arcsin x+\sqrt{1-x^2}+C$.

4. $8\sin^3 x+C$.

习题 3.2

1. (1) $4\ln 2$; (2) $2(\mathrm{e}^2-\mathrm{e})+1$; (3) $\dfrac{\pi}{4}$; (4) $\dfrac{16}{3}\sqrt{2}$; (5) $\dfrac{\pi}{3}$; (6) 0.

2. (1) $\dfrac{2}{5}\ln\dfrac{7}{2}$; (2) $2\ln\dfrac{3}{2}+1$; (3) $\dfrac{5}{2}$; (4) $\dfrac{1}{4}$; (5) $\dfrac{152}{3}$; (6) π.

3. (1) $3\ln 3-2$; (2) e^2+1; (3) $\dfrac{1}{2}(\mathrm{e}^{\frac{\pi}{2}}-1)$; (4) $\dfrac{1}{4}(\mathrm{e}^2+1)$;

(5) $\dfrac{\sqrt{3}}{12}\pi+\dfrac{1}{2}$; (6) $\dfrac{1}{4}\pi^2-2$.

4. 12.5 m.

5. 18.

6. $\dfrac{4}{3}\pi a b^2$.

第 4 章

习题 4.1

1. (1) $D=-8$, $D_1=-16$, $D_2=24$, $x_1=\dfrac{D_1}{D}=2$, $x_2=\dfrac{D_2}{D}=-3$; (2) $D=23$, $D_1=46$, $D_2=-46$, $x_1=\dfrac{D_1}{D}=2$, $x_2=\dfrac{D_2}{D}=-2$.

2. (1) 先将第 1 个方程乘 -2 和 -4 后分别加到第 2、3 个方程,得新的方程组

$$\begin{cases} x_1 + x_2 + x_3 = 6 \\ x_2 - 3x_3 = -7 \\ 5x_2 - 3x_3 = 1 \end{cases}$$

再将新方程组的第 2 个方程乘 -5 后加到第 3 个方程得

$$\begin{cases} x_1 + x_2 + x_3 = 6 \\ x_2 - 3x_3 = -7 \\ 12x_3 = 36 \end{cases}, \text{从中解得 } x_1 = 1, x_2 = 2, x_3 = 3.$$

(2) 先将第 3 个方程乘 -1 后分别加到第 2 个方程,得新的方程组

$$\begin{cases} 4x_2 + 12x_3 = 10 \\ x_1 + 2x_2 + 5x_3 = 3, \\ 2x_3 = 5 \end{cases}$$

从中解得 $x_1 = \dfrac{1}{2}$, $x_2 = -5$, $x_3 = \dfrac{5}{2}$.

习题 4.2

1. (1) -30;(2) -38;(3) 224;(4) $(2x-1)(x^2-2)$.

2. 143、325 和 611 都能被 13 整除,将行列式的第 1 列乘 100,第 2 列乘 10 后加到第 3 列,第 3 列中从上至下分别为 143、325 和 611,有公因数 13,可以提取到行列式外.

3. (1) $D = -39$, $D_1 = -39$, $D_2 = -117$, $D_3 = -78$

$\therefore x_1 = \dfrac{D_1}{D} = 1$, $x_2 = \dfrac{D_2}{D} = 3$, $x_3 = \dfrac{D_3}{D} = 2$.

(2) $D = 6$, $D_1 = 24$, $D_2 = -12$, $D_3 = -12$

$\therefore x_1 = \dfrac{D_1}{D} = 4$, $x_2 = \dfrac{D_2}{D} = -2$, $x_3 = \dfrac{D_3}{D} = -2$.

(3) $D = 27$, $D_1 = 81$, $D_2 = -108$, $D_3 = -27$, $D_4 = 27$

$\therefore x_1 = \dfrac{D_1}{D} = 3$, $x_2 = \dfrac{D_2}{D} = -4$, $x_3 = \dfrac{D_3}{D} = -1$, $x_4 = \dfrac{D_4}{D} = 1$.

习题 4.3

1. $3\boldsymbol{A} - 2\boldsymbol{B} = \begin{bmatrix} 1 & 13 & -5 \\ 0 & 15 & 1 \end{bmatrix}$.

2. $\boldsymbol{AB} = \begin{bmatrix} 6 & -12 & -12 \\ 7 & -9 & 1 \\ 0 & 3 & 9 \end{bmatrix}$, $\boldsymbol{BA} = \begin{bmatrix} 6 & 0 \\ -9 & 0 \end{bmatrix}$.

3. (1) $|\boldsymbol{A}| = 4 \neq 0, \boldsymbol{A}^{-1}$ 存在, $\boldsymbol{A}^{-1} = \begin{bmatrix} 5\dfrac{3}{4} & -\dfrac{1}{4} & -4 \\[2mm] -2\dfrac{3}{4} & \dfrac{1}{4} & 2 \\[2mm] 1\dfrac{3}{4} & -\dfrac{1}{4} & -1 \end{bmatrix}$;

(2) $|\boldsymbol{B}| = -1 \neq 0, \boldsymbol{B}^{-1}$ 存在, $\boldsymbol{B}^{-1} = \begin{bmatrix} -3 & -6 & -7 \\ -3 & -5 & -6 \\ 2 & 4 & 5 \end{bmatrix}$.

4. (1) $\begin{bmatrix} 1 & 2 & 1 & 3 \\ -2 & 1 & -1 & -3 \\ 1 & -4 & 2 & -5 \end{bmatrix} \rightarrow \begin{bmatrix} 1 & 0 & 0 & 3 \\ 0 & 1 & 0 & 1 \\ 0 & 0 & 1 & -2 \end{bmatrix}$,

$x_1 = 3,\ x_2 = 1,\ x_3 = -2$.

(2) $\begin{bmatrix} 1 & 3 & 2 & 3 \\ 3 & 5 & 2 & 5 \\ 1 & 4 & 3 & 2 \end{bmatrix} \rightarrow \begin{bmatrix} 1 & 0 & -1 & 0 \\ 0 & 1 & 1 & 0 \\ 0 & 0 & 0 & 1 \end{bmatrix}$,

本方程组无解.

5. $|\boldsymbol{A}| = 12 \neq 0, \boldsymbol{A}^{-1}$ 存在, $\boldsymbol{A} = \begin{bmatrix} 1 & \dfrac{2}{3} & -\dfrac{1}{3} \\[2mm] -\dfrac{1}{2} & -\dfrac{1}{4} & \dfrac{1}{4} \\[2mm] \dfrac{1}{2} & -\dfrac{5}{12} & \dfrac{1}{12} \end{bmatrix}$, $\boldsymbol{X} = \boldsymbol{A}^{-1}\boldsymbol{B} = \begin{bmatrix} 1 \\ 2 \\ 3 \end{bmatrix}$.

第 5 章

习题 5.1

1. (1) $A\bar{B}\bar{C}$；(2) ABC；(3) $\bar{A}\bar{B}\bar{C}$；(4) $\bar{A}+\bar{B}+\bar{C}$；

(5) $A\bar{B}\bar{C}+\bar{A}B\bar{C}+\bar{A}\bar{B}C$；(6) $A+B+C$.

2. $B_0=\bar{A}_1\bar{A}_2\bar{A}_3$，

$B_1=A_1\bar{A}_2\bar{A}_3+\bar{A}_1A_2\bar{A}_3+\bar{A}_1\bar{A}_2A_3$，

$B_2=A_1A_2\bar{A}_3+A_1\bar{A}_2A_3+\bar{A}_1A_2A_3$，

$B_3=A_1A_2A_3$.

3. (1) $C=A_1A_2\bar{A}_3$；(2) $D=A_1+A_2+A_3$；(3) $E=A_1A_2$.

习题 5.2

1. (1) $\dfrac{2}{9}$；(2) $\dfrac{2}{3}$.

2. 全是白球的概率为 $\dfrac{24}{91}$，摸出的是一个红球的概率为 $\dfrac{2}{91}$，摸出的是两个白球的概率为 $\dfrac{20}{91}$.

3. (1) 0.4；(2) $\dfrac{8}{15}$.

4. (1) 0.4；(2) 0.8.

5. $\dfrac{1}{15}$.

6. $\dfrac{2}{5}$.

7. $\dfrac{3}{8}$.

8. $P(A_1)=0.1$，$P(A_1A_2)=0.008\,2$，$P(A_1\bar{A}_2A_3)=0.007\,7$.

习题 5.3

1.

X	3	4	5
p_i	$\dfrac{1}{10}$	$\dfrac{3}{10}$	$\dfrac{6}{10}$

.

2. (1)

X	0	1	2
p_i	$\dfrac{22}{35}$	$\dfrac{12}{35}$	$\dfrac{1}{35}$

; (2) 图略.

3. $F(x) = \begin{cases} 0 & x < 0 \\ \dfrac{1}{3} & 0 \leqslant x < 1 \\ \dfrac{1}{2} & 1 \leqslant x < 2 \\ 1 & x \geqslant 2 \end{cases}$

4.

X	1	2	3
P	$\dfrac{9}{19}$	$\dfrac{6}{19}$	$\dfrac{4}{19}$

.

5. (1) $1 - e^{-1.2}$; (2) $e^{-1.6}$; (3) $e^{-1.2} - e^{-1.6}$; (4) $1 - e^{-1.2} + e^{-1.6}$; (5) 0.

6. (1) $F(9) = 0.977\,2$, $F(7) = 0.022\,8$; (2) $P\{7.5 \leqslant X \leqslant 10\} = 0.841\,3$;

(3) $P\{|X - 8| \leqslant 1\} = 0.954\,5$; (4) $P\{|X - 9| < 0.5\} = 0.157\,4$.

7. (1) $k = 1$; (2) $F(x) = \begin{cases} 0 & x < 0 \\ \dfrac{x^2}{2} & 0 \leqslant x < 1 \\ 2x - \dfrac{x^2}{2} - 1 & 1 \leqslant x < 2 \\ 1 & x \geqslant 2 \end{cases}$; (3) $\dfrac{1}{2}$.

习题 5.4

1. 80.

2. $E(X) = 2$.

3. $a=1$, $b=\dfrac{1}{2}$, $F(x)=\begin{cases}0 & x\leqslant 0\\ \dfrac{x^2+x}{2} & 0<x\leqslant 1.\\ 1 & x>1\end{cases}$

4. $E(X)=\theta$, $D(X)=\theta^2$.

5. $a=12$, $b=-12$, $c=3$.

第6章

习题 6.1

1. (1) 一阶非自治线性常微分方程；

(2) 三阶自治线性常微分方程；

(3) 一阶非自治非线性常微分方程；

(4) 一阶自治非线性常微分方程 ($a\neq 0$)，一阶自治线性常微分方程 ($a=0$).

2. (1) $y'=-2\mathrm{e}^{2x}\left(\mathrm{e}^{2x}+\dfrac{1}{2}\right)^{-2}+1$；

(2) $y'=-\dfrac{1}{2}(C\mathrm{e}^{x^2}+x^2+1)^{-\frac{3}{2}}(2Cx\,\mathrm{e}^{x^2}+2x)$；

(3) $y'=\mathrm{e}^x(x+1)$, $y''=\mathrm{e}^x(x+2)$；

(4) $y'=-2C_1\sin 2x+2C_2\cos 2x+\dfrac{1}{9}(-3x\sin x+5\cos x)$,

$$y''=-4C_1\cos 2x-4C_2\sin 2x+\dfrac{1}{9}(-3x\cos x-8\sin x).$$

3. (1) $\dfrac{\mathrm{d}y}{\mathrm{d}x}=\tan x$, $y(0)=0$；　(2) $\dfrac{\mathrm{d}y}{\mathrm{d}x}=-\dfrac{x}{2y}$.

4. (1) $y=\dfrac{1}{2}\left(x-\dfrac{1}{2}\sin 2x\right)+1$；　(2) $y=\dfrac{1}{4}x^2(2\ln x-1)+1$；

(3) $y=-\sin x+x^2+x+\pi$；　(4) $y=\dfrac{1}{8}(2x+1)^4-\dfrac{1}{8}$.

5. 雪球半径与时间关系为 $r(t)=-10t+30$，雪球完全融化需要 3 小时.

习题 6.2

1. (1) $y^2(x^3+C)=\dfrac{3}{2}$;

(2) $y=-\dfrac{1}{2}\ln(C-2e^x)$;

(3) $y=\tan\left(\dfrac{x^2}{2}-x+C\right)$;

(4) $y=\arctan\left(-\dfrac{1}{2}x-\dfrac{1}{4}\sin 2x+C\right)$，另有特解 $y=k\pi+\dfrac{\pi}{2}$ ($k\in\mathbf{Z}$).

2. (1) $y^2=2x^2\ln|x|+Cx^2$;

(2) $-\dfrac{1}{2}\ln\left(1+\dfrac{y^2}{x^2}\right)+3\arctan\dfrac{y}{x}-\ln|x|=C$;

(3) $y=x+2\mathrm{arccot}(x+C)$;

(4) $-4x+2y+4\ln|x+2y+1|=C$;

(5) $y-x-1=C(x+y-3)^5$.

3. (1) $y=-2+Ce^{\frac{3}{2}x^2}$;

(2) $y=\dfrac{2}{5}\sqrt{x}+Cx^{-2}$;

(3) $y=e^{-x}\sin e^x+Ce^{-x}$;

(4) $y=\sin x+C\cos x$;

(5) $y=-x^2\cos x+Cx^2$.

4. (1) $y=\dfrac{2}{Ce^{-x^2}-1}$;

(2) $(1+x^2+Ce^{x^2})y^2=1$;

(3) $y=\dfrac{1}{\cos x+Ce^{-x}}$.

5. $y=\dfrac{1}{4}e^{2x}-\dfrac{1}{2}x-\dfrac{1}{4}$.

6. $\begin{cases}\dfrac{\mathrm{d}x}{\mathrm{d}t}=1-\dfrac{x}{50}\\ x(0)=500\end{cases}$，解为 $x(t)=50+450e^{-\frac{t}{50}}$.

习题 6.3

1. $N(t) = K \left(\dfrac{N_0}{K} \right)^{e^{-at}}$.

2. 当 $N_0 \in [0, A)$ 时，$N(t) \to 0$，$t \to +\infty$；

当 $N_0 = A$ 时，$N(t) = A$，$t \geqslant 0$；

当 $N_0 \in (A, +\infty)$ 时，$N(t) \to K$，$t \to +\infty$.

3. 当捕捞率 $qE = \alpha$ 时，达到最大可持续产量 $\dfrac{\alpha K}{e}$.

4. 当单位时间收获量 $h = \dfrac{rK}{4}$ 时，实现最大可持续产量 $\dfrac{rK}{4}$.

5. 当 $\mathcal{R}_0 \leqslant 1$ 时，$I(t) \to 0$，$t \to +\infty$，疾病消亡；

当 $\mathcal{R}_0 > 1$ 时，$I(t) \to I^*(\delta) > 0$，$t \to +\infty$，疾病持久。

$I^*(\delta)$ 关于 δ 单调递减，所以有行为变化模型的感染人数相对少。

6. $y^2 + z^2 = 2Cx + C^2$.

参 考 文 献

［1］明清河.数学分析的思想与方法［M］.济南：山东大学出版社,2006.

［2］克莱因.古今数学思想：第 2 册［M］.北京大学数学系数学史翻译组,译.上海：
上海科学技术出版社,2007.

［3］王晓硕.极限概念发展的几个历史阶段［J］.高等数学研究,1993,14(3)：40 - 43.

［4］谢慧杰.极限思想的产生、发展与完善［J］.数学学习与研究(教研版),2008,
9：27.

［5］廖飞.高等数学(文科类)［M］.北京：清华大学出版社,北京交通大学出版社,
2010.

［6］同济大学应用数学系.高等数学［M］.7 版.北京：高等教育出版社,2014.

［7］张国楚,王向华,武女则,等.大学文科数学［M］.3 版.北京：高等教育出版社,
2015.

［8］孙方裕,陈志国.文科高等数学［M］.杭州：浙江大学出版社,2009.

［9］厦门大学高等数学(文科)编写组.高等数学(文科)［M］.2 版.厦门：厦门大学
出版社,2009.

［10］丁同仁,李承治.常微分方程教程［M］.北京：高等教育出版社,1991.

［11］肖燕妮,周义仓,唐三一.生物数学原理［M］.西安：西安交通大学出版社,2012.

［12］唐三一,肖燕妮.单种群生物动力系统［M］.北京：科学出版社,2008.

［13］Mark Kot. Elements of mathematical ecology［M］. Cambridge：Cambridge
University Press,2001.

［14］盛骤,谢式千,潘承毅.概率论与数理统计［M］.4 版.北京：高等教育出版社,
2008.

附表：标准正态分布函数值表

$$\Phi(x) = \frac{1}{\sqrt{2\pi}} \int_{-\infty}^{x} e^{-\frac{t^2}{2}} dt \quad (x \geqslant 0)$$

x	0.00	0.01	0.02	0.03	0.04	0.05	0.06	0.07	0.08	0.09
0.0	0.500 0	0.504 0	0.508 0	0.512 0	0.516 0	0.519 9	0.523 9	0.527 9	0.531 9	0.535 9
0.1	0.539 8	0.543 8	0.547 8	0.551 7	0.555 7	0.559 6	0.563 6	0.567 5	0.571 4	0.575 3
0.2	0.579 3	0.583 2	0.587 1	0.591 0	0.594 8	0.598 7	0.602 6	0.606 4	0.610 3	0.614 1
0.3	0.617 9	0.621 7	0.625 5	0.629 3	0.633 1	0.636 8	0.640 6	0.644 3	0.648 0	0.651 7
0.4	0.655 4	0.659 1	0.662 8	0.666 4	0.670 0	0.673 6	0.677 2	0.680 8	0.684 4	0.687 9
0.5	0.691 5	0.695 0	0.698 5	0.701 9	0.705 4	0.708 8	0.712 3	0.715 7	0.719 0	0.722 4
0.6	0.725 7	0.729 1	0.732 4	0.735 7	0.738 9	0.742 2	0.745 4	0.748 6	0.751 7	0.754 9
0.7	0.758 0	0.761 1	0.764 2	0.767 3	0.770 3	0.773 4	0.776 4	0.779 4	0.782 3	0.785 2
0.8	0.788 1	0.791 0	0.793 9	0.796 7	0.799 5	0.802 3	0.805 1	0.807 8	0.810 6	0.813 3
0.9	0.815 9	0.818 6	0.821 2	0.823 8	0.826 4	0.828 9	0.831 5	0.834 0	0.836 5	0.838 9
1.0	0.841 3	0.843 8	0.846 1	0.848 5	0.850 8	0.853 1	0.855 4	0.857 7	0.859 9	0.862 1
1.1	0.864 3	0.866 5	0.868 6	0.870 8	0.872 9	0.874 9	0.877 0	0.879 0	0.881 0	0.883 0
1.2	0.884 9	0.886 9	0.888 8	0.890 7	0.892 5	0.894 4	0.896 2	0.898 0	0.899 7	0.901 5
1.3	0.903 2	0.904 9	0.906 6	0.908 2	0.909 9	0.911 5	0.913 1	0.914 7	0.916 2	0.917 7
1.4	0.919 2	0.920 7	0.922 2	0.923 6	0.925 1	0.926 5	0.927 9	0.929 2	0.930 6	0.931 9
1.5	0.933 2	0.934 5	0.935 7	0.937 0	0.938 2	0.939 4	0.940 6	0.941 8	0.943 0	0.944 1
1.6	0.945 2	0.946 3	0.947 4	0.948 5	0.949 5	0.950 5	0.951 5	0.952 5	0.953 5	0.954 5
1.7	0.955 5	0.956 4	0.957 3	0.958 2	0.959 1	0.959 9	0.960 8	0.961 6	0.962 5	0.963 3

（续表）

x	0.00	0.01	0.02	0.03	0.04	0.05	0.06	0.07	0.08	0.09
1.8	0.964 1	0.964 9	0.965 6	0.966 4	0.967 1	0.967 8	0.968 6	0.969 3	0.970 0	0.970 6
1.9	0.971 3	0.971 9	0.972 6	0.973 2	0.973 8	0.974 4	0.975 0	0.975 6	0.976 2	0.976 7
2.0	0.977 3	0.977 8	0.978 3	0.978 8	0.979 3	0.979 8	0.980 3	0.980 8	0.981 2	0.981 7
2.1	0.982 1	0.982 6	0.983 0	0.983 4	0.983 8	0.984 2	0.984 6	0.985 0	0.985 4	0.985 7
2.2	0.986 1	0.986 5	0.986 8	0.987 1	0.987 5	0.987 8	0.988 1	0.988 4	0.988 7	0.989 0
2.3	0.989 3	0.989 6	0.989 8	0.990 1	0.990 4	0.990 6	0.990 9	0.991 1	0.991 3	0.991 6
2.4	0.991 8	0.992 0	0.992 2	0.992 5	0.992 7	0.992 9	0.993 1	0.993 2	0.993 4	0.993 6
2.5	0.993 8	0.993 9	0.994 1	0.994 3	0.994 5	0.994 6	0.994 8	0.994 9	0.995 1	0.995 2
2.6	0.995 3	0.995 5	0.995 6	0.995 7	0.995 9	0.996 0	0.996 1	0.996 2	0.996 3	0.996 4
2.7	0.996 5	0.996 6	0.996 7	0.996 8	0.996 9	0.997 0	0.997 1	0.997 2	0.997 3	0.997 4
2.8	0.997 4	0.997 5	0.997 6	0.997 7	0.997 7	0.997 8	0.997 9	0.997 9	0.998 0	0.998 1
2.9	0.998 1	0.998 2	0.998 3	0.998 3	0.998 4	0.998 4	0.998 5	0.998 5	0.998 6	0.998 6
3.0	0.998 7	0.998 7	0.998 7	0.998 8	0.998 8	0.998 9	0.998 9	0.998 9	0.999 0	0.999 0